8e Seminaire de Conception Architecturale Numerique (SCAN'18)

SHS Web of Conferences Volume 47 (2018)

Nantes, France
24 - 26 October 2018

Editors:

Thomas Leduc
Francis Miguet

ISBN: 978-1-5108-7412-1

Printed from e-media with permission by:

Curran Associates, Inc.
57 Morehouse Lane
Red Hook, NY 12571

Some format issues inherent in the e-media version may also appear in this print version.

Printed by Curran Associates, Inc. (2018)

For additional information, please contact EDP Sciences – Web of Conferences
at the address below.

EDP Sciences – Web of Conferences
17, Avenue du Hoggar
Parc d'Activité de Courtabœuf
BP 112
F-91944 Les Ulis Cedex A
France

Phone: +33 (0) 1 69 18 75 75
Fax: +33 (0) 1 69 28 84 91

contact-edps@webofconferences.org

Additional copies of this publication are available from:

Curran Associates, Inc.
57 Morehouse Lane
Red Hook, NY 12571 USA
Phone: 845-758-0400
Fax: 845-758-2633
Email: curran@proceedings.com
Web: www.proceedings.com

TABLE OF CONTENTS

Statement of Peer review

In submitting conference proceedings to *Web of Conferences*, the editors of the proceedings certify to the Publisher that

1. They adhere to its **Policy on Publishing Integrity** in order to safeguard good scientific practice in publishing.
2. All articles have been subjected to peer review administered by the proceedings editors.
3. Reviews have been conducted by expert referees, who have been requested to provide unbiased and constructive comments aimed, whenever possible, at improving the work.
4. Proceedings editors have taken all reasonable steps to ensure the quality of the materials they publish and their decision to accept or reject a paper for publication has been based only on the merits of the work and the relevance to the journal.

Title, date and place of the conference

SCAN'18 - 8e Séminaire de Conception Architecturale Numérique
24-26 octobre 2018
Nantes, France

Proceedings editor(s):

Thomas LEDUC, Dir. du CRENAU, Dir. Adj. UMR AAU
Francis MIGUET, Prof. des Ecoles d'Architecture, Chercheur UMR AAU

Date and editor's signature

Nantes, le 3 mai 2018,

immersion - émersion

Thomas Leduc et Francis Miguet

Le Séminaire de Conception Architecturale Numérique (SCAN), devenu un des rendez-vous de la communauté francophone de l'architecture, est une conférence qui rassemble des chercheurs autour de questionnements portant sur les implications du numérique dans la conception architecturale. Après avoir abordé les thèmes de l'esquisse numérique (2005), de l'image numérique (2007), des approches environnementales (2009), de l'espace collaboratif (2010), des complexités des modèles de l'architecture numérique (2012), de(s) l'interaction(s) des maquettes numériques (2014), du paramètre de modélisation morphologique au paramètre de spécification constructive (2016), cette 8e édition, organisée par l'UMR AAU à l'École Nationale Supérieure d'Architecture de Nantes les 25 et 26 octobre 2018, prolonge la réflexion en se donnant pour ambition de traiter de la dynamique immersion-émersion et de ses apports à la conception de projets architecturaux et urbains.

En accord avec les conclusions des précédentes éditions du séminaire, nous convenons que la conception architecturale numérique ne peut se résumer à la seule utilisation d'un ensemble d'outils logiciels et qu'elle transforme fondamentalement le processus de projet. L'injection de la mesure systématique comme celle du paramètre (au sens paramétrique) dans le *continuum* qui va du modèle à la matérialité, interagit avec l'ensemble des autres dimensions du projet, notamment historiques, culturelles, sociétales, esthétiques et économiques. Le processus de conception bénéficie alors d'apports potentiellement très diversifiés, tant en termes de réactivité et de capacité conversationnelle, que de *réplicabilité* et de *transposabilité*, mais aussi de prise en compte des éléments de contexte (l'insertion d'un nouveau bâtiment dans un environnement se doit notamment d'exploiter au mieux les ressources utiles de l'environnement tout en minimisant sa propre empreinte sur l'existant), du comportement énergétique, mécanique et thermique des structures, d'analyse du cycle de vie des composants, des modes d'habiter, etc.

Cette assistance à la conception, véritable levier *ubique*, multiforme et démultiplicateur, nous donne à voir des facettes et éléments de contexte qui nous étaient auparavant inaccessibles. Il nous immerge aussi – au risque de la submersion – dans le site, dans la maquette, dans les données, dans le projet… débauche de flux enveloppants, perpétuels quémandeurs d'attention.

SCAN'18 propose d'interroger la tension entre immersions multiples et émersion (et la notion d'attention qu'elle peut impliquer), en référence par exemple aux dispositifs numériques *ubiques* qui permettent au sujet *in situ* de disposer conjointement d'un point de vue *ex situ*, enveloppant, de réseaux. Cette question, ainsi que toutes celles qu'elle convoque, a de nombreuses implications pour la recherche et la pédagogie qui est conduite dans nos établissements et plus généralement pour la production architecturale et urbaine.

Une contribution plurielle

À l'issue d'un processus de relecture en double aveugle, le Comité de Programme a décidé de sélectionner dix-huit contributions pour publication dans les actes de la conférence. Nous profitons de ce propos introductif pour remercier l'ensemble des auteurs qui ont soumis une proposition ainsi que tous les membres du comité de lecture qui ont accepté la tâche de relecture critique – indispensable à la qualité scientifique de cette édition.

Ces dix-huit contributions originales sont regroupées en cinq thématiques qui traitent toutes de questions relatives à l'immersion-émersion.

Les trois premières contributions présentent un ensemble de concepts et d'outils visant à l'amélioration de la pédagogie du projet au sein des écoles d'architecture.

En s'attachant plus particulièrement à la composition des décors des fenêtres tunisiennes, R. Barbouche déploie différentes méthodes d'analyse numérique dans le but de dégager des classes morphologiques, historiquement repérées. Mais au-delà de l'exemple, il s'agit avant tout pour l'auteur de « développer des outils d'aide à la conception dans le cadre de la pédagogie du projet et de l'informatisation du savoir-faire architectural ».

E. Bigot-Doll explore la question de l'échelle entre monde physique et environnement virtuel ; il s'agit « d'observer le développement de la créativité par hybridations successives d'outils numériques et analogiques au moment de la conception ». Des miniatures physiques au monde virtuel, « la conception de projet à l'échelle architecturale immerge le concepteur dans des univers et interfaces fortement hétérogènes ».

Toujours en rapport avec la pédagogie du projet d'architecture, J. Milovanovic, D. Siret, G. Moreau et F. Miguet étudient l'influence de l'immersion dans un environnement virtuel sur l'augmentation des capacités d'apprentissage dans le cadre du studio de projet. Ils relèvent que l'utilisation de ces nouvelles modalités d'enseignement amplifient « le niveau d'engagement des étudiants dans le processus de conception », « réduit la difficulté de compréhension de l'espace » et « déplace la relation entre enseignant et étudiants ».

Les trois contributions qui suivent développent de nouveaux paradigmes, inspirés notamment du génie logiciel, afin d'améliorer la conception collaborative dans le processus de projet.

X. Calixte, S. Ben Rajeb et P. Leclercq s'interrogent sur les outils et méthodes utilisés dans les processus collaboratifs au sein des agences d'architecture. Ils proposent une méthodologie qui permet de « récupérer la trace des usages des outils des acteurs du projet ». Les auteurs décrivent les différents types de données encodées par les intervenants et discutent les premiers résultats obtenus dans un cadre pédagogique.

« Pendant trente ans l'architecture durable s'est concentrée sur les performances énergétiques des bâtiments et sur les économies d'énergie ». Ce constat conduit C. Dautremont, C. Dagnelie et S. Jancart à s'intéresser aux relations qui peuvent exister entre les nouveaux modèles économiques que sont le réemploi et l'économie circulaire dans l'architecture, et le processus BIM. Les auteurs mettent en parallèle la durabilité et le BIM et tentent d'établir « des ponts entre ces deux enjeux contemporains de l'architecture par la mise en lumière de freins et de leviers ».

En référence au paradigme de programmation par le flux du génie logiciel et par extension au domaine de la modélisation 3D, M. Yanatchkov propose « l'idée de modélisation par le flux comme un paradigme de modèle collaborant et de logiciel comme ressource ». Intrinsèquement donnée-centrée, cette approche se caractérise par une grande efficacité (calcul réparti), une pérennité accrue (maintenabilité des composants) et une forte évolutivité (réutilisabilité liée à la modularité).

Quatre articles mettent en évidence que s'il est un objet dynamique et transversal, le BIM n'en reste pas moins dans une phase transitoire, comme en atteste son appropriation difficile par les différents acteurs.

L'approche d'E. Cristia, P.-P. Zalio et F. Guéna met en résonnance maquette physique et maquette numérique, tout en dégageant leurs singularités ; si la maquette physique reste un objet statique essentiellement manipulée par l'architecte, la maquette BIM est un objet nouveau, immatériel, manipulé par l'ensemble des acteurs du projet, qui en traverse toutes les phases, de sorte que cette maquette tendrait à devenir le projet lui-même.

H.-J. Gless, D. Hanser et G. Halin interrogent les pratiques collaboratives dans le champ de la conception architecturale. Leur travail s'oriente plutôt vers « l'apport des sciences sociales et des pratiques orientées coordination comme vecteur de changement ». Les auteurs proposent, dans un cadre pédagogique, plusieurs expérimentations basées sur les méthodes agiles, et concluent qu'elles permettent « de mieux dessiner les contours d'une tâche de conception architecturale [...], ainsi que permettre une meilleure communication et cohésion de groupe ».

Après quelques précisions terminologiques et conceptuelles, E. Hochscheid et G. Halin nous invitent à une immersion dans les agences d'architecture afin d'identifier les facteurs d'influence et les stratégies d'évitement relatifs à l'adoption du BIM. Leur article se termine sur une forme d'avertissement, la rigidification de la réglementation et l'inertie au changement pourraient « impacter fortement la profession d'architecte et la structure des agences ».

Partant du constat que l'appropriation des outils de modélisation paramétrique en conception architecturale dans « les bureaux d'architecture de plus petite échelle » reste lacunaire, A. Stals, C. Elsen et S. Jancart nous immergent dans « l'analyse des résultats de deux formations [...] dispensées dans le cadre d'une formation continue sur le processus BIM ». Au terme du processus, elles relèvent que « subsiste donc davantage le sentiment d'une complexité cognitive plutôt qu'une complète non-adéquation en regard de la pratique architecturale des petits bureaux d'architecture ».

Dans un autre registre, quatre articles posent la question de la perception des ambiances architecturales et urbaines et de leur transcription dans l'environnement numérique.

H. Belgacem, T. Leduc et M. Musy abordent la question du sentiment de confinement du piéton dans l'espace urbain, en prenant pour hypothèse que la densité vécue par l'usager n'est pas nécessairement en cohérence avec la densité réelle d'occupation du sol. Plusieurs indicateurs sont proposés et discutés ; leur implémentation numérique permet une analyse cartographique de l'espace urbain, exemplifiée sur une rue nantaise.

G. Giraldo, M. Servières, V. Tourre, V. Signorelli et A. Bonnet utilisent la vidéo pour caractériser les ambiances urbaines et tenter de dégager les paramètres qui influencent les modes d'occupation et d'appropriation d'un espace. La complémentarité de l'approche immersive et des simulations numériques est mise en évidence par la vidéo, celle-ci venant constituer un mode de restitution interactif des marqueurs d'ambiance.

Les ambiances sonores des espaces de performance sont abordées par A. Gross, qui propose un outil d'aide à la décision basé sur un modèle numérique de simulation acoustique. Les différents indices acoustiques, pour l'intelligibilité des voix et la perception musicale, sont explicités puis optimisés grâce à l'utilisation d'un algorithme génétique. L'outil développé est appliqué à l'optimisation formelle d'une coque acoustique.

L. Koubaa Turki, K. Raboudi et A. Ben Saci nous immergent dans la maquette numérique, au cœur de la parcelle. Partant du principe que l'enveloppe construite doit ménager l'accès au soleil du voisinage immédiat, ils proposent « de formaliser des stratégies de réglementation urbaine de prospect en vue d'une meilleure gouvernance de l'espace urbain à l'ère de la ville intelligente ».

Par une approche comparative des « codes de la perspective » orientale (chinoise) et occidentale, L. Lescop et Y. Lu nous immergent dans les prémisses d'une conception de visite virtuelle utilisant la perspective chinoise traditionnelle. Ils relèvent que « la transcription numérique de la perspective chinoise demande une approche phénoménologique pour laquelle les outils ne sont pas conçus » et que, par ailleurs, « reste également à définir un protocole de déplacement dans cet espace immersif à la chinoise ».

Enfin, trois contributions mettent l'accent sur les difficultés de passage du virtuel au réel. La confrontation à la matière induit de nouvelles problématiques : fabrication, montage, résistance, durabilité, etc.

Partant de travaux de la fin du XIXe siècle, C. Lefeu, M. Gillet et M. Mimram nous immergent dans des problématiques de fabrication de mécanismes paradoxaux, tout à la fois déployables mais aussi hyperstatiques. Ils nous confrontent, dans leur retour d'expérience, aux difficultés liées à la matérialité, au changement d'échelle, à la rigidité, à la nature des liaisons, etc.

P.-P. Pechenart, M. Gillet et M. Mimram nous immergent au plus près des surfaces planes, complexes voire à double courbures – nappes dont ils explorent la déformabilité en testant différents motifs de découpe. Cette analyse de sensibilité leur permet d'aboutir à la réalisation d'un pavillon formé d'une nappe de 40 m² présentant de « nombreuses propriétés, à savoir une souplesse mêlée à sa résistance, une capacité de développement et de déformation, etc. ».

R. Zarcone, A. Hussein et M. Mansouri immergent le lecteur dans un ensemble d'expériences pédagogiques qui visent « à mener les étudiants à s'interroger sur la recherche de l'équilibre optimal entre les intentions architecturales […] et les contraintes […] d'un site réel dans une démarche de conception structurellement informée ». Cette morphogénèse « par le dessin, la statique graphique et la manipulation de maquettes, réelles et numériques » révèle, de la part des étudiants, « des difficultés de compréhension et donc d'anticipation de possibles problèmes liés à la fabrication et à l'assemblage ».

Modélisation, représentation et cartographie des formes du décor architectural

Rached Barbouche[1,2]

[1] École Nationale d'Architecture et d'Urbanisme, 2026 Sidi Bousaïd, Tunis, Tunisie

Résumé. La production des formes en architecture est un acte dans lequel se construit le projet et se façonne l'espace. Elle est une action qui structure l'environnement humain. La conception architecturale est aussi une production spatiale de formes et exploration de potentialités de composition. Deux approches nous intéressent ici : formalisation du savoir-faire architectural et analyse des modes de composition en architecture. Il s'agit d'une part de comprendre la notion de composition, d'organisation et de configuration architecturale et d'autre part de décomposer, segmenter et caractériser morphologiquement un ensemble d'objets architecturaux (décors des fenêtres) en vue de mettre en évidence et d'expliquer les lois du système de formes qu'ils organisent. L'objectif est de développer des outils d'aide à la conception architecturale dans le cadre de la pédagogie du projet et de l'informatisation du savoir-faire architectural. La mise en place d'un environnement virtuel et d'un dispositif de matérialisation spatiale de formes apporte une aide opératoire dans la conception architecturale.

Mots-clés. Composition, Modélisation, Représentation, SIG.

Abstract. The production of forms in architecture is an action in which the project is built and the space is shaped. It is an action that structures the human environment. Architectural design is also a spatial production of forms and exploration of compositional potentialities. Two approaches interest us here: formalization of architectural know-how and analysis of composition modes in architecture. On the one hand, it involves understanding the notion of composition, organization and architectural configuration, on the other hand decomposing, segmenting and morphologically characterizing a set of architectural objects (decors of windows) in order to highlight and to explain the laws of the system of forms they organize. The objective is to develop help support tools for architectural design within the framework of project pedagogy and the computerization of architectural know-how. The establishment of a virtual environment and of a device for the spatial materialization of forms provides operative help in architectural design.

Keywords. Composition, Modeling, Representation, GIS.

---

[2] rachedbarbouche@yahoo.fr

1. Introduction

La production des formes en architecture est une activité de création n'échappant pas à la connaissance. Elle est un acte installant dans l'espace des configurations et des compositions susceptibles d'un diagnostic et d'un examen par l'étude des formes produites. Il s'agit d'observer les formes existantes pour modéliser ce qui commande leur production et formaliser le système qu'elles constituent et dont il est possible de déceler le principe organisateur. Prendre conscience de ce fait prête la conception architecturale à un formalisme opératoire. Il s'agit aussi de considérer la production des formes comme un langage formel qui est réductible à des règles de construction et des schémas de composition. La compréhension des opérateurs élémentaires et fondamentaux des productions des formes permet de décrire des manières de concevoir et de penser l'espace architectural. C'est un niveau de constance et de stabilité permettant de découvrir de nouveaux découpages de l'espace, susceptibles d'une variation plastique et dimensionnelle.

Cet article présente les résultats d'une étude empirique effectuée sur des édifices appartenant à l'architecture européenne de Tunis de la période XIX-XXe siècles. Il vise à faire état des outils méthodologiques utilisés pour analyser les formes du décor porté par les fenêtres de ces édifices et comprendre les modes de composition adoptés par les concepteurs de l'époque. La question est de savoir comment se manifeste la composition du décor et de déterminer dans quelle mesure l'analyse permet de déceler les règles qui régissent son organisation.

Le corpus comprend près de 3500 spécimens de fenêtres sélectionnés sur 1200 édifices.

2. Problème et méthodologie

L'étude s'inscrit dans un cadre scientifique pour le développement des recherches sur la conception architecturale, qui proposent de construire les objets théoriques de connaissance de la discipline et d'en développer des méthodes adéquates. Elle considère l'activité de composition comme un système complexe (Le Moigne, 1995) d'actions cognitives de manipulation de l'information, qui prend lieu dans l'intellect et qui se prolonge dans l'action d'apparence figurative. L'objectif de cette étude est la description des modes de composition par une modélisation systémique. Elle propose une démarche empirique basée sur une méthode d'analyse systématisée afin de vérifier et développer le modèle proposé.

2.1 Principe méthodologique

Le postulat fondamental de l'étude est que les formes du décor architectural porté par les fenêtres des édifices sont des productions humaines dont l'organisation permet de construire une connaissance ; ce qui justifie l'existence du paradigme de leur modélisation. Ces formes présentent un intérêt manifeste pour comprendre et expliquer les phénomènes culturels qu'elles produisent et dont l'architecture serait un des indicateurs pertinents.

2.2 Méthode d'analyse

L'étude adopte une méthode empirique de caractérisation / identification qui se base sur des opérations explicites d'analyse descriptive et comparative. Elle considère que les objets analysés présentent a priori chacun une forme propre et que cette forme peut être mise en relation avec celle de certaines autres, afin de déterminer ce qui les caractérise.

La méthode consiste à décomposer ces objets en entités élémentaires significatives et à spécifier la forme de chacune d'entre elles pour rendre compte de leur organisation structurale et plastique. L'objectivité de cette méthode dépend d'une part de la façon dont la comparaison est systématisée selon les « mécanismes perceptifs » (Piaget, 1975) et d'autre part des méthodes et dispositifs utilisés pour y parvenir. Les deux objets de connaissance théorique et empirique ici considérés sont étroitement liés.

L'interprétation des résultats de l'analyse s'appuie sur différents moyens de traitement de données et divers outils numériques et cartographiques, dont il faudra à leur tour « analyser les formes ». Ces moyens de médiation permettent non seulement un traitement scientifique de l'identification des formes et élaborent des modèles formels spécifiques, mais ils permettent aussi d'accéder à un environnement numérique interactif de représentation, de visualisation et de simulation qui restait auparavant inaccessible.

2.3 La segmentation

Chaque spécimen, dûment sélectionné et répertorié, est décomposé en un nombre limité d'unités de composition appelées « segments » (Salem, 1987) qui prennent des formes diverses constituant son identité[3]. Ces segments élaborent la structure intelligible du décor selon laquelle s'organisent ces formes. L'identification des segments repose sur des assimilations perceptives transposables en opérations d'association et de dissociation.

La segmentation demande à repérer d'abord pour chaque spécimen des discontinuités ou *lyses* manifestes dont l'analyse a besoin pour guider ses procédures. Ces discontinuités représentent les dispositifs par lesquels un spécimen délimite des parties morphologiquement homogènes et distinctes des parties voisines. Il s'agit ainsi de repérer ce qui est manifestement délimité et analysable.

La segmentation est ensuite validée par les comparaisons multiples entre les différents spécimens. L'objectif est d'identifier des entités constantes comparables et de mettre en évidence les variations de leurs combinaisons, indépendamment des formes singulières que ces entités peuvent prendre dans tel ou tel cas. La procédure de comparaison des spécimens nécessite la définition de relations d'équivalence entre segments, dites d'homologie, qui trouvent principalement leur fondement dans la spatialité des entités analysées. Ainsi, la relation d'homologie entre segments est fondée par les positions et les relations dispositionnelles d'éléments présentant des discontinuités suffisantes pour être distingués.

La segmentation nécessite enfin l'établissement de critères à utiliser dans l'examen du corpus. Ces critères sont identifiés selon deux registres différents, géométrique et sémantique, et doivent satisfaire certaines conditions :

- ils doivent permettre un traitement équivalent de tous les spécimens considérés, et ils correspondent à des segments homologues.
- leur mode d'expression doit être adapté au type de caractère décrit et être rendu indépendant de toute modification de sens.

Par ailleurs, l'observation analytique du dispositif décoratif de la fenêtre considère l'identification de deux facteurs distincts : structure et décor. Le premier, morphologique, concerne la composition de l'objet ; le second descriptif touche à la plastique du détail. La synthèse de ces deux facteurs produit une « dichotomie méthodologique » (Theodorescu, 1980) dans la réalisation matérielle de l'objet achevé. Ces deux facteurs s'opposent aussi par le caractère divers des moyens adaptables à leur définition : topographique pour la structure localisant les segments, descriptif et plastique pour le décor. Évidemment, au cours d'un examen systématique, les moyens d'analyse doivent être adaptés aux traits

[3] L'identité désigne les caractérisations morphologiques de l'objet ; sa mise en évidence n'est pas entièrement donnée par une perception immédiate mais elle est élaborée par l'analyse.

particuliers de chacun de ces deux facteurs et doivent être envisagés à la lumière de leur coexistence, voire d'un éventuel « déterminisme réciproque » (Focillon, 1993).

2.4 La codification

Afin de formaliser la structure morphologique du décor et pour comprendre l'arrangement de ses segments constitutifs, la description s'intéresse d'abord à la structure principale, puis aux segments secondaires et ainsi de suite jusqu'à un certain niveau de détail suffisant à enregistrer les variations de formes observées sur le corpus. Le but est de systématiser la description et d'établir un système de codage permettant de rattacher tout élément à une classe de segments homologues en toute rigueur. Le codage adopté fait référence à celui développé par l'archéologue (Gardin, 1978) c'est celui qui s'est révélé le plus instructif et le plus efficace car le plus systématique, notamment lorsqu'il a été utilisé dans un contexte d'inventaire comme celui de la présente étude.

Partant du développement de certaines autres recherches (Duprat et Paulin, 1995), un codage a été appliqué pour en faire l'hypothèse d'abord, en produire une description systématique ensuite et mettre au point, enfin, un procédé stable et efficace de modélisation des organisations rencontrées. Ce codage se base sur dix descripteurs ou attributs classés du haut en bas (figure 1) : (A) couvrement de la baie ; (B) couronnement ; (C) motif central de couronnement ; (D) motif latéral de couronnement ; (E) jambage ; (F) chambranle ; (G) motif de chambranle ; (H) appui ; (I) motif central d'appui ; (J) motif latéral d'appui.

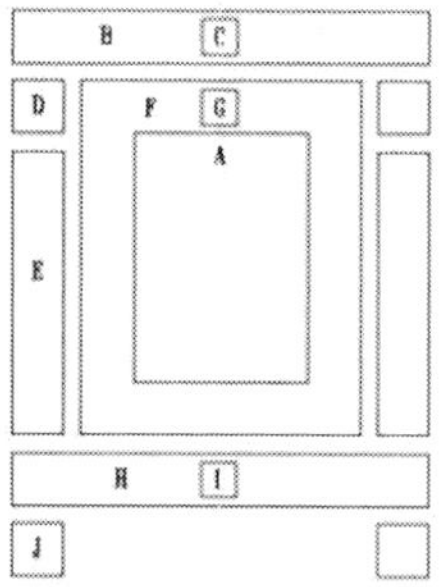

Figure 1. Modèle de la structure du décor de la fenêtre.

L'étude menée en utilisant cette grille d'analyse ou ce codage topographique permet de représenter et décrire tous les cas de figure présents sur le corpus, en levant tous les obstacles et les ambiguïtés dues aux entités complexes qui apparaissent dans les opérations de segmentation des spécimens étudiés.

Une fois le modèle structural défini, il est assorti de catalogues de formes élémentaires (figure 2), un catalogue par classe de segments homologues où sont enregistrées des propriétés structuralcs et plastiques qui conduisent à des opérations de calculs formalisés.

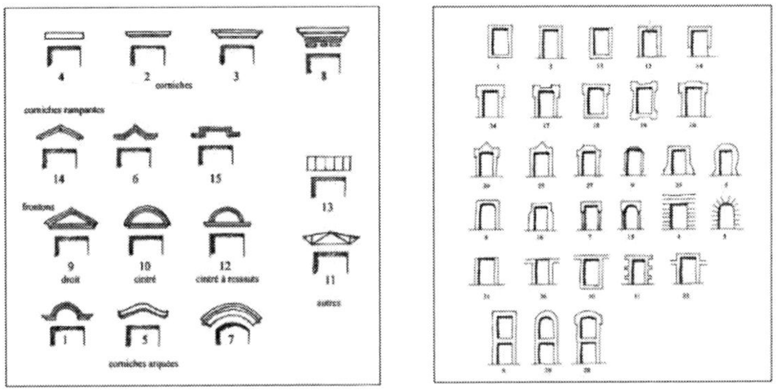

Figure 2. Exemples de catalogues de variation de formes (couronnement et chambranle).

3. Traitement des données

3.1 Quantification des segments

Les informations morpho-structurales, convenablement transposées dans un système de codage alphanumérique sous la forme de tableaux attributs/objets, peuvent faire l'objet de traitements statistiques et de calculs informatisés (tableau 1). Le tableau segments/spécimens enregistre, pour chaque spécimen répertorié, le codage de la forme de ses segments, rattaché aux catalogues des formes élémentaires précédemment constitués.

Tableau 1. Description des spécimens et codage des segments (Id : identifiant ; Spécimen : nom attribué à la fenêtre ; Colonnes A à J : codage rattaché aux catalogues des variations de formes).

Id	Spécimen	A	B	C	D	E	F	G	H	I	J
1	Abdari 08	5	0	8	0	0	0	0	15	0	0
2	Abdari 12_1	1	0	0	0	0	0	0	2	5	0
3	Abdari 12_2	1	0	0	0	0	0	0	22	13	34
4	Ang 11_2	1	3	10	0	0	24	0	8	1	5
5	Abk 11_1	1	0	0	0	0	0	0	3	0	23

3.2 Fréquence des segments

L'analyse statistique des segments permet de considérer sur le corpus une sorte de « complexe expérimental » où plusieurs événements, au sens mathématique, peuvent se produire. Ces événements sont définis comme des classes ou sous-ensembles du corpus. Il s'agit de considérer successivement le caractère « contenir A », puis « contenir B », etc. Enfin « contenir J » et d'enregistrer pour chaque spécimen la présence ou l'absence du segment en question. Le calcul des fréquences des segments de même catégorie pour chaque spécimen permet de constater l'écart entre eux. L'histogramme (figure 3) permet de caractériser l'ensemble du corpus et rend compte de l'abondance des segments par classes. Les zones à valeur élevée représentent le principal domaine d'investissement décoratif.

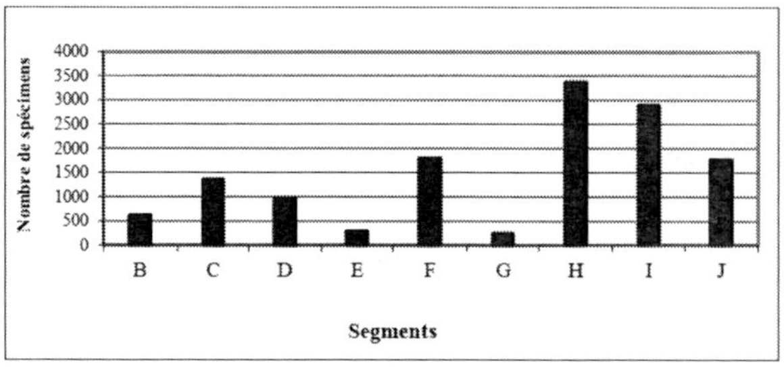

Figure 3. Histogramme des fréquences des segments.

L'étude de la fréquence des segments apporte une information qui n'est pas immédiatement disponible ni à l'examen des données empiriques brutes ni à l'exploration du tableau attributs/objets sans calcul. L'analyse permet de repérer les segments distinctifs tels que l'appui (H) et son décor central (I) ; alors que les compositions utilisant un jambage (E) ou un décor de chambranle (G) sont relativement rares. L'histogramme montre que la majorité des spécimens possèdent soit un balcon, un balconnet ou un garde-corps ; soit un appui muni simplement d'un décor central. Le segment A (couvrement de la baie) ne figure pas sur l'histogramme car il n'est pas un segment structural délimité susceptible d'être soit présent soit absent ; il ne peut constituer de ce fait une variable structurale substituable à une autre. Par contre, toujours présent, il peut varier dans sa forme plastique.

4. Analyse du système du décor

4.1 Organisation des structures

Afin de mieux comprendre la logique de manipulation de l'information dans le mode de composition du décor, les structures attestées sur le corpus ont été soumises à une analyse basée sur la technique matricielle ou la méthode de sériation. Cette méthode, conduite par le logiciel BSK (Ben Saci, 2000) sur le tableau attributs/objets (segments/structures), permet de traiter un ensemble d'informations assez considérable comme c'est ici le cas. Selon cette méthode, les ensembles d'unités x et y sont réordonnés par permutation des lignes et des colonnes en fonction de la quantité d'information qu'ils portent respectivement ; ce qui modifie l'image initiale du tableau sans qu'il y ait perte d'information ou altération des données de base. La mesure de cette quantité d'information est représentée par un « scalogramme » (Bertin, 1977 ; Theodorescu, 1980).

L'analyse par cette méthode fait apparaître, dans l'ordre de la diagonale du graphique obtenu, des groupements significatifs de structures attestés et qualifiés de classes homogènes, résultant de partitions strictes de l'ensemble étudié, fondées elles-mêmes sur des variations importantes de la quantité d'information associée à ces structures. Chaque structure peut ainsi se ranger dans une et une seule de ces classes distinctes en fonction du nombre et du type de segments qui la composent. Les traitements effectués révèlent certaines classifications significatives des structures et/ou des segments (figure 4). Ils permettent aussi de constater des séries d'opposition : la colonne blanche située au centre du graphique représente le segment dominant (appui de fenêtre), le plus communément partagé par les structures du corpus ; les segments plus rares, qui opposent les structures du haut et du bas du graphique, sont situés de part et d'autre de la colonne centrale.

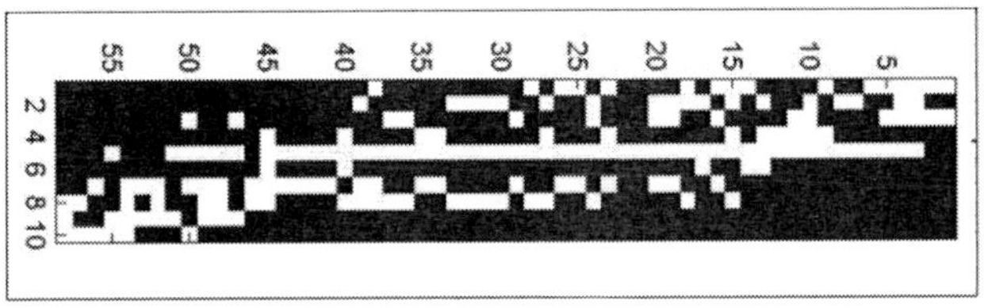

Figure 4. Scalogramme des structures et de leurs segments. Il est retourné pour une raison de mise en page. Le noir indique l'absence de modalité, alors que le blanc signifie que les modalités concernées sont présentes. Les chiffres de 1 à 10 représentent les segments A à J.

L'ordre du scalogramme est confirmé par le diagramme de sériation des attributs, appelé par le logiciel « descriptomètre » (Ben Saci, 2000), qui représente la variation de la quantité d'information associée aux segments en fonction des structures. Il montre que les traits décrivant ces segments ne constituent pas des éléments de différenciation ou d'individualisation et que cette variation est relativement régulière (figure 5).

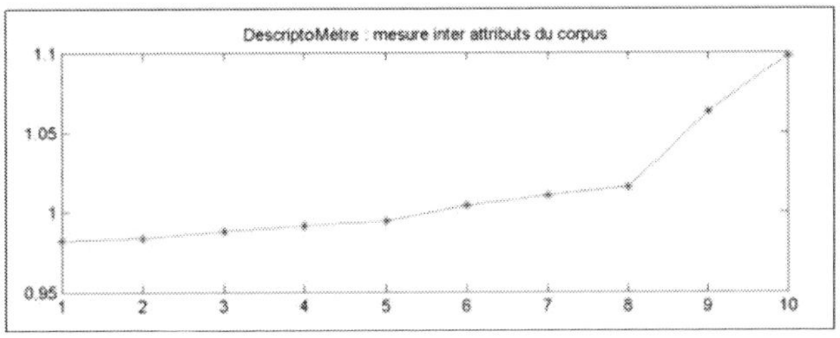

Figure 5. Descriptomètre de la variation de la quantité d'information associée aux segments en fonction des structures.

La finalité des traitements effectués permet de mettre des classes de spécimens en relation avec des faits extrinsèques relatifs à ces spécimens ou à leur production, ses circonstances ou ses conditions. Ils sont par-là porteurs d'une partie de l'explication des faits intrinsèques, relatifs aux propriétés morphologiques des spécimens, que l'analyse a préalablement mis en évidence. Le principal acquis de ces traitements est d'avoir dégagé la possibilité de groupements typologiques significatifs, fondés sur des critères quantitatifs et décrivant des relations proportionnelles entre les spécimens analysés.

4.2 Classification des structures

Les informations structurales ont été également soumises à l'analyse factorielle des correspondances multiples. Cette méthode calcule une distance entre structures et/ou segments dans l'espace multidimensionnel. Le résultat de cette analyse, conduite par le logiciel WAD (Tounissoux, 2002), donne un graphique (figure 6) qui montre la projection des structures en fonction des segments sur les deux premiers axes factoriels. La projection est représentée selon l'importance de la quantité d'information portée par ces deux axes.

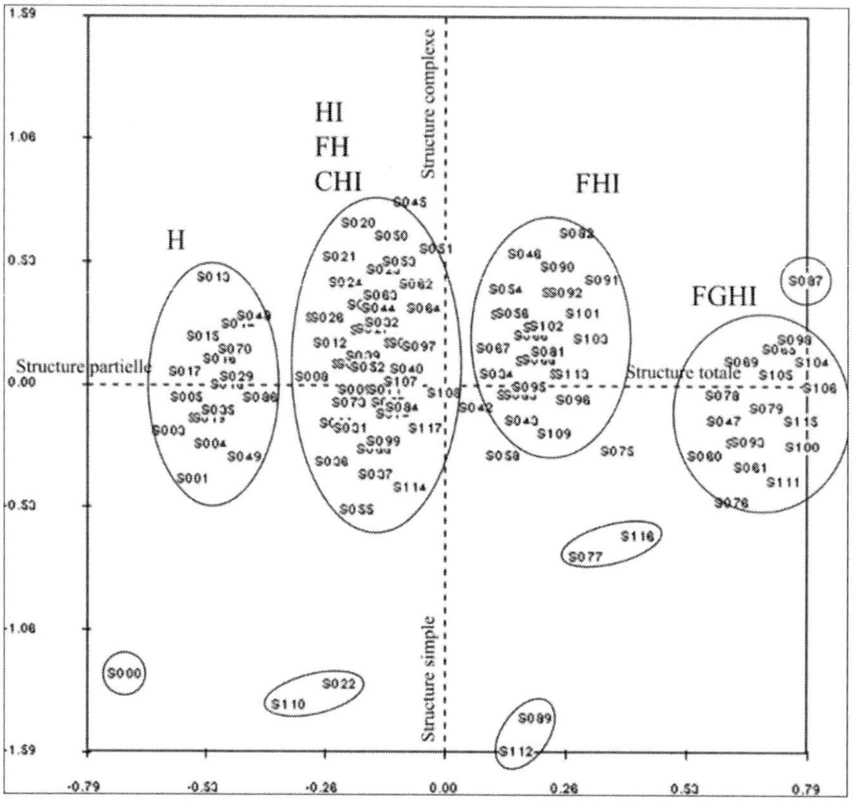

Figure 6. Analyse factorielle des correspondances multiples dans les plans 1-2.

La projection des structures sur les deux axes factoriels permet de repérer quatre classes distinctes selon la fréquence et le type de segments qu'elles portent respectivement. L'axe 1 (partielle/totale) oppose les structures incomplètes avec segments rares (à gauche) aux structures complètes avec segments fréquents (à droite). L'axe 2 (simple/complexe) oppose les structures incomplètes avec segments fréquents (en bas) aux structures complètes avec segments rares (en haut). Les structures situées à l'origine des deux axes sont celles qui partagent les mêmes attributs. Les structures isolées sont des atypiques.

L'analyse factorielle révèle ainsi des variations structurales qui organisent l'ensemble en quatre classes distinctes dont la distribution chronologique, étalée, est remarquable (figure 7) : la première (à droite) se caractérise par un fort emploi de segments reflétant une richesse du décor (fin XIXe siècle), puis la tendance se dirige progressivement vers un faible emploi de segments (à gauche), donc peu de décor (milieu du XXe siècle).

Figure 7. Spécimens typiques représentant les principales classes de structures du corpus.

4.3 Distribution spatiale des données

Pour spatialiser les informations obtenues, il a été réalisé un système d'information géographique SIG à partir du plan de la ville, divisé en sept quartiers. Les objets de la carte, qui sont des polygones représentant les parcelles des édifices, sont discernés en fonction des valeurs des informations associées à la carte. La base du SIG est constituée de deux tables séparées nommées « Édifices » et « Fenêtres ». Les deux tables sont rapprochées par une fonction de jointure à l'aide d'un champ descriptif commun. La sélection de traits est faite aussi bien sur les édifices que sur leurs fenêtres. Toutefois, les polygones de la carte qui représentent les édifices ne permettent pas de différencier cartographiquement les fenêtres d'un même édifice ; celles-ci peuvent apparaître sur des cartes différentes.

Les informations morphologiques sont insérées dans la table « Fenêtres » de la base du SIG. Elles s'ajoutent ainsi aux données non morphologiques déjà collectées sur les édifices (date de construction, hauteur, nom de l'architecte, etc.) et saisies dans la table « Édifices ».

L'analyse des informations de la base du SIG fait l'objet de cartes figurant leur répartition spatiale et pouvant révéler les caractères de la production dans chaque quartier de la ville. Il est ainsi possible de chercher dans cet environnement interactif à montrer par exemple que les mouvements de l'urbanisation dans le temps peuvent éclairer ce que l'espace révèle. Ou encore que le décor des fenêtres manifeste une identité morphologique, tout en obéissant à une même organisation spatiale, couvrant toute l'aire étudiée. Et voir si sa distribution dans l'espace est clairement repérable et interprétable. Le SIG permet ainsi de réaliser diverses opérations comme par exemple :

- visualiser des édifices portant des décors de fenêtre de mêmes formes,
- sélectionner des édifices comportant des spécimens remarquables,
- représenter des édifices construits à une même époque ou par un architecte particulier.

La lecture de la distribution spatiale des structures (figure 8) montre que certains quartiers sont caractérisés par des modèles qui s'y trouvent majoritaires. La concentration de ces modèles environne certains quartiers plutôt que d'autres et se fait surtout selon les relations qui se lisent à travers leurs segments. Ces segments sont significatifs quant à la chronologie du développement urbain des quartiers. Plus le nombre de segments est élevé, plus la richesse du décor s'accentue. La cartographie de la structure renvoie ainsi aux modes d'organisation adoptés par les concepteurs de l'époque : groupements homogènes dans les quartiers riches où les propriétaires plus aisés construisent des immeubles de luxe, hétérogénéité d'organisations dans les zones modestes où les concepteurs intègrent différents éléments de tous ordres pour les rattacher à de multiples modèles génériques.

Figure 8. Répartition de la structure type : chambranle/appui/décor central/décor latéral, au quartier Bab Bahar (Tunis) et spécimen possédant cette structure.

La lecture de la répartition spatiale des motifs décoratifs (figure 9), montre que les caractéristiques plastiques du décor sont assez diversifiées, coïncidant remarquablement elles aussi avec une cartographie significative. Cela vient du fait que les quartiers de la ville sont construits à différentes périodes et qu'à chaque époque les concepteurs adoptent des organisations décoratives différentes ; ce qui engendre une répartition particulière des variantes d'un quartier à l'autre. L'examen cartographique des motifs montre que ceux-ci remplissent inégalement les quartiers de la ville, plus denses dans les quartiers riches, rares dans les quartiers modestes. Certains motifs sont bien des éléments de différenciation stylistique, mais outre le fait qu'ils sont difficilement lisibles directement sur les façades de plusieurs édifices, ces éléments sont dispersés entre les quartiers.

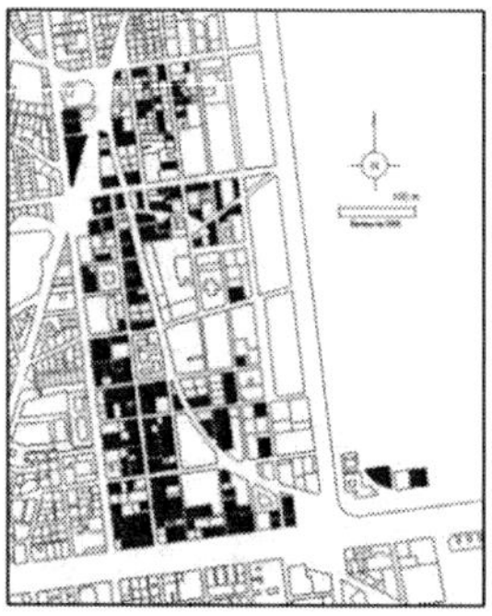

Figure 9. Répartition de la « grille ouvragée » au quartier Jean-Jaurès (Tunis) et spécimen du motif.

La variété dans la répartition spatiale du décor renvoie aux modes de compositions des concepteurs de l'époque qui utilisent à chaque période un type d'organisation différent. Autrement dit, plus l'urbanisation se déploie, plus les concepteurs changent de motifs dans leurs œuvres. Le caractère de chaque quartier est en fait la conséquence des mouvements stylistiques qui se produisent au fil du temps et non du choix ou de l'adaptation de la part des concepteurs à utiliser tel motif exclusivement pour tel quartier.

Les différentes approches envisagées donnent au SIG ainsi constitué un caractère relativement fédérateur sur le plan scientifique et celui des collaborations qu'il suscite (Gauthiez, 1993). Le SIG exploite les informations morphologiques pour les représenter sous un jour nouveau. Il permet non seulement de réaliser des analyses sous divers angles (morphologique, architectural, urbanistique, etc.), mais aussi de construire une plus large communication sur l'intérêt de ce patrimoine architectural et la nécessité de le préserver. Le matériau est susceptible d'une valorisation culturelle renouvelée. Les résultats de cette étude pourront en outre former une base de données ouvertes (Open Data) associée au SIG et mise à disposition du public, notamment des chercheurs et des décideurs, avec les possibilités de synthèse qu'offre un tel instrument de connaissance et d'expertise.

5. Conclusion

Cette étude a fait émerger des connaissances originales sur le système compositionnel du décor dont la validité et la projectibilité ont été empiriquement établies. Elle a développé des nouvelles techniques d'observation du mode de composition et de traitement numérique de l'information (Barbouche, 2012). Elle a montré que la conception architecturale peut être considérée comme un objet de connaissance théorique mais aussi empirique. Les moyens de médiation utilisés ont aidé à objectiver les démarches entreprises et ont fait ressortir des informations nouvelles à propos du décor. Ces techniques, malgré leur caractère quantitatif, ne constituent qu'une sorte de médiation neutre et un pur moyen d'assistance et de contrôle de cohérence des informations, qui permettent de mettre en évidence des contenus auparavant inaccessibles par d'autres moyens. Certes, ces dispositifs restent laborieux, mais il s'agit de ne pas perdre de vue le contenu de leurs résultats, en cantonnant ces techniques à un simple rôle de médiation instrumentale. Ce qui permet l'ouverture, au sein des théories scientifiques de la conception architecturale, à la fois du champ des connaissances et celui des applications potentielles (Balmisse, 2002). Ce travail ouvre de larges perspectives pour la compréhension du travail de composition, l'élaboration de programmes et de méthodologies d'enseignement de la conception et à terme, pour l'élaboration d'outils numériques d'aide à la conception.

Cette étude a eu le soutien de l'Université de Carthage (Tunisie) et du Laboratoire d'Analyse des Formes (LAF) à l'ENSA de Lyon (France).

Bibliographie

Balmisse, G. (2002). *Gestion des connaissances : outils et application du Knowledge Management*. Paris : Editions Vuilbert.

Barbouche, R. (2012). *L'immeuble d'habitation à Tunis (1881-1956) : inventaire patrimonial et étude stylistique de la baie et de son décor*, thèse de doctorat, Enau, Université de Carthage, Tunis.

Ben Saci, A. (2000). *Une théorie générale de l'architecture, morphométrie et modélisation*, thèse de doctorat, université Lyon III.

Bertin, J. (1977). *La graphique et le traitement graphique de l'information*. Paris : Flammarion.

Duprat, B., et Paulin, M. (1995). *Le système de la façade et de la baie : maisons à loyer urbaines du XIXe siècle*. Lyon : Editions du Cosmogone.

Focillon, H. (1993). *Vie des formes*. Paris : PUF.

Gardin, J.-Cl. (1978). *Code pour l'analyse des ornements*. Paris : CNRS.

Gauthiez, B. (1993). *Lyon, formation et évolution d'un espace urbain*. Lyon : LAF. EA de Lyon.

Le Moigne, J.-L. (1995). *La modélisation des systèmes complexes*. Paris : Dunod.

Piaget, J. (1975). *Les mécanismes perceptifs*. Paris : PUF.

Salem, A. (1987). *Pratique des segments répétés ; essai de statistique textuelle*, Paris, Klincksieck.

Theodorescu, D. (1980). *Le chapiteau ionique grec ; essai monographique*. Genève : Droz.

Tounissoux, D. (2002). *Méthodes factorielles : analyse factorielle des correspondances*. Lyon : Université Lyon I.

Échelles diffuses : Prospectives de conception *via* matière et VR

Églantine Bigot-Doll[1]

MAP-Aria, ENSA de Lyon, France

Résumé. Dans le cadre d'un enseignement de projet en école d'architecture, nous investiguons ici la question de l'échelle entre monde physique et environnement virtuel. Les objectifs de conception prospective de l'enseignement en question ont permis d'observer les relations entre immersions analogiques et digitales sous le prisme de l'échelle tantôt perdue, tantôt redéfinie dans une quête de matérialité spéculative.

Mots-clés. Conception, Numérique, Prospective, Échelle, Perception.

Abstract. The didactic situation of a design studio in a school of architecture allows for the investigation of scales between physical world and virtual environments. The prospective conception of this studio aimed at observing the relations that exist from analog to digital immersions studied through the prism of a scale that is sometimes lost and sometimes redefined, in search of a speculative materiality.

Keywords. Conception, Digital, Prospects, Scale, Perception.

1. Introduction

La présente recherche, poursuivant des travaux de thèse de doctorat en architecture et ancrée dans un cadre pédagogique, porte sur la conception architecturale que nous qualifierons ici de *prospective*. Celle-ci tente d'observer le développement de créativité par hybridations successives d'outils numériques et analogiques au moment de la conception. Les différentes échelles des représentations successives sont biaisées par la dimension *a-scalaire* induite par le numérique. Ainsi, en vue d'interroger des usages et matérialités architecturaux émergents, nous tenterons de mettre à profit les confusions impliquées par ces échelles dorénavant diffuses, notamment via le dispositif de réalité virtuelle confronté à la confection manuelle.

[1] Eglantine Bigot-Doll : eglantine.bigot-doll@lyon.archi.fr

2. Rétentions matérielles

2.1 Miniatures

Nous empruntons ici le concept des *rétentions*[2] de Bernard Stiegler pour caractériser les productions transitionnelles nécessaires à la conception. Qu'elles soient de nature physique ou issues de la CAO, voire même de la CFAO (virtuelles puis physiques), celles-ci sont imprégnées d'un signifié architectural à chaque fois remodelé, altéré, soumis aux mutations de l'outil tout au long de l'élaboration du projet.

Ainsi, les rétentions tertiaires en tant que « supports de mémoire extérieure à la psyché », sont un premier attendu pédagogique crucial en termes de stratégie immersive. Chaque groupe d'étudiants se voit attribuer un nuancier établi à partir des thématiques d'investigation évoquées après lecture d'une nouvelle de Borges[3]. Compte tenu de ce nuancier, l'objectif est d'introduire la notion de déclinaison par confection de miniatures dont l'échelle serait celle de la pilule.

Nous illustrerons les résultats issus des séquences pédagogiques à travers la production représentative d'un groupe d'étudiants de première année de master en architecture dans le cadre d'un enseignement de projet[4].

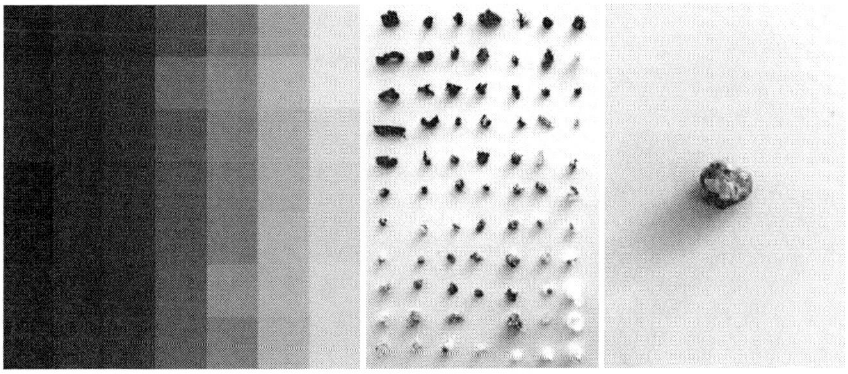

Figure 1. Nuancier imposé / Déclinaisons rétentionnelles / Individu prélevé.

Dans la figure 1, le nuancier « bleu et ivoire » imposé donne naissance à une série d'objets « pilules ». La troisième image montre une pilule extraite de ce nuancier. Chaque objet issu de cette première série, en tant que projectile *n⁰* est rétention de l'intention primitive des concepteurs. À ce stade, les contraintes uniques initiant l'exercice sont :

- l'identification d'une thématique à investiguer suite à la lecture du texte de Borges : ce groupe d'étudiants choisit la thématique du *miroir* et de l'*illusion* dans ce premier temps.
- la série de projectiles *n0* dite « pilules ». Elle doit être fidèle au nuancier imposé.

---

[2] « Les rétentions sont ce qui est retenu ou recueilli par la conscience. Ce terme est emprunté à Husserl ; mais les rétentions tertiaires sont propres à la philosophie de Bernard Stiegler. Les rétentions sont des *sélections* [...] » – *Ars Industrialis - association internationale pour une politique industrielle des technologies de l'esprit* ; extrait de la page *http://arsindustrialis.org/r%C3%A9tention*

[3] Borges, J. L. (2007). L'attente. In L'aleph (pp. 173-179). Paris : Gallimard.

[4] Étudiants du groupe *REFLECT* : Camille Berube ; Marta Fazzino & Robin Michel – semestre d'automne 2017-2018.

2.2 Atmosphères et empathie

Les miniatures produites en tant que *rétentions tertiaires*, fragments de mémoire extérieure aux concepteurs d'une part, influencées par le nuancier imposé d'autre part, portent plusieurs objectifs. Elles permettent d'introduire la notion de paramétrique par une stratégie analogique, évacuant ainsi l'appréhension envers l'outil numérique. Les paramètres sont : [outil ; geste ; matière] dans un *territoire* colorimétrique donné et selon la contrainte d'échelle.

Le second objectif, non annoncé explicitement aux étudiants, est la propriété *déterritorialisante* de la miniature en confection. Ici le voyage ne s'opère pas par la distance mais par l'échelle des replis de la matière pendant le faire (Bigot-Doll, 2018). Ce dispositif rétentionnel est une immersion dans des matérialités générées par individuation technique d'une part, émergence d'univers insoupçonnés, et ainsi, d'usages singuliers d'autre part. Chaque objet miniature encapsule des univers vecteurs de percepts et dans lesquels les étudiants projettent des sensations, des chimères, des fictions (figure 3), des réalités spéculatives. La caractéristique essentielle, identifiée comme vectrice de déterritorialisation dans cette expérience, réside dans une forme de fascination envers une esthétique singulière que l'on pourrait qualifier d'empathie. L'empathie esthétique (Lemarquis, 2014) d'une part, étayée par l'empathie *via* le toucher (Braun, Fontanella, et Stringari, 2015) se combinent dans cette immersion par l'échelle micro.

En somme, le territoire intérieur, le paysage spéculé d'abord individuellement puis au sein du groupe est porté par ces objets. Objets sensuels et réels à la fois, la série initie les tensions nécessaires à l'émergence de leurs qualités eidétiques (Harman, 2010), elles participent à la mise en place d'une atmosphère particulière de projet.

2.3 Condenser pour décupler

Ainsi la miniature, par essence, comprime les percepts. La déclinaison imposée par la dimension paramétrique et le nuancier imposé obligent l'étudiant à répéter des gestes, investiguer des phénomènes décuplés dans chaque objet. Puis l'intention, la conation, mutent sous l'effet de la verbalisation, la représentation par les mots exigée à chaque étape de la conception sous forme de fiche.

Les étudiants dépassent alors les percepts premiers en échafaudant intérieurement des univers et des récits en tant que fictions d'un imaginaire comprimé et pourtant intensifié. L'objet inclue et se dilate, à l'image du moment quelconque de la fiction littéraire dont Jacques Rancière (Rancière, 2017) fait état dans son ouvrage récent :

> *" [...] le moment qui ne construit ni ne détruit plus rien, qui ne se tend vers aucune fin mais se dilate à l'infini, incluant virtuellement tout temps et tout lieu autre. Un temps de la coexistence, gagné par la libéralité de l'espace " (Rancière, 2017, p. 131).*

Cette *immersion compressive* est intensifiée par les itérations dans la séquence, on pourrait ainsi la qualifier d'*immersion compressive-itérative*. À l'image des séries d'expansions qui ont succédé aux séries de compressions de la matière du sculpteur César, nous choisissons d'aborder l'environnement numérique par un dispositif de réalité virtuelle (VR). Celui-ci perturbera le rapport à l'objet par abolition de sa matérialité d'une part, et, d'autre part, par l'échelle à présent déterminée par l'étudiant.

3. Distensions digitales

3.1 Le virtuel a-scalaire

Si la confection de miniatures rétentionnelles opère une *immersion compressive* et *répétitive* par condensation de matière, la perte de l'échelle originelle impliquée par le dispositif de réalité virtuelle opère quant à elle une forme de distension de l'espace. On observe que l'objet n^0 scanné (désormais n^1), à présent dépourvu de sa matérialité, est systématiquement agrandi par les étudiants au sein de l'environnement virtuel de manière à atteindre une hauteur au moins égale à la taille de l'utilisateur. Le modèle est dorénavant « englobant » et opère à son tour une forme d'immersion que nous qualifierons d'*expansive* (figure 2).

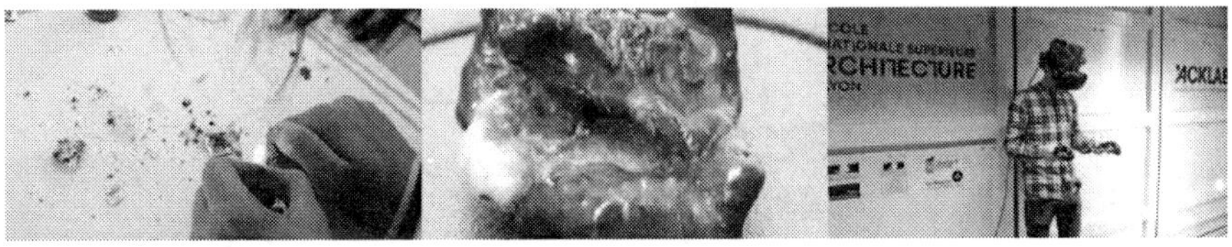

Figure 2. Confection / Scan 3d / Import VR.

3.2 Mal de VR ?

Physiologiquement, il arrive que la réalité virtuelle provoque une cinétose qui, dans le cas de l'utilisation d'un oculus, pourrait être définie comme un mal de mer « inversé » : le cerveau reçoit une information qui ne correspond pas à ce que le corps perçoit. Les décalages perceptifs impliqués par ce dispositif – bien que n'atteignant que rarement l'intensité du *motion sickness* avéré – perturbent en effet les sens, et l'aptitude retentionnelle de la psyché se voit ainsi amplifiée. Les distensions-distanciations scalaires successives modifient le rapport à l'objet initialement confectionné par la main et désinhibent les potentialités dans la conception par émergence de prospects de matérialité et d'usages[5] via la géométrie virtuellement « manipulée » (figure 5).

Toutefois, il a été évoqué à quelques reprises au cours de la séquence, une forme d'inconfort voire de malaise au moment de côtoyer l'objet autrefois minuscule et délicat, désormais exporté dans l'environnement virtuel aseptisé.

3.3 Promiscuité a-haptique

Si la promiscuité virtuelle prive toutefois l'utilisateur du contact avec l'objet, une empathie certaine se crée par jeux d'échelles selon un *référentiel d'échelle anthropologique* (Kapp, 2007) en tant que rapport à un *soi physiométrique* (Bigot-Doll, 2017). C'est-à-dire que, paradoxalement, l'échelle transformée de l'objet permet à l'étudiant de l'appréhender dans une forme de réalité nouvelle, accrue du fait de ses mensurations désormais comparable à la taille humaine.

Ainsi les modifications d'échelles réalisables uniquement au sein de l'espace virtuel et *a posteriori* permettent dès lors de circonscrire un champ des possibles dont les dimensions sont établies – consciemment ou non – par un rapport au corps du concepteur. De plus, la

---

[5] Les usages prospectifs qui émergeront plus tard dans l'enseignement sont axés au sein des différents groupes, sur l'exploration alternative des lieux de sommeil diurne, de grottes urbaines, de pédagogie générative.

quasi-totalité des étudiants, au cours de l'expérience de VR, verbalise la sensation de pouvoir « toucher » le modèle 3d. Malgré l'absence de contact haptique, chaque individu projette une promiscuité avec l'objet contemplé, parcouru et palpé par la pensée.

Tout au long du développement de projet qui suivra, le rapport au modèle 3D – visible uniquement à l'écran en temps « normal » – se trouve singulièrement modifié au profit d'une conation certaine envers l'*expérience* potentielle d'un espace autre. Dans le cas du groupe d'étudiants dont la production illustre le présent article, le regard porté sur la thématique évolue depuis l'analogie du miroir initiale vers une exploration architecturale de la perception par le toucher, éludant alors la suprématie des sensations rétiniennes. Le *reflet* porte à présent une dimension haptique, concrète, palpable.

Le modèle – paramétrique, complexe, à courbure variable, etc. – qui autrefois impliquait plutôt inhibition et appréhension car davantage assimilé à un besoin de précision, de mensuration et de représentation, est, depuis l'expérience de VR qui a initié le semestre, vecteur de projection de matérialités alternatives, émergences de sensations par conception de bestiaires de typologies architecturales (figures 3 et 4).

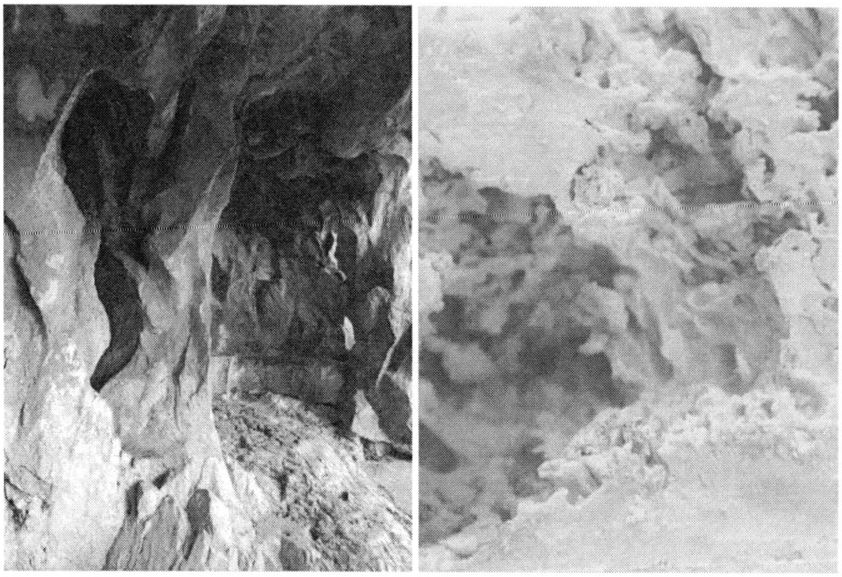

Figure 3. Univers macro-micro.

Figure 4. Coupe d'intention.

4. Cycles antalgiques

L'(ap)préhension d'un environnement autre *via* les modèles virtuels et spécifiquement par la VR, constitue selon les neurosciences une réduction de l'inhibition dans une situation normée – celle de l'enseignement de projet architectural par exemple – voire une action *antalgique*. Cette action antalgique est d'une telle intensité que la chirurgie, grâce entre autre à la VR, peut aujourd'hui s'affranchir d'une anesthésie générale lors d'interventions lourdes à cerveau ouvert (Martin, 2016).

En effet, les ressources attentionnelles nécessaires à l'immersion dans un environnement virtuel semblent mobiliser perception, et dans notre cas, émotions en décuplant leurs effets. La représentation dans l'espace immersif interne ou externe, dans la psyché comme dans un environnement virtuel, n'aurait plus seulement vocation à aider une modélisation dans la conception, mais par succession d'expériences immersives tantôt compressives tantôt expansives, de favoriser l'émergence de prospects par désinhibition scalaire.

Nous avons choisi d'illustrer cet article à travers l'exemple de la production d'un groupe unique. Toutefois, au sein de cette recherche qui vise à encourager l'émergence de postures prospectives dans le projet d'architecture, nous avons observé que l'ensemble des productions interroge l'espace de la perception, en particulier la perception non rétinienne. Le sens du toucher occupe une place centrale dans la tonalité des projets : le toucher pour faire, l'espace enveloppant et soyeux d'un lieu de sommeil, le toucher rêche du minéral, humide et vaporeux des bains. Ainsi l'effet antalgique causé par les situations immersives successives impliquerait-il une amplification des qualités haptiques et soma-perceptives de matérialité architecturale conçue ?

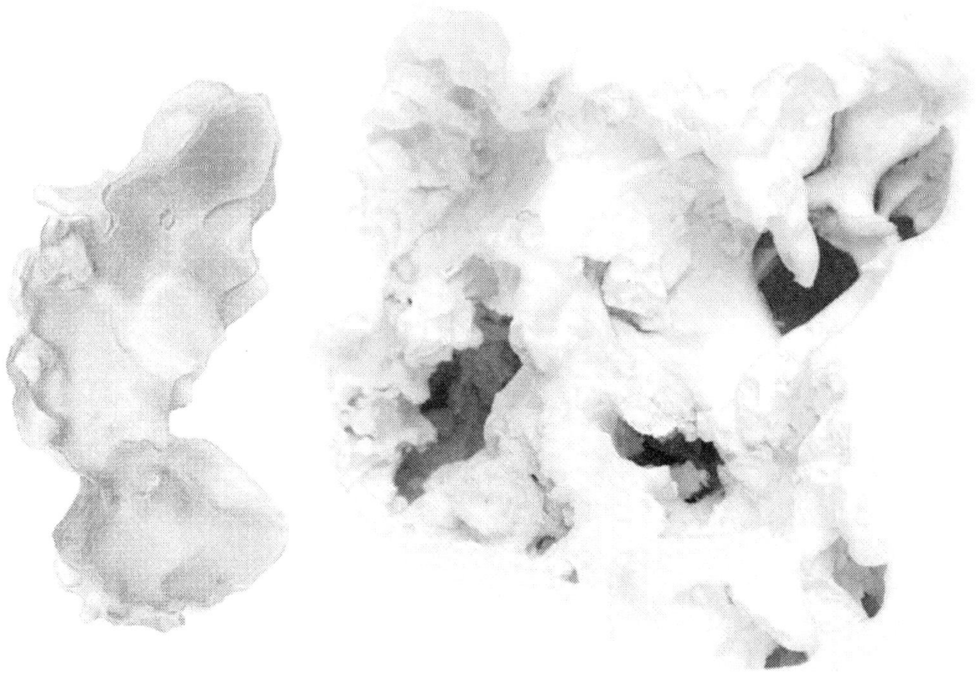

Figure 5. Modèle virtuel du vide par scan d'un objet en cire / Maquette obtenue par moulage de l'objet en cire immergé puis fondu.

5. Conclusion

Du monde physique et micro aux environnements virtuels, qu'ils soient écrans ou oculus, la conception de projet à l'échelle architecturale immerge le concepteur dans des univers et interfaces fortement hétérogènes. Les itérations entre immersions compressives et expansives impliquent une redéfinition permanente de la forme en devenir et, dans une dimension prospective, mêlent des *réalités amendées* selon les termes de Ferda Kolatan[6] (Young, 2015). La verbalisation – par analogies, chimères voire fictions – incarne des postures architecturales émergentes de ces spéculations rétentionnelles. De proche en proche et par contagion (Foucault, 1966), les similitudes entre matière singulière et images familières nourrissent la conception au sein d'un cycle expérientiel dont les paradigmes ont muté sous l'action du numérique. Aujourd'hui les dispositifs tels que la réalité virtuelle mais aussi la robotique nous offrent la possibilité d'un renouvellement de la pédagogie dans les écoles d'architecture davantage axé sur une compréhension par le corps.

Remerciements aux étudiants de MA[A]D, à l'équipe NOVA, Elsa Trincal, Laura Michal, Cécile Perriche, Fabrice Cavaillé, Christophe Gonnet, Marian Janda, Kevin Jacquot, Anna-Andréa Obé-Gervais.

Bibliographie

Bigot-Doll, E. (2017). *Du Noumène à l'Œkoumène, une émulsion analogique-numérique pour une prospective du projet d'architecture*. Université Lumière Lyon II, ENSA de Lyon.

Bigot-Doll, E. (2018). *Du figment au fragment, Miniature et conception architecturale*. In I. Roussel-Gillet & E. Thoizet (Éd.). Présenté à Colloque international : La miniature, un dispositif artistique et un modèle épistémologique à l'ère du nano, Maison de la recherche - Université d'Artois, Arras : Brill.

Braun, E. et *al.*, (2015). Touch and Empathy. In *Alberto Burri : The Trauma of Painting* (p. 50‑59). New York, NY: Solomon R. Guggenheim Museum & Kunstsammlung Nordrhein-Westfalen (Germany).

Foucault, M. (1966). Chapitre 2 : La prose du monde - Les quatre similitudes. In *Les mots et les choses ; une archéologie des sciences humaines.* (pp. 32‑40). Paris : Gallimard.

Harman, G. (2010). *L'objet quadruple une métaphysique des choses après Heidegger*. (O. Dubouclez, Trad.). Paris : Presses universitaires de France.

Kapp, E. (2007). *Principes d'une philosophie de la technique*. (G. Chamayou, Trad.). Paris : Librairie philosophique J. Vrin.

Lemarquis, P. (2014). L'empathie esthétique, la pensée analogique est une pensée magique. In *Portrait du cerveau en artiste* (p. 212‑237). Paris : Odile Jacob.

Martin, N. (2016, octobre 19). Réalité virtuelle : une révolution scientifique [Podcast]. *La méthode scientifique*. France Culture. Consulté à l'adresse : https://www.franceculture.fr/player/export-reecouter?content=7dfde045-8a14-41e2-96d1-855d4e1617e1

Rancière, J. (2017). *Les bords de la fiction*. Paris: Éditions du Seuil.

Young, M. (2015). *The estranged object* (Graham Foundation for Advanced Studies in the Fine Arts). Young et Ayata.

[6] En anglais *amended realities*, selon l'expression originale.

Écosystème de représentations et apprentissage de la conception

Julie Milovanovic[1,*], *Daniel* Siret[1] , *Guillaume* Moreau[2] et *Francis* Miguet[1]

[1]UMR AAU-CRENAU, École Nationale Supérieure d'Architecture de Nantes, France
[2]UMR AAU-CRENAU, École Centrale Nantes, France

Résumé. L'article construit une articulation des notions d'écosystème de représentations, d'apprentissage et de conception. Le modèle descriptif proposé permet d'interroger l'impact d'une altération de l'écosystème de représentations sur l'apprentissage de la conception en studio de projet. Deux écosystèmes utilisant des techniques de Réalité Virtuelle pour favoriser l'immersion dans le projet sont analysés. Les implications sur les processus d'apprentissage de la conception sont décrites par rapport au modèle descriptif proposé.

Mots-Clés. Apprentissage, Écosystème de représentations, Conception, Réalité Virtuelle.

Abstract. This article develops an articulation of three notions: representational ecosystem, learning and design. The proposed descriptive model gives a framework to question the effect of an alteration of the representational ecosystem on design learning in design studios. A study of two representational ecosystems using Virtual Reality techniques to enhance the feeling of immersion in design representations is described. Their implications on design learning are put forward in the light of the proposed descriptive framework.

Keywords. Learning, Representational ecosystem, Design, Virtual Reality.

1. Introduction

À travers la notion de *designerly ways of knowing*, Cross (1982) exprime la spécificité de la conception comme mode de pensée, de faire et de connaître. La recherche en conception a généré de multiples théories et modèles de la conception (Cross, 2007). Cette activité est décrite comme une activité sociale (Bucciarelli, 2001 ; Callon, 1996), dirigée par un processus de réflexion-dans-l'action (Schön, 1983), où une idée ou « concept » peut

* Auteur correspondant : julie.milovanovic@crenau.archi.fr

être fixé pour réduire l'ensemble de possibilités (Darke, 1979), et où l'espace du problème de conception et l'espace de la solution co-évoluent (Maher et Poon, 1996) en fonction de l'expertise du concepteur (Dorst et Cross, 2001). Par l'expérience, les concepteurs développent des schémas de conception (Lawson, 2004), référencés par d'autres auteurs comme répertoires de conception (Schön, 1983), ou prototypes de conception (Gero 1990). L'activité de conception est une forme de conversation réflexive entre le concepteur et l'ensemble des représentations externes du projet (Schön, 1992). La notion d'écosystème de représentations (Dorta *et al.*, 2016a ; Dorta et Kinayoglu, 2014), intègre l'ensemble des représentations externes du projet telles que les croquis diagrammes, plans, coupes, maquettes physiques, maquettes numériques, simulations et animations. Il est considéré comme un acteur de la conception dans le sens où il sert de support à la conversation réflexive (Schön, 1992) et à la simulation graphique (Lebahar, 1983).

L'objet d'apprentissage au cœur du *curriculum* de la formation en école d'architecture est l'ensemble des modes de pensée, de faire et de connaître du concepteur. Pour les étudiants, l'apprentissage passe par la construction de schémas cognitifs, à travers les expériences de conception. La notion d'apprentissage de la conception est liée, dans la littérature, aux notions d'apprentissage par le faire et de mentorat (Cross, 2006 ; Lawson et Dorst, 2009 ; Schön, 1985). Le studio de projet est l'un des lieux de cet apprentissage où l'étudiant apprend par le faire. L'objectif y est la production d'un projet architectural, qui répond aux contraintes posées par l'enseignant. La critique de projet hebdomadaire est l'occasion pour les étudiants de présenter leur projet et d'avoir un retour de leurs enseignants sur leur avancement, ce qui en fait un moment clé. L'altération de l'écosystème de représentations, en y incluant des représentations immersives grâce aux techniques de la Réalité Virtuelle (RV) ouvre de nouvelles potentialités en termes d'apprentissage.

Dans la première partie de cet article, nous proposons un modèle descriptif de l'apprentissage de la conception en studio de projet en synthétisant des cadres théoriques existants : le modèle de conception située de Gero et Kannengiesser (2004) et le cycle d'apprentissage expérientiel de Kolb (1984). L'enjeu est de pouvoir définir, à travers ce modèle, les implications induites par l'utilisation de représentations immersives sur les processus d'apprentissage de la conception. Dans la deuxième partie de l'article, deux cas sont étudiés : le HYVE 3D (Dorta et al., 2016b), utilisé comme outil pédagogique de support de la critique en studio de *codesign* à l'Université de Montréal ; et le système CAP VR (Angulo, 2015), exploité dans le cadre d'un studio de projet d'architecture à *Ball State University*. Nos analyses se basent sur un corpus d'articles décrivant l'utilisation de ces écosystèmes de représentations pour le studio (Angulo, 2015 ; Angulo et de Velasco, 2015 ; Dorta *et al.*, 2012 ; Dorta *et al.*, 2016a ; Dorta *et al.*, 2016b), des observations directes (pour le HYVE-3D) et des échanges avec les enseignants ayant mis en place ces écosystèmes immersifs pour leurs enseignements.

2. Vers un modèle descriptif d'apprentissage de la conception

2.1 Apprentissage en studio de projet

L'apprentissage s'apparente à un changement du comportement de l'individu, dans une situation particulière, et qui est lié à ses expériences (Hergenhahn et Olson, 1997 ; Phillips et Soltis, 2009). Le format pédagogique du studio de projet en école d'architecture est défini par des caractéristiques proches des principes des théories de l'apprentissage constructiviste et expérientiel que nous allons examiner maintenant.

Du point de vue constructiviste, l'apprentissage est séquentiel, ce qui signifie qu'il y a un développement progressif des structures cognitives de l'apprenant. Piaget (1975), l'une des figures majeures du constructivisme, explique que nous possédons un ensemble réduit de schémas innés qui expriment notre potentiel à agir sur notre environnement. La combinaison de tous ces schémas forme notre structure cognitive. Celle-ci change au fil du temps, de même que nos actions potentielles sur notre environnement, puisque la structure cognitive affecte la manière dont nous nous comportons. Piaget définit deux processus relatifs au développement de la structure cognitive : l'assimilation et l'accommodation. L'assimilation correspond à l'association entre la structure cognitive et l'environnement, que l'on peut représenter par l'action de connaître ou reconnaître. L'accommodation déclenche un changement dans la structure cognitive qui se produit lorsqu'un événement dans l'environnement ne correspond pas exactement aux schémas de la structure cognitive actuelle. Lorsque l'événement n'est pas reconnu, il crée un déséquilibre dans les structures cognitives, qui vont s'adapter pour trouver un nouvel équilibre. Piaget a formalisé l'importance de la relation individuelle entre les enseignants et les étudiants afin que l'information présentée aux étudiants soit appropriée à l'état actuel de leur structure cognitive. Le modèle de l'apprentissage expérientiel de Kolb (Kolb et Kolb, 2005 ; Kolb, 1984), s'appuyant sur les travaux de Piaget (1975) et de Dewey (1938), représente un cycle d'apprentissage en quatre temps liés à l'expérience : l'expérience concrète (EC), l'observation réflexive (OR), l'abstraction conceptuelle (AC) et l'expérimentation active (EA). L'apprentissage passe par une transformation cyclique de l'expérience, qui peut entrainer un ajustement des structures cognitives de l'apprenant (accommodation). Ce modèle d'apprentissage s'adapte aux moments du studio de projet et offre un cadre théorique pour développer la notion d'apprentissage de la conception dans le cas du studio de projet (Parnell *et al.* 2007 ; Khorshidifard, 2011).

Le format du studio de projet peut être calqué sur l'approche constructiviste et expérientielle de l'apprentissage : les étudiants sont confrontés à une tâche qu'ils ne peuvent pas complètement résoudre (concevoir un projet en fonction des exigences de conception), provoquant un déséquilibre dans leur structure cognitive, qu'ils ajustent par leurs interactions avec leur environnement social par une itération de phase d'apprentissage. L'enseignant joue un rôle majeur en accompagnant les étudiants pour qu'ils assimilent de nouvelles informations sur la conception. Les enseignants prennent une position de *coach* en poussant les étudiants à réfléchir sur la solution qu'ils proposent plus qu'à leur donner une solution toute faite (Adams *et al.*, 2016). Les sessions critiques informelles rythment la temporalité du studio et se formalisent par une discussion en tête-à-tête entre les enseignants et les étudiants. Dans cette situation, les enseignants sont en mesure d'évaluer les capacités réelles des étudiants, afin de leur fournir un retour adéquat pour qu'ils poursuivent leur activité de conception.

2.2 Modèle de conception située

L'apprentissage de la conception est étroitement lié à l'activité de conception en soi car les étudiants apprennent par le faire (Cross, 2006 ; Lawson et Dorst, 2009 ; Schön, 1983, 1985). Pour cela, nous proposons d'adapter un modèle de conception (l'ontologie *Function Behavior Structure,* FBS, située de Gero, 1990 ; Gero et Kannengiesser, 2004) à la situation du studio de projet (alternance de sessions de conception autonome et de critique de projet), et aux phases d'apprentissage expérientiel de Kolb (1984).

L'ontologie FBS située (Gero, 1990 ; Gero et Kannengiesser, 2004) synthétise, en un modèle descriptif, les différentes caractéristiques de la conception que nous avons évoquées. Dans ce modèle, un seul concepteur est représenté, et nous en proposons une extension avec deux concepteurs qui s'adaptera à la situation du studio (figure 1). L'ontologie décrit quatre processus cognitifs de conception, propres à chaque concepteur, qui illustrent une interaction entre trois mondes. Le *monde externe* est composé des représentations externes du projet, partagées par les deux concepteurs. Le *monde interprété* représente la construction interne du monde par rapport à l'expérience sensorielle, les perceptions et concepts acquis de chaque concepteur. Le *monde attendu* contient les actions imaginées de la conception et la prédiction de leurs effets. Il inclut l'ensemble des solutions potentielles imaginées par le concepteur et se situe à l'intérieur du monde interprété. Dans chacun de ces mondes, le projet est représenté par sa fonction (F), son comportement (Be ou Bs) et sa structure (S) (cf. ontologie FBS Gero (1990)). Seulement dans le monde externe s'y ajoute les descriptions (D) qui sont les représentations graphiques ou numériques du projet et les contraintes (R) liées au programme ou aux exigences du client.

Quatre processus expriment les relations entre ces trois mondes. L'interprétation représente l'interaction entre le monde externe et le monde interprété (processus 1, figure 1). Elle transforme des variables du monde externe dans le monde perçu par le spectre de la sensation, la perception et les concepts acquis. La structure actuelle de la représentation interprétée du projet donne un filtre de lecture de la situation présente. À travers cette structure, le concepteur voit l'état actuel du projet. La notion de mémoire constructive illustre un processus d'interaction entre concepts interprétés par rapport à la situation actuelle et concepts interprétés basés sur l'expérience passée (processus 2, figure 1). S'il y a un déséquilibre entre la structure interprétée acquise et la structure interprétée par rapport au monde externe actuel, il peut y avoir un ajustement de la structure initiale interprétée, qui est une forme d'apprentissage (cf. Lawson et Dorst (2009) sur la conception comme apprentissage). Le processus de concentration exprime une implication des variables du monde interprété dans le monde attendu (processus 3, figure 1). Il suggère une action dans le monde externe. Enfin, l'action, verbale, graphique ou gestuelle, implique un changement dans le monde externe par rapport aux attentes définies dans le monde attendu (processus 4, figure 1).

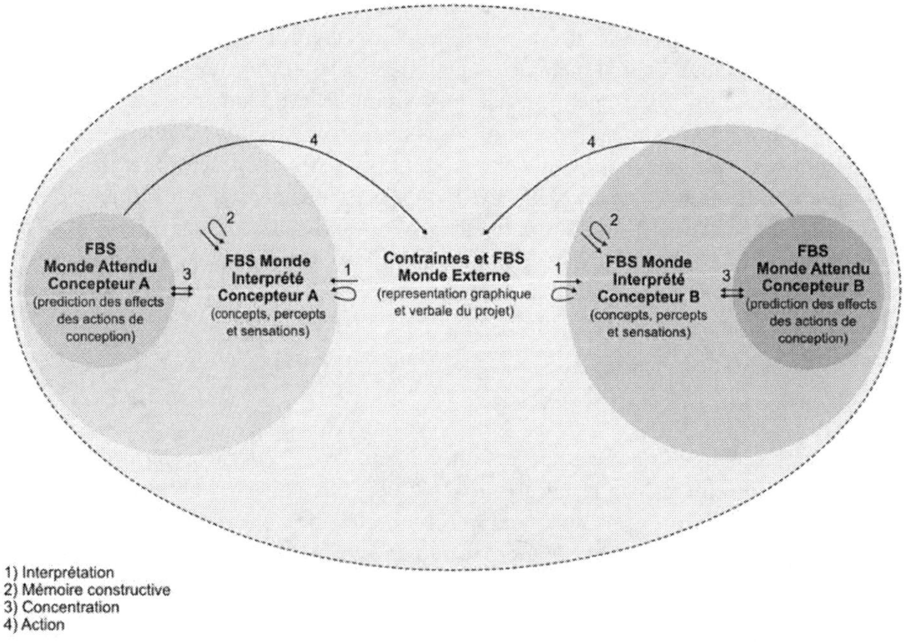

Figure 1. Activité de conception située (source : Gero 1990 ; Gero et Kannengiesser, 2004).

2.3 Proposition d'un modèle d'apprentissage de la conception en studio

L'activité de conception, dans le cadre du studio, se distingue par deux moments : des sessions de conception où l'étudiant travaille en autonomie et des sessions de tutorat, en présentiel, où étudiants et enseignants échangent sur le projet. Le premier moment est dominé par l'expérimentation active et l'expérience concrète, alors que le second s'associe principalement à de l'observation réflexive et l'abstraction conceptuelle (figure 2). Lors de la critique, l'expérience de conception est explicitée à travers la présentation du projet. La réflexion et l'échange construit autour du projet établit une nouvelle base de concepts pour la suite du travail. L'expérimentation active se traduit par l'expérimentation de ces concepts dans le projet, qui mène à une expérience concrète où l'étudiant a une nouvelle expérience située de l'activité de conception.

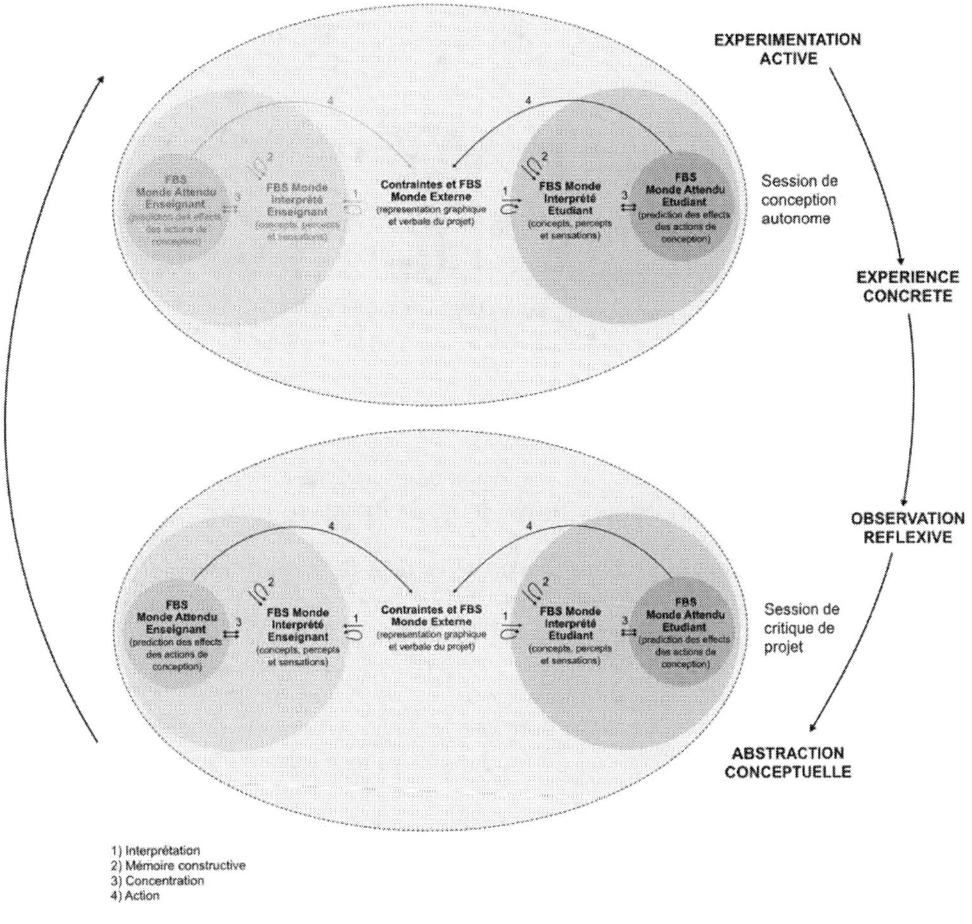

Figure 2. Proposition d'un modèle d'apprentissage situé de la conception.

3. Écosystème de représentations immersives

Les représentations immersives utilisant la Réalité Virtuelle (RV) sont de plus en plus présentes dans l'activité de conception et dans l'enseignement de la conception. Nous pouvons distinguer trois types de support d'environnement en RV : l'utilisation d'un casque HMD, d'un CAVE (Cruz-Neira *et al.*, 1992) ou d'un écran immersif. Ils offrent chacun des potentiels différents : conception et esquisse immersive, augmentation de l'expérience sensible et évaluation des qualités spatiales, visualisations de simulations, collaboration délocalisée ou encore conception à échelle réelle (Milovanovic *et al.*, 2017). Ces dispositifs de RV altèrent l'écosystème de représentations habituel de la conception architecturale. Leur utilisation dans le cadre du studio de projet impacte le processus d'apprentissage de la conception. Pour comprendre cet effet, nous proposons une analyse de deux types de systèmes immersifs utilisés en studio de projet : le HYVE 3D (Dorta *et al.*, 2016b) et le casque immersif CAP VR (Angulo, 2015). Dans le HYVE-3D, le curseur 3D permet la navigation et le dessin, l'environnement virtuel (EV) est projeté en perspective avec un effet trompe l'œil sur un écran courbe (figure 3a). Pour le dispositif CAP VR, l'utilisateur porte un casque « traqué » et peut se déplacer dans un espace réel limité pour naviguer dans l'EV (figure 3b). Une baguette (6 DOF) est également « traquée » et permet un déplacement à plusieurs vitesses. Le point de vue de l'utilisateur portant le casque est projeté sur un écran vertical pour que les autres participants puissent partager son expérience.

a) HYVE 3D

b) CAP VR

Figure 3. (a) HYVE 3D (source : Dorta *et al.*, 2016b), (b) CAP VR (source : https://capvrenvironment.wordpress.com/).

3.1 Caractéristiques et implications du CAP VR et du HYVE 3D

L'écosystème de représentations est contenu dans le monde externe du modèle de conception située (figure 1). Il doit conserver la dimension sociale de la conception en étant un lieu de partage et de collaboration (Dorta *et al.*, 2016a). Quatre caractéristiques le définissent : hybride pour permettre des allers-retours entre analogique et numérique ; intégrant des représentations de dimensions et de types multiples (2D, 3D, 4D) ; comprenant des représentations de différentes échelles, y compris l'échelle 1 (simulation immersive) et permettant le *codesign* intuitif entre les différents participants (Dorta *et al.*, 2016a). Une cinquième caractéristique importante est sous-entendue dans la notion d'écosystème : la synchronisation de l'ensemble des représentations, donnant une vue complète et unifiée du projet. Nous proposons de synthétiser ces caractéristiques en cinq critères : matérialités, dimensions, échelles, interactions et synchronisation.

Une analyse comparative des deux écosystèmes de représentations que nous avons introduits précédemment nous permet de voir leurs implications sur les processus d'apprentissage représentés en figure 2. Notre étude se base sur un corpus d'articles (Angulo, 2015 ; Angulo et de Velasco, 2015 ; Dorta *et al.*, 2012 ; Dorta *et al.*, 2016a ; Dorta *et al.*, 2016b), un entretien avec A. Angulo qui a mené, sur plusieurs années, un studio de projet à *Ball State University* utilisant le CAP VR ; de nombreux échanges avec T. Dortá sur l'utilisation du HYVE 3D en studio de *codesign* et *design* industriel à l'Université de Montréal ; des observations directes lors d'un atelier intensif (2 jours) avec 5 étudiants de l'ENSA Nantes travaillant sur leur projet dans le HYVE 3D installé à Bordeaux (LID, en collaboration avec S. Cardoso), ainsi qu'un entretien avec ces 5 participants.

Le HYVE 3D et le CAP VR présentent des caractéristiques différentes concernant les cinq dimensions de l'écosystème de représentations (tableau 1). Le HYVE 3D favorise la collaboration comme l'espace est partagé et l'expérience de l'EV est similaire pour l'ensemble des acteurs (étudiants, enseignants, pairs). Le CAP VR offre deux types d'expérience, celle pour l'utilisateur portant le casque (étudiant) et celle pour les autres participants qui visualisent l'EV sur un écran vertical (enseignants, pairs). La communication entre les participants est altérée dans le CAP VR car le port du casque bloque les interactions visuelles, gestuelles et graphiques, ce qui n'est pas le cas dans le HYVE 3D.

Tableau 1. Caractéristiques du HYVE 3D et CAP VR

	HYVE 3D	CAP VR
Matérialités	Numérique – Analogue (non synchronisé avec l'EV)	Numérique – Analogue (non inclus dans l'environnement et non synchronisé avec l'EV)
Dimensions	2D (vue sur le curseur 3D) 3D (écran immersif) Animation 4D (écran immersif)	2D (non inclus dans l'EV) 3D (casque et écran vertical) Animation 4D (casque et écran vertical)
Échelles	Échelle 1 (écran immersif) Échelle dynamique (curseur 3D)	Échelle 1 (casque et écran vertical) Échelles autres (non inclus dans l'environnement)
Interactions	Graphiques, visuelles et verbales	Verbales
Synchronisation	Représentations 2D et 3D numériques (pas de synchronisation avec représentation analogue)	Pas de synchronisation

Le CAP VR a été utilisé durant plusieurs années à *Ball State University*, dans le cadre de studios de projet d'architecture (Angulo, 2015 ; Angulo et de Velasco, 2015). Le *workflow* entre différents outils de conception et de représentation s'est affiné au fil des expériences en studio. Le processus mis en place par les enseignants suit le déroulé suivant : une visite du site est complétée par une introduction au CAP VR où les étudiants parcourent l'EV de leur site de projet. Ensuite les étudiants travaillent sur la proposition d'idées par différents modes : dessins, maquettes physiques, volumétries, intentions d'ambiances et simulation en RV. Les aller-retours entre le dessin et le rendu RV sont faits de manière itérative. Les étudiants ont accès au CAP VR pendant leur session de conception en autonomie et lors des sessions critiques, ce qui implique que le changement de l'écosystème a un effet sur l'ensemble des moments d'expérience du cycle d'apprentissage situé (figure 4a). Lors des sessions autonomes, les étudiants utilisent le CAP VR pour évaluer leur projet, et pendant les sessions critiques, ils l'utilisent comme support de discussion avec enseignants et pairs. Dans cette configuration, l'étudiant porte le casque et les autres participants visualisent le projet sur l'écran vertical. De ce fait, les actions sur le monde externe, lors des sessions de projet sont uniquement verbales quand le CAP VR est utilisé (processus 4, figure 4a).

Le HYVE 3D (Dorta *et al.*, 2016b), anciennement le HIS (Dorta et Pérez, 2006), est utilisé dans le cadre de studios de *codesign* et de *design* industriel à l'Université de Montréal (Dorta *et al.*, 2012 ; Dorta *et al.*, 2016b). Cet écosystème de représentations est exploité sur le temps du studio de projet, durant les sessions critiques. L'environnement immersif s'adapte aux documents produits par les étudiants entre les sessions (*sketch* 2D ou 3D, maquette numérique ou analogue, animation), qui sont partagés entre les participants durant les sessions critiques. Cette flexibilité lui donne la qualité de suivre l'évolution des médiums utilisés sur la temporalité du projet (de l'esquisse numérique 2D et 3D à la maquette numérique et aux animations). Dans cette configuration, les processus altérés se situent sur les phases d'observations réflexives et d'abstractions conceptuelles (figure 4b).

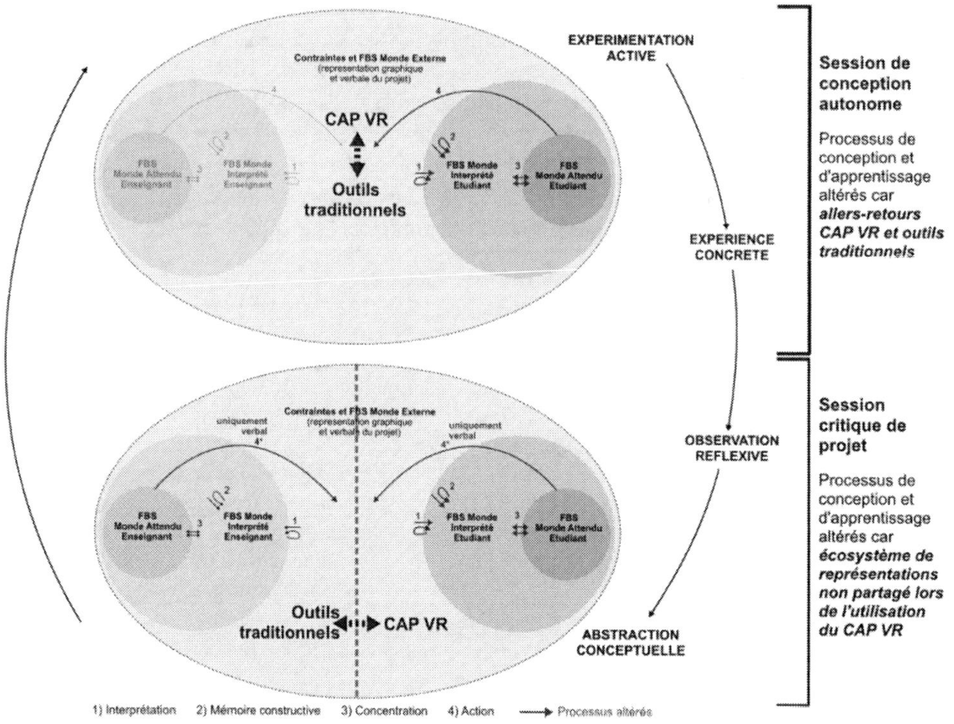

(a) Processus altérés par l'utilisation du CAP VR

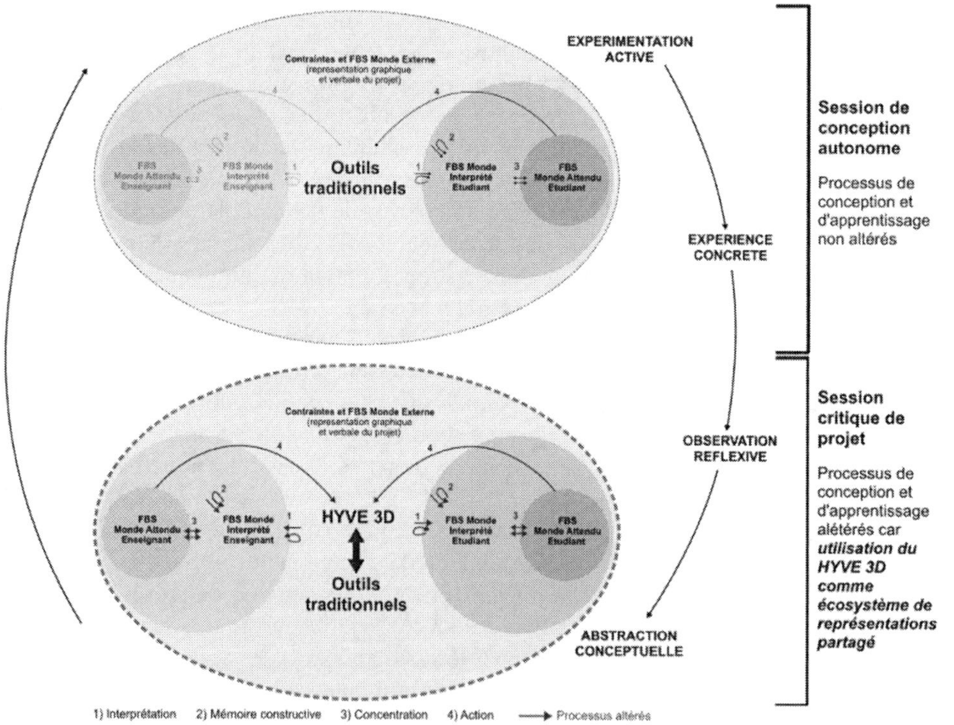

(b) Processus altérés par l'utilisation du HYVE 3D

Figure 4. (a) Implications du CAP VR sur l'apprentissage situé de la conception, (b) Implications du HYVE 3D (b) sur l'apprentissage situé de la conception.

4. Discussion

Nous avons examiné l'implication de l'utilisation de deux écosystèmes de représentation utilisant l'immersion dans un EV comme support d'enseignement de la conception. Dans le cas du CAP VR, l'accent est mis sur les moments d'apprentissage autonomes de l'étudiant par l'augmentation de ses capacités d'auto-évaluation de son projet par le parcours de l'espace du projet en immersion à la première personne. L'évaluation de l'espace par sa taille, proportion, profondeur et densité est renforcée par la visualisation dans le CAP VR (Angulo et de Velasco, 2015). Pour la conception autonome, la boucle de conversation réflexive est plus intense avec le CAP VR que dans un environnement traditionnel et le niveau d'engagement des étudiants dans le processus de conception est amplifié. La qualité du projet est accrue (Angulo, 2015) et l'étudiant se met dans une posture réflexive plus facilement que dans un environnement traditionnel[1].

L'utilisation du HYVE 3D pour les sessions critiques permet une meilleure prise de décision collaborative car l'espace de représentation hybride est partagé. L'immersion et la perception à l'échelle 1 aide au processus créatif et réduit la difficulté de compréhension de l'espace (Dorta *et al.*, 2016a). Comme les capacités de compréhension de l'espace de l'étudiant sont augmentées, cela favorise une symétrie des actions entre enseignants et étudiants, et renforce les échanges horizontaux entre les participants (Dorta *et al.*, 2012). L'écosystème du HYVE 3D enrichit le *codesign*, à la fois verbal, gestuel et graphique pendant les sessions. Ces qualités du HYVE 3D, remarquées lors de son utilisation pour des studios de *codesign* et *design* industriel à l'Université de Montréal, sont similaires aux retours d'expérience d'étudiants de studio de projet d'architecture (semestre d'hiver 2017, étudiant de l'ENSA Nantes) ayant utilisé le HYVE 3D pour un atelier sur deux jours (LID, Bordeaux). L'immersion dans le projet déplace la relation entre enseignant et étudiants. En effet, le projet fait le cadre, efface le rapport hiérarchique entre les participants et encourage l'échange[2].

5. Perspectives

L'apprentissage de la conception en studio de projet porte des caractéristiques issues de différentes théories sur l'apprentissage (constructivisme, apprentissage social et apprentissage situé). La construction de schémas cognitifs de conception par l'expérience s'accorde avec le format du studio où les étudiants apprennent à concevoir par la pratique du projet. L'enseignant agit comme évaluateur des connaissances de l'étudiant et comme *coach*, à travers sa critique, pour donner un retour adéquat et personnalisé à chaque étudiant du studio. L'écosystème de représentations est un acteur important du processus de conception et du processus d'apprentissage de la conception. Il est l'environnement dans lequel les étudiants développent leur expérience individuelle de conception de projet, et il est le support de la discussion durant les sessions critiques, où il acquiert une position d'outil pédagogique. Le cycle d'apprentissage expérientiel de Kolb (1984), l'ontologie de conception située de Gero et Kannengiesser (2004) offrent un cadre propice au développement d'un modèle descriptif des processus d'apprentissage de la conception dans le cadre du studio. Le modèle proposé permet d'illustrer les implications de l'utilisation d'écosystème de représentations utilisant la réalité virtuelle. L'étude de deux dispositifs offrant des systèmes d'immersion distincts, le HYVE 3D avec un écran immersif et le CAP VR avec un casque couplé à un écran vertical, a montré leurs potentiels pour enrichir les

---

[1] Entretien avec Antonieta Angulo le 13/10/2016

[2] Entretien avec les étudiants ayant participés à l'atelier intensif le 11/08/2017

processus d'apprentissage des étudiants. Le CAP VR semble favoriser l'engagement des étudiants dans leur projet, leur apprentissage autonome et leur réflexivité pendant les sessions de studio en présentiel et en dehors. Le HYVE 3D enrichit l'apprentissage par la collaboration et le *codesign* pendant les sessions critiques en renforçant les échanges horizontaux entre les participants.

La suite de notre travail se focalisera sur l'implémentation d'un écosystème de représentations adapté à la plateforme CORAULIS (Centre d'Observation en Réalité virtuelle Augmentée et Lieu d'Immersion Sonore), décrit dans Milovanovic *et al.* (2017). Cet écosystème combine une représentation égocentrée sur un écran immersif et une représentation allocentrée à travers une maquette et / ou un plan augmentés. Dans cette configuration, un modèle numérique unique sert de source pour la projection immersive et la projection sur les objets physiques de l'écosystème de représentations par des techniques de Réalité Augmentée Spatiale (Raskar *et al.*, 1998).

Bibliographie

Adams, R. S., Forin, T., Chua, M. & Radcliffe, D. (2016). Characterizing the work of coaching during design reviews. *Design Studies*, 45, 30–67. doi: 10.1016/j.destud.2015.12.007.

Angulo, A. (2015). Rediscovering Virtual Reality in the Education of Architectural Design: The immersive simulation of spatial experiences. *Ambiances*, (1). doi: 10.4000/ambiances.594.

Angulo, A., & Vasquez de Velasco, G. (2015). Virtual Sketching: Instructional Low Resolution Virtual Reality Simulations. In *Proceedings of the 19th Conference of the Iberoamerican Society of Digital Graphics*, 2, 506-513. Florianopolis, Brazil.

Adams, R. S., Forin, T., Chua, M. and Radcliffe, D. (2016). Characterizing the work of coaching during design reviews. *Design Studies*, 45, 30–67. doi: 10.1016/j.destud.2015.12.007.

Angulo, A. (2015). Rediscovering Virtual Reality in the Education of Architectural Design: The immersive simulation of spatial experiences. *Ambiances*, (1). doi: 10.4000/ambiances.594.

Bucciarelli, L. L. (2001). Design Knowing & Learning. In *Design Knowing and Learning: Cognition in Design Education*. Elsevier, 297–314. doi: 10.1016/B978-008043868-9/50013-9.

Callon, M. (1996). Le Travail de Conception En Architecture. *Les Cahiers de La Recherche Architecturale*, 37, 25–35.

Cross, N. (1982). Designerly Ways of Knowing. *Design Studies,* 3 (4), 221–227. doi: 10.1016/0142-694X(82)90040-0.

Cross, N. (2007). Forty Years of Design Research. *Design Studies*, 28 (1), 1–4. doi: 10.1016/j.destud.2006.11.004.

Cross, N. (2006). *Designerly ways of knowing*. London: Springer. doi: 10.1007/1-84628-301-9.

Cruz-Neira, C., Sandin, D. J., DeFanti, T. A., Kenyon, R. V., & Hart, J. C. (1992). The CAVE: Audio Visual Experience Automatic Virtual Environment. *Communications of the ACM*, 35 (6), 64–72. doi: 10.1145/129888.129892.

Darke, J. (1979). The Primary Generator and the Design Process. *Design Studies*, 1 (1), 36–44. doi: 10.1016/0142-694X(79)90027-9.

Dewey, J. (1938). *Experience and Education*. New York: Kappa Delta Pi.

Dorst, K., & Cross, N. (2001). Creativity in the Design Process: Co-Evolution of Problem–solution. *Design Studies,* 22 (5), 425–37. Doi: 10.1016/S0142-694X(01)00009-6.

Dorta, T, & Kinayoglu, G. (2014). Towards a New Representational Ecosystem for the Design Studio. In *Proceedings of the 19th International Conference on Computer Aided Architectural Design Research*, 699–708. Hong Kong.

Dorta, T, Kinayoglu, G., & Boudhraâ, S. (2016a). A New Representational Ecosystem for Design Teaching in the Studio. *Design Studies*, 47, 164–186. doi: 10.1016/j.destud.2016.09.003.

Dorta, T., Kinayoglu G., and Hoffmann, M. (2016b). Hyve-3D and the 3D Cursor: Architectural Co-Design with Freedom in Virtual Reality. *International Journal of Architectural Computing*, 14 (2), 87–102. doi: 10.1145/2785585.2785586.

Dorta, T., Lesage A., & Di Bartolo, C. (2012). Collaboration and Design Education Through the Interconnected HIS: Immature vs. Mature CI Loops Observed Through Ethnography by Telepresence. In *Proceedings of the 30th ECAADe Conference*, 97–105. Prague, Czech Republic.

Dorta, T., & Pérez, E. (2006). Immersive Drafted Virtual Reality. In *Proceedings of the 25th Annual Conference of the Association for Computer-Aided Design in Architecture*, 304–316. Louisville, Kentucky.

Gero, J. S. (1990). Design Prototypes: A Knowledge Representation Schema for Design. *AI Magazine* 11 (4), 26–36. doi: 10.1609/aimag.v11i4.854.

Gero, J S., & Kannengiesser, U. (2004). The Situated Function–behaviour–structure Framework. *Design Studies,* 25 (4): 373–91. doi: 10.1016/j.destud.2003.10.010.

Hergenhahn, B. R., and Olson, M. (1997). *An Introduction to Theories of Learning.* Prentice Hall (5th edition).

Khorshidifard, S. (2011). A Paradigm in Architectural Education: Kolb's Model and Learning Styles in Studio Pedagogy. In *ARCC Conference Repository*. 621–634.

Kolb, A., & Kolb, D. (2005). Learning Styles and Learning Spaces: Enhancing Experiential Learning in Higher Education. *Academy of Management Learning and Education,* 4 (2), 193–212. doi: 10.5465/amle.2005.17268566.

Kolb, D. (1984). *Experiential Learning: Experience as the Source of Learning and Development.* NJ: Prentice Hall: Englewood Cliffs.

Lawson, B. (2004). Schemata, Gambits and Precedent: Some Factors in Design Expertise. *Design Studies*, 25 (5), 443–57. doi: 10.1016/j.destud.2004.05.001.

Lawson, B., & Dorst, K. (2009). *Design Expertise*. Architectural Press. Routledge.

Lebahar, Jean-Charles. 1983. *Le Dessin d'architecte. Simulation Graphique et Réduction d'incertitude*. Parenthèses. Roquevaire, France.

Maher, M. L., & Poon, J. (1996). Modeling design exploration as co-evolution. *Computer-Aided Civil and Infrastructure Engineering*, 11(3), 195–209. doi: 10.1111/j.1467-8667.1996.tb00323.x

Milovanovic, J., Moreau, G., Siret, D., & Miguet, F. (2017). Virtual and Augmented Reality in Architectural Design and Education: An Immersive Multimodal Platform to Support Architectural Pedagogy. In *Proceedings of the 17th International Conference on Computer Aided Architectural Design*, 513–532. Istanbul, Turkey.

Parnell, R, Sara, R., Doidge, C., & Parsons, M. (2007). *The Crit: An Architecture Student's Handbook.* 2nd ed. Seriously Useful Guides. Elsevier : Architectural Press.

Phillips, D. C., & Soltis, J. F. (2009). *Perspectives on Learning*. Teacher College Press. Fifth Edition.

Piaget, J. (1975). *L'équilibration des structures cognitives : problème central du développement.* Presse Universitaire de France.

Raskar, R., Welch, G., & Fuchs, H. (1998). Spatially augmented reality. In *First IEEE Workshop on Augmented Reality (IWAR'98)*, 11–20.

Schön, D. (1983). *The Reflective Practitioner: How Professionals Think in Action*. London: Temple Smith.

Schön, D. (1985). *The Design Studio*. London: RIBA.

Schön, D. (1992). Designing as reflective conversation with the materials of a design situation. *Research in Engineering Design*, *3* (3), 131–147. doi: 10.1007/BF01580516.

Traçabilité de l'usage des outils de conception dans un processus collaboratif

Xaviera Calixte[1], *Samia* Ben Rajeb[2], et *Pierre* Leclercq[1]

[1] Université de Liège, Place du 20 Août 7, 4000 Liège, Belgique
[2] Université libre de Bruxelles, Avenue Franklin Roosevelt 50, 1050 Bruxelles, Belgique

Résumé. Cet article présente un système de traçabilité des usages d'outil (*SysTrac*) développé par le *Lab for User Cognition & Innovative Design* (LUCID), le *Collaborative Design and Digital mediations in Architectural Engineering* (COLLAeB-BATir) et le *Luxembourg Institute of Science and Technology* (LIST). Il permet aux concepteurs d'encoder en moins de 5 minutes chacune de leurs activités. Les données récupérées se distinguent en 3 catégories (celles sur l'outil, le temps et l'action). Cet article permet de faire part des premiers constats sur l'opérabilité de cette méthode immersive mise en place pour récupérer la trace des usages des outils des acteurs du projet sur l'ensemble du processus de conception collaborative. La réflexion menée pour créer le *SysTrac* et son implémentation dans un cas pratique sont détaillées et les premiers résultats y sont illustrés.

Mots-clés. Méthodologie, Conception collaborative, IHM, Récolte des données, Usage des outils.

Abstract. This article proposes a traceability system tracking the use of tools (*SysTrac*), developed by the Lab for User Cognition & Innovative Design (LUCID), the Collaborative Design and Digital mediations in Architectural Engineering (COLLAeB-BATir) and the Luxembourg Institute of Science and Technology (LIST). This system enables the designers to encode each of their activities within minutes. The collected data organize itself in three categories (on the tool, the time and the action). This article presents the first findings on the operability of this immersive method, which is set up to retrieve the track of the tools used by the project stakeholders on the whole collaborative design process. The reflection led to create and implement *SysTrac* in a practical case is detailed and the first results are illustrated.

Keywords. Methodology, Collaborative design, IHM, Data collection, Use of tools.

1. Introduction

L'activité collective au sein du processus de conception n'est pas une thématique récente et différentes théories et études existent sur le sujet. Cependant, le besoin de mélanger les compétences pluridisciplinaires et de travailler à plusieurs autour du même objet n'a jamais été autant d'actualité que depuis ces dernières années (Sklair, 2005).

Différents outils émergent afin d'aider les concepteurs à collaborer et prennent de plus en plus de place dans le mode de fonctionnement des agences, qu'ils apparaissent comme gage de qualité à des étapes du projet ou comme moyen de combler un besoin technique tel que palier les problèmes de la distance physique entre les collaborateurs (Legendre et al., 2016). Se pose alors la question de la pertinence et l'adaptabilité de ces outils aux activités collaboratives en conception.

Cet article propose une méthode immersive de récolte de données centrée sur les usagers dont l'objectif est de pouvoir analyser la place et le rôle des outils utilisés lors d'une conception architecturale collaborative complète. *Via* cette méthode intégrée dans une interface mobile, l'ensemble des moyens collaboratifs utilisés par les concepteurs a pu être récupéré durant une période de plusieurs mois. Ainsi, les premières parties de cet article présenteront l'état de l'art et la problématique posée. Nous décrirons ensuite le raisonnement qui nous a poussés à développer ce système (partie 4) et la manière dont il a été testé pour la première fois (partie 5). Les dernières parties exposeront nos résultats d'utilisation de la méthode, nos discussions ainsi que les apports, les limites et les perspectives de cette étude.

2. État de l'art

2.1 L'outil dans l'activité collective

Avant de s'interroger sur la place d'un outil dans le processus, il faut s'accorder sur le terme même d'« outil ». Selon le Trésor de la Langue Française informatisé, l'« outil » est défini comme un moyen, au sens large, qui permet d'agir selon un but fixé. L'outil est alors utilisé par l'homme dans le but d'augmenter son efficacité sur une tâche à réaliser. Il permet de simplifier, de rentabiliser, d'optimiser et de mener des actions impossibles sans celui-ci (McLuhan, 1968). Dans le domaine de la conception architecturale, si même un crayon prend dans ce cas le statut d'« outil », il semble donc peu concevable de n'utiliser aucun outil dans le processus. Ce constat semble d'autant plus inévitable lorsque l'on s'intéresse à un processus collectif, la pluralité des acteurs conduisant systématiquement à une multiplication des pratiques.

Plusieurs études catégorisent et structurent les différents outils rencontrés dans un processus de conception. Pour un objectif déterminé et dans un souci d'efficacité propre à une tâche, chaque outil est employé pour différents cas de figure. Certains se complètent et s'enchaînent… C'est en répondant et en qualifiant leur rôle que la place de l'outil est spécifiée au sein d'un processus de conception (Johansen, 1988).

Dans un processus de conception collaboratif, les outils tentent de répondre aux enjeux de la conception et de l'organisation de l'équipe. L'activité collective est articulée autour de 3 grandes actions proposées par Ellis et Wainer (1994) :

- Communiquer : action qui regroupe tous les échanges formels et informels d'information au sujet de l'objet architectural des acteurs de projet ;
- Se coordonner : action qui permet d'organiser le travail collectif ;
- Produire : action qui caractérise de manière tangible le projet architectural.

Ces trois actions s'articulent entre elles tout au long du processus en prenant une place prédominante ou non dans le parcours et les étapes de l'activité collective.

2.2 Les méthodes pour tracer les usages d'outil dans le processus

Diverses études reposent sur l'activité collective et différentes méthodes d'observation et d'analyse ont été mises en place. Des principes de codage comme proposé par Gero (1990) ont permis de comprendre le comportement des acteurs, la fonctionnalité de l'objet, des outils sur base de *verbatim*, du nombre d'échanges observés entre les intervenants et sur un classement de livrables produits. D'autres études portent leur focus sur l'objet et les outils, et cela indépendamment des situations dans lesquelles ils évoluent (Ericsson et Simon, 1993).

Ces deux démarches considérées complémentaires (Dodier, 1995) se focalisent soit sur des *objets* concrets (production de l'activité), soit sur la fréquence des échanges *humains*, mais aucune sur l'articulation de ces actions et usages d'outils sur l'ensemble du processus.

L'expérience menée par Otjacques (2008) lui a permis de retracer les échanges d'information en récoltant l'ensemble des e-mails que les acteurs se sont échangés. On retrouve ici une méthode qui a permis de retracer l'usage d'un outil, le logiciel d'envoi des e-mails, sur l'ensemble du processus. Ce travail a permis de comprendre la place et l'usage de l'outil dans les échanges d'information entre concepteurs tout au long du processus.

L'emploi de caméra, la prise de notes libres ou structurées permettent d'observer des situations sans interférer avec l'activité. Ce sont alors des études poussées sur des moments bien précis du processus qui sont analysées (Defays, 2013). Pour permettre de compléter ces informations avec le ressenti du concepteur, des entretiens libres et/ou structurés sont généralement menés.

3. Problématique

L'emploi d'outils dans un processus de conception collaborative se base sur l'usage que les concepteurs en font. La posture face à un choix d'outil (pour une tâche à un moment précis) ne peut se comprendre que par le concepteur lui-même parce qu'il mène l'action. De plus, établir un classement des outils sur la base de leurs usages constitue une piste de réflexion originale pour comprendre leur place dans l'activité collective et au sein du processus de conception. Néanmoins, peu de travaux de recherche mettent en lumière les articulations de ces outils entre eux et leurs émergences à l'échelle du processus de conception collaborative dans son intégralité. Alors, l'étude et l'analyse systématique de ces articulations sont nécessaires pour comprendre les choix de chaque concepteur et l'assemblage de tous leurs usages dans le cadre d'un travail collectif durant plusieurs mois.

Nous sommes alors à même de nous poser plusieurs questions. Comment instrumenter le suivi d'un travail de conception collaboratif de manière continue pendant plusieurs mois ? Comment récupérer les données sur l'articulation des usages d'outils pour chaque concepteur ?

4. Proposition et méthodologie

Le besoin de définir et de mettre en place un Système de Traçabilité (*SysTrac*) en ligne a émergé d'un consortium rassemblant 3 laboratoires qui s'intéressent particulièrement au processus de conception et à l'activité collective, et dont l'objectif est de tracer l'usage de tous les outils employés pendant toute la durée du processus de conception collaborative.

Ces 3 laboratoires sont : le *Lab for User Cognition & Innovative Design* (LUCID), le *Collaborative Design and Digital mediations in Architectural Engineering* (COLLAeB-BATir) et le *Luxembourg Institute of Science and Technology* (LIST).

Pour répondre aux questions énoncées dans la problématique, la méthode que nous avons mise au point a été construite sur le principe simple du journal de bord, c'est-à-dire le recensement de l'activité dès qu'un outil est utilisé à travers une série de courtes questions. Néanmoins, *SysTrac* se spécifie par :

- Son mode immersif : lors de la conception, les données sont récupérées dès qu'un outil est utilisé par le concepteur dans le cadre de son processus. Ainsi, chaque outil mis en jeu par un utilisateur participant au projet est étudié de manière individuelle.
- Son emploi régulier, rapide et centré utilisateur : la plateforme joue le rôle de consigne chronologique des usages d'outils. Pour qu'elle puisse être utilisée de manière régulière, celle-ci doit être disponible à n'importe quel moment pour ne pas conditionner son mode d'utilisation et l'encodage ne doit pas prendre plus de 5 minutes.

Pour ce faire, différents scénarii d'usage ont été définis et testés en laboratoire afin de veiller à l'adaptabilité, l'utilisabilité et l'ergonomie de l'interface relativement aux types d'usagers qui auront à l'utiliser. Il était important pour nous de garder aussi leurs motivations afin de garantir un encodage rapide et systématique.

Dans cette même logique, *SysTrac* ne doit pas interrompre l'activité du concepteur, c'est pourquoi l'encodage se fera une fois l'action terminée.

À chaque utilisation d'outil, quel qu'il soit et quel qu'en soit l'objectif (concevoir, communiquer…), l'utilisateur peut encoder son activité en répondant à une série de sept questions illustrées à la figure 1 et détaillées par la suite selon leurs thématiques.

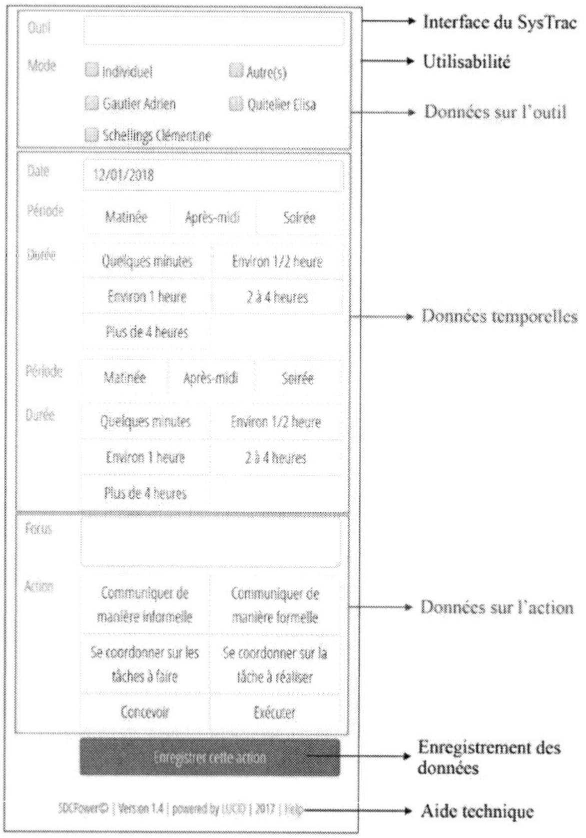

Figure 1. Interface du *SysTrac*.

4.1 Utilisabilité

Durant la période consacrée à la conception du projet, un profil est créé pour chaque acteur leur permettant d'enregistrer individuellement tous leurs usages d'outils. Ainsi, l'interface est configurée par rapport à la personne identifiée.

Pour proposer un système de récolte de données régulier et rapide, l'utilisabilité du *SysTrac* a été travaillée sur deux aspects. Le premier point apporté a été de limiter le nombre de questions et de permettre d'y répondre de manière intuitive à l'aide de choix multiples. Le second a été de fournir une interface adaptative sur PC et sur smartphone pour permettre de s'accommoder aux habitudes des usagers.

4.2 Données sur l'outil

Le *SysTrac* devant être complété dès l'usage d'un outil dans le processus de conception du projet, il est compréhensible d'observer une première question se rapportant à l'outil. L'objectif étant de tracer l'usage de chaque outil, le système se focalise sur tous les outils potentiellement utilisés.

La première partie du questionnaire permet donc de récupérer des données factuelles telles que l'« outil » à proprement parler et le « mode » qui permet de savoir avec quel(s) autre(s) membre(s) de l'équipe l'outil a été utilisé pour l'activité, ou si ce dernier a été employé seul.

4.3 Données temporelles

Imposer un encodage après chaque emploi d'outil permet de préciser deux notions supplémentaires : la temporalité de l'usage et la succession des outils entre eux.

L'échelle de temps dans cette dynamique est primordiale. Le curseur entre *précision* et *globalité* temporelle est un des premiers enjeux de cette méthode de récolte de données. Trois éléments permettent de repositionner l'outil dans l'échelle temporelle du processus :

- La « date » permet d'enregistrer le moment d'utilisation de l'outil.
- La « période » permet à l'utilisateur de repositionner l'usage de l'outil dans la journée en choisissant entre matinée, après-midi ou soirée. Il n'est possible de sélectionner qu'une seule des périodes pour l'encodage, forçant ainsi le concepteur à positionner l'outil dans la période principale d'utilisation. Cette échelle temporelle sur l'ensemble du processus peut paraître trop fine mais, en réalité, elle permet lors de moments d'idées ou de partage d'informations de marquer les changements d'outils sur une même journée.
- La « durée », contrairement aux deux questions précédentes qui permettent de se positionner sur l'échelle de temps du processus, apporte la notion de durée d'utilisation. Certains outils sont utilisés de manière très ponctuelle (action qui ne dure pas dans le temps), ou plus continue. Pour répondre à cette question, il est demandé de faire une sélection parmi les choix suivants : quelques minutes, environ ½ heure, environ 1 heure, 2 à 4 heures et plus de 4 heures.

L'information sur la période et celle sur la durée sont complémentaires. La période permet de structurer l'articulation de différents outils utilisés dans la journée. La durée, quant à elle, permet de donner une idée de l'importance temporelle de l'usage.

4.4 Données sur l'action

Pour pouvoir rattacher l'outil sur les activités qui composent le processus, il est nécessaire de nous questionner sur « le pourquoi » de son usage.

Ainsi, en se basant sur base du cadre théorique d'Ellis et Wainer (1994), l'« action » permet de qualifier la tâche à laquelle l'usage de l'outil répond. Néanmoins, une nuance supplémentaire doit être apportée aux trois actions du trèfle. Notre postulat est de penser qu'il existe différents types de communication, de coordination et de production. Ces sous-actions, précisées ci-après, se différencient par l'usage de certains outils et par leur moment d'utilisation dans le processus. Le concepteur peut encoder son activité parmi les choix suivants :

- Communiquer :
    - communiquer de manière informelle permet d'associer l'outil à des moments d'échange d'information spontanée (exemple : poser une question par e-mail ou par téléphone) ;
    - communiquer de manière formelle englobe toutes les actions qui permettent un échange d'information sur le projet dans un contexte programmé à l'avance (exemple : discuter sur la base d'un ordre du jour lors d'une réunion hebdomadaire).
- Coordonner :
    - se coordonner sur les tâches à faire concerne certaines discussions, en dehors des sujets en lien avec le projet à proprement parler et permettant à l'ensemble des acteurs de se coordonner sur les différentes tâches à réaliser ;
    - se coordonner sur la tâche à réaliser constitue un complément à la rubrique précédente, où les acteurs se mettent d'accord sur la manière dont une tâche « spécifique » doit être réalisée.
- Produire :
    - concevoir regroupe toutes les actions qui concrétisent un artéfact (sous n'importe quelle forme) en pensant à son idéalisation, c'est à dire lorsque le concepteur réfléchit aux aspects fonctionnels, aux solutions de problèmes, à la forme du bâtiment, etc. (exemple : esquisser un croquis d'une idée) ;
    - exécuter englobe les actions qui permettent la réalisation d'un artéfact/une production. Plus aucune notion de réflexion sur la conception de l'objet représenté n'est alors en jeu (exemple : mettre au propre le plan du rez-de-chaussée).

Pour compléter l'information, une autre question en texte libre, nommée « focus », permet à l'utilisateur d'apporter toute précision pour comprendre l'action qu'il est en train de mener. Ce champ libre d'expression permet d'apporter un complément sur le sujet de la part du concepteur et de limiter le risque de non-considération d'évènements exceptionnels ou non-anticipés qu'engendrent les choix multiples.

5. Contexte et expérimentation

Le *SysTrac* a été utilisé pour la première fois à l'Université de Liège (ULiège), dans un cours de 1er Master de la formation Ingénieur Civil Architecte qui a pour objectif d'apprendre aux étudiants le travail de conception collaborative à distance avec l'École Nationale Supérieure d'Architecture de Nancy.

Durant 3 mois, 6 groupes de 5 à 6 concepteurs ont participé à la réalisation d'un projet d'architecture. À cette occasion, les acteurs de projet ont été invités à tracer l'usage de leurs outils avec le *SysTrac*.

Différents moyens ont été mis en place pour motiver les étudiants à encoder régulièrement leurs actions :

- Des rappels hebdomadaires par e-mail ont été envoyés aux étudiants n'ayant encodé aucune activité. Dans le cadre de l'atelier, des revues de projets ont été organisées chaque mercredi entre les étudiants nancéiens et liégeois dans les Studios Digitaux Collaboratifs (Ben Rajeb et Leclercq, 2013). Ainsi, par déduction, chaque semaine, une séance au minimum devait être encodée de la part de tous les étudiants ;
- Une aide informatique est également à disposition pour régler à n'importe quel moment les problèmes dus à la plateforme Web et pour pallier tout problème technique ;
- Les données récoltées par le questionnaire sont également mises à disposition des étudiants de l'ULiège pour les aider dans leurs réflexions sur l'analyse de la collaboration et ainsi leur permettre de réaliser un rapport réflexif sur l'organisation et le déroulement du travail collectif de leur groupe.
- Sur l'ensemble des questionnaires récoltés, un étudiant tiré au sort parmi les participants les plus assidus a pu recevoir une récompense.

À l'issue de la phase des 3 mois de conception collaborative, la récolte des données a été clôturée. Pour appuyer la discussion, des entretiens ont été menés avec certains de ces étudiants. Ceux-ci finissant la phase de conception, leurs retours spontanés nous ont permis de compléter les résultats et les données récupérées par le *SysTrac*.

6. Utilisation du *SysTrac*

Pour traiter l'ensemble des données récoltées, nous nous servons du logiciel de visualisation *Common Tools* (Ben Rajeb et Leclercq, 2105) qui permet de générer divers graphes, tels qu'une ligne du temps illustrant le déroulé des actions et l'usage d'outils. Ce logiciel nous permet d'analyser par groupe les différents encodages individuels de chaque acteur. Après l'expérience, nous avons récolté 676 encodages, c'est-à-dire en moyenne 5 heures encodées par acteur et par semaine. Ce premier constat nous pousse à croire que l'emploi du *SysTrac* ne s'est pas montré trop contraignant dans la pratique. Le tableau 1 reprend les résultats d'encodage après 70 jours.

La date et le nombre d'encodages par acteur étant connus, nous observons aussi que 3 groupes sur 6 ont complété de manière assidue la plateforme durant le processus.

Tableau 1. Le corpus récolté

***SysTrac* - Expérience 1**	
Nombre de jours total consacré à l'expérience	70 jours
Nombre total d'encodages	676 encodages
Total d'heures encodées	1.370 heures
Moyenne d'heure / acteur / semaine	5 h / acteur / semaine

Top 3 des groupes		
Groupe A - 5 acteurs	172 encodages	34 encodages moyen / acteur
Groupe B- 6 acteurs	148 encodages	25 encodages moyen / acteur

Groupe C - 6 acteurs	110 encodages	18 encodages moyen / acteur

Top 4 des acteurs	
Acteur a	69 encodages
Acteur b	54 encodages
Acteur c	45 encodages
Acteur d	40 encodages

7. Discussion

7.1 La spontanéité des encodages

Une fois passée la phase de prise en main de *SysTrac* par les concepteurs, les résultats sur le nombre d'encodages et les discussions menées avec les étudiants nous renforcent dans l'idée qu'il est nécessaire de travailler en amont le design de l'interface (intuition de réponse, temps de réponse…). Ce constat nous laisse croire que la plateforme est déjà bien calibrée.

Malgré le travail de l'interface et le nombre d'encodages des groupes en fin de processus, l'encodage dans le *SysTrac* n'est pas pour autant devenu pour la plupart des participants un réflexe après l'usage de chaque outil. Différents rappels ont d'ailleurs été nécessaires tout le long du processus pour inciter les étudiants à compléter la plateforme. La raison évoquée par les étudiants au manque d'encodage est l'oubli.

En instaurant que la prise d'information soit immersive au processus, c'est-à-dire que les données soient transmises par le concepteur dès l'usage d'un outil, les acteurs sont contraints de se concentrer non seulement sur le projet mais aussi sur le travail collaboratif. L'emploi de *SysTrac* amène chaque individu à se questionner sur les évènements et la nature des actions qu'il est en train de mener. Cette réflexion sur son propre travail n'est pas naturelle. Cette explication amène à penser que ce n'est pas la complexité du codage (d'un point de vue pratique ou de la complexité des thématiques) qui est la cause de la faible fréquence d'emploi du *SysTrac*.

L'objectif du travail des étudiants n'étant pas focalisé sur le processus de conception, mais bien sur l'objet conçu, il n'est pas évident pour eux de répondre aux questions qui renseignent sur la nature de l'activité. Néanmoins, ce constat renforce la nécessité d'interroger le concepteur sur l'action qu'il est en train de mener à un instant proche de cette action. En effet, si la concentration est grande pour mener une réflexion sur l'action que l'*on est en train de mener*, il semble dès à présent peu envisageable de récupérer la même précision de données a posteriori du processus.

7.2 Focus sur l'outil

Le *SysTrac* est construit pour tracer les usages des outils, amenant ainsi à détailler la fonction propre liée à chaque emploi d'outil. La réflexion semble pourtant plus instinctive de manière inverse : c'est en s'interrogeant sur le moyen de réaliser une tâche que le choix d'un outil se pose. Pourtant, la démarche développée ici est construite de manière inverse : elle pousse le concepteur a se focaliser d'abord sur l'« outil » employé et à préciser le « pourquoi » de ce choix en imposant une réponse parmi les 6 possibilités d'action (cf. 3.4). Dans le but de récupérer des données autres que le nombre d'outils employés pour une action, l'ordre des thématiques abordées sur la plateforme force l'encodeur à se focaliser, une fois l'action menée, sur ce à quoi l'outil a finalement servi pour réaliser la tâche.

De plus, un outil peut être utilisé pour mener différentes tâches lors de son usage. Par exemple : « Je me sers de *Skype* pour communiquer et me coordonner avec les membres de mon équipe ». Cependant, en imposant aux concepteurs de ne choisir qu'une action par encodage, ils sont forcés de renseigner l'action prioritaire qu'ils sont en train de mener. L'outil peut servir plusieurs besoins et différentes actions par acteur d'un même groupe. On peut observer, lors d'un rendez-vous en visioconférence par *Skype* avec l'ensemble du groupe, que l'outil, pourtant utilisé par tous au même moment (figure 2), a été utilisé pour des actions différentes par les membres du même groupe (figure 3).

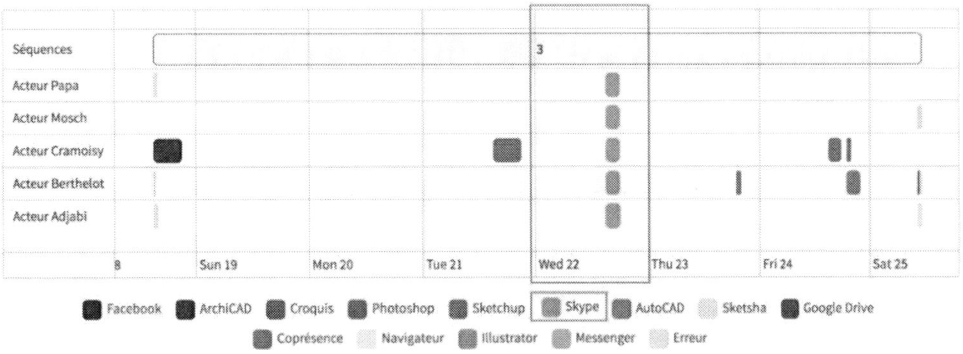

Figure 2. L'usage des outils par tous les acteurs du groupe - ligne du temps.

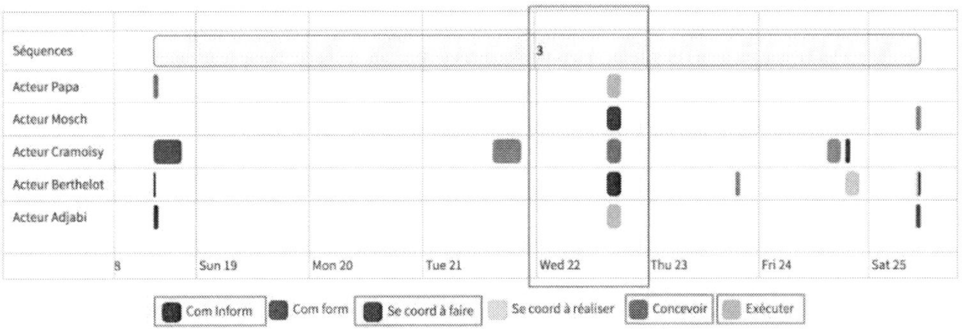

Figure 3. Les actions des acteurs du groupe - ligne du temps.

7.3 Durée d'utilisation des outils

Sur base des diagrammes circulaires générés par *Common Tools*, un deuxième constat ouvre des portes de réflexion pour des analyses prochaines. Le pourcentage en temps de l'usage des différents outils sur l'ensemble du processus et pour tous les groupes confondus, nous permet de constater que les outils comme *Skype*, *Google Drive*, *Facebook*, etc., déclarés comme des outils de communication et de coordination, accumulent 51,51% du temps encodé tout le long du processus. Néanmoins, lorsque les actions correspondant à la communication et à la coordination sont cumulées, seulement 36,07% du temps d'encodage y correspond (figure 4).

C'est pourquoi certains outils annoncés comme des instruments à la communication et à la coordination ont été utilisés prioritairement pour un usage non conforme. L'une des hypothèses avancées correspond à des détournements d'outils et à des modes de travail spécifiques à des situations propres dans le processus de conception collaborative.

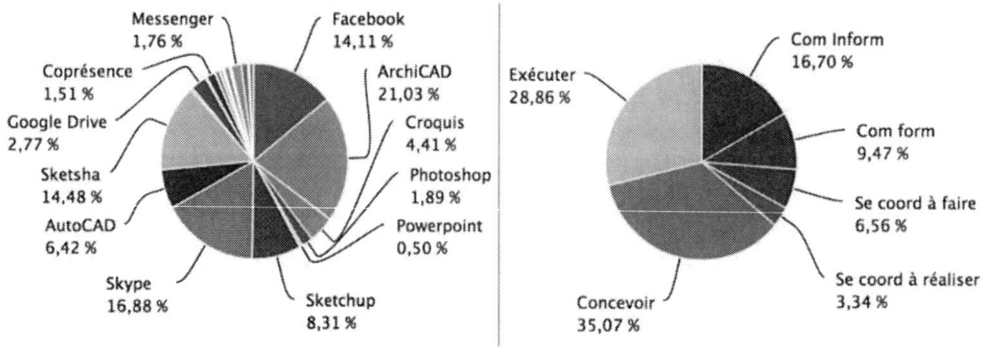

Figure 4. Diagrammes circulaires sur le pourcentage en temps des outils (gauche) et le pourcentage en temps des actions (droite) sur l'ensemble du processus et pour tous les groupes confondus.

Par exemple, parmi les logiciels utilisés, seul le logiciel *Sketsha* est déclaré au départ comme polyvalent et pouvant répondre aux 3 actions principales spécifiées par Ellis. *Sketsha* est un logiciel développé au sein du LUCID (Safin, 2012) et permet l'interaction graphique en temps réel et à distance sur bureaux augmentés. Ce logiciel est mis à disposition des étudiants pour les revues hebdomadaires des groupes. Une analyse plus poussée sera menée sur cet outil en particulier pour compléter les recherches et le développement de *SysTrac*.

8. Conclusion

8.1 Synthèse

Le système de collecte des données mis en œuvre et présenté dans cet article a permis de récolter une série de données sur l'usage des outils employés tout au long d'un processus de conception collaborative d'une durée de trois mois. Le *SysTrac* permet à tout acteur de s'identifier par son profil et de compléter la plateforme sur ordinateur ou smartphone. Ainsi, le concepteur, dès la fin d'une tâche, peut encoder en 5 minutes l'activité qu'il vient de mener.

Les données récupérées se structurent en trois grandes thématiques :

- Les données sur l'outil, pour définir quel outil a été utilisé pour la tâche et avec qui ;
- Les données temporelles, pour garder une trace dans le temps de l'usage de l'outil ;
- Et les données sur l'action, pour comprendre la tâche et l'usage de l'outil.

La démarche qui consiste à pousser le concepteur à se questionner sur le « pourquoi » de l'outil, une fois son usage fini, a permis de mettre en évidence qu'un outil peut être employé par l'ensemble du groupe, mais pour des raisons différentes (cela même dans des phases synchrones de conception sur le même outil) et le détournement d'usage de certains d'entre eux.

8.2 Limites

Sur l'ensemble du processus au complet, le *SysTrac* a permis de retracer les usages des outils de l'ensemble des acteurs du projet. La méthode immersive et centrée usager a permis de mettre en évidence l'importance de devoir récolter l'information sur le moment même de l'activité. Néanmoins, l'exercice mental qui consiste à analyser ses propres actions au moment où elles se déroulent reste difficile et le réflexe de codage ne s'est pas révélé pour l'ensemble des participants.

8.3 Perspectives

Le *SysTrac* est amené à évoluer pour explorer différentes pistes d'études prochaines sur base des résultats des analyses des données et du retour d'expérience des étudiants.

La démarche est également testée dans un autre contexte que celui pédagogique, le contexte professionnel (toujours dans une démarche de conception collaborative), à travers une équipe de 4 concepteurs lors d'un concours d'architecture. Des réflexions sont menées sur l'insertion de ce type de récolte de données immersif au sein d'agences d'architecture de grande ampleur. Néanmoins, d'autres considérations d'usage et de confidentialité sont à établir pour pouvoir mener à bien l'expérience.

Les auteurs remercient Aurélie Jeunejean, ingénieure informaticienne en charge de la réalisation concrète de la plateforme *SysTrac*, les 33 étudiants liégeois et nancéiens, ainsi que leurs encadrants pédagogiques pour leur participation à l'expérience menée.

Bibliographie

Ben Rajeb, S., Leclercq, P. (2013). Apports des configurations spatiales augmentées aux activités de formation par projet. In C. van de Leemput, C. Chauvin, et C. Hellemans (Eds.), *Activités humaines, technologies et bien être* (pp. 171-178). Paris : Sciences publishing.

Ben Rajeb, S., Leclercq, P. (2015). Instrumented analysis method for collaboration activities. *Proceedings of the Fifth International Conference on Advanced Collaborative Networks, Systems and Applications*, COLLA 2015, San Julian, Malta.

Defays, A. (2013). *Influence des communications multimodales sur le common ground. Proposition d'une méthodologie d'analyse*. Liège : http://hdl.handle.net/2268/160251

Dodier, N. (1995). Les Hommes et les Machines : La conscience collective dans les sociétés technicisées, in *Collection Leçons de Choses*, 1152 (345), Editions Métailié.

Ellis, C., Wainer, J. (1994). *A conceptual model of groupware*. Chapel Hill, NC.

Ericsson, K.A., Simon H.A. (1993). *Protocol Analysis: Verbal Reports as Data*, MIT Press, Cambridge.

Johansen, R. (1988). *Groupware: Computer support for business teams*. New York : The Free Press.

Legendre, A. Lanusse, A., Rauzy, A. (2016). Synchronisation des modèles d'architecture et analyse de risques : quel gain, comment et pourquoi ? *20e congrès de maitrise des risques et de sureté de fonctionnement*. Saint-Malo.

Gero, J.S. (1990). Design Prototypes : A Knowledge Representation, Schema for Design, in *AI Magazine*, 11 (4), pp. 26-36.

Mcluhan, C. (1994). *Understanding media: the extension of man*, 1sr MIT press ed.

Otjacques, B. (2008). *Techniques de visualisation des informations associées à une plateforme de coopération*, Namur : https://dial.uclouvain.be/pr/boreal/object/boreal:22707/datastream/PDF_01/view

Safin, S., Juchmes, R., Leclercq, P. (2012). Use of graphical modality in a collaborative design distant setting. In J. Dugdale, C. Masclet, M. A. Grasso, J.-F. Boujut, et P. Hassanaly (Eds.), *Proceedings of COOP 2012 : 10th International Conference on the Design of Cooperative Systems*. Springer.

Sklair, L. (2005). The Transnational Capitalist Class and Contemporary Architecture in Globalizing, *International Journal of Urban and Regional Research*, volume 29,3, 130-141.

Le BIM6D comme levier pour une architecture circulaire

Charlotte Dautremont[1*], *Charlélie* Dagnelie[2], et *Sylvie* Jancart[1]

[1]LNA, Faculté d'architecture, Université de Liège, Belgique
[2]Quercus Architecture, Belgique

Résumé. Pendant trente ans, l'architecture durable s'est concentrée sur les performances énergétiques des bâtiments et sur les économies d'énergies. Aujourd'hui, d'autres modèles économiques sont étudiés et le modèle linéaire va côtoyer d'ici quelques années le modèle circulaire. Pour des raisons principalement environnementales et économiques, la société retrouve de l'intérêt pour le réemploi et l'économie circulaire. Parallèlement, le processus collaboratif BIM modifie le flux de travail des acteurs de la construction. Cet article s'inscrit dans le cadre d'une recherche sur la relation entre la circularité de (et dans) l'architecture et le processus BIM. Nous voulons à travers lui dégager des pistes pour inclure ce modèle dans la pratique quotidienne des architectes grâce au BIM tout en tenant compte des freins et des leviers liés à ce dernier.

Mots-clés. Circularité, BIM6D, Architecture Durable, Réemploi

Abstract. For thirty years, sustainable architecture has focused on the energy performance of buildings and energy savings. Nowadays, other economic models are being studied and the linear model will stand alongside the circular model in a few years. For mainly environmental and economic reasons, society is once again interested in reuse and circular economy. Simultaneously, the BIM collaborative process is changing the workflow of construction stakeholders, including architects. This article is part of a research on the relationship between the circularity of (and in) architecture and the BIM process. Through it, we want to identify ways to include this model in the daily practice of architects thanks to the BIM, taking into account the brakes and levers linked to the latter.

Keywords. Circularity, BIM6D, Sustainable Architecture, Reuse

* cdautremont@uliege.be

1. Introduction

Le processus BIM (Building Information Modeling) révolutionne le flux de travail des acteurs de la construction et particulièrement celui des architectes. Cette lente révolution contribue à de meilleures planification, conception, construction et gestion du projet (Lebegue et Segura, 2015). Malgré ces atouts, le BIM semble être un excellent terrain de promotion des fabricants, avec pour conséquence de transformer les projets d'architecture en catalogue de produits. Ce renouvellement constant va l'encontre du cadre normatif (Directive CE, 2008) sur les déchets et de l'engouement général croissant pour le « zéro déchets ». Si actuellement, nous recyclons beaucoup (+/- 44% de déchets municipaux sont recyclés en 2017) (Europa, 2018), nous réutilisons peu[1]. Le BIM, et son lien direct et constant avec les plateformes de produits industriels, ne ferme-t-il pas la porte à une architecture circulaire ?

Conscients de la complexité de cette question, nécessitant une étude approfondie, nous allons tenter dans cet article de construire des ponts entre ces des deux domaines, BIM et circularité. Ces ponts seront jalonnés par des freins et des leviers liés à la pratique quotidienne des architectes.

2. Le contexte d'une double évolution : durabilité et BIM

Suite au choc pétrolier de 1979 et à la constatation des limites des ressources fossiles, la notion de développement durable apparait dans le rapport de Brundtland[2] en 1987 avec pour objectif de proposer un développement compatible avec les besoins des futures générations en pérennisant l'utilisation des ressources. Depuis les années 90, l'architecture durable était synonyme d'économie d'énergie et de performance énergétique (PEB) résultant de la Directive CE de 2002.

Malgré cet engouement pour la PEB, d'autres labels sont créés parallèlement, avec pour objectif d'évaluer la durabilité des bâtiments au sens large : LEED (USA), HQE (FR), BREEAM (UK) et à travers eux la notion de l'Analyse du Cycle de Vie (ACV).

Outrepassant la technicité mise en œuvre pour réduire l'impact énergétique, l'ACV considère l'impact environnemental pendant la construction mais aussi pendant l'exploitation et la déconstruction du bâtiment.

L'enjeu de l'architecture durable est désormais le cycle de vie de la construction et de ses composants : avec en amont la question des ressources (disponibilités, provenances et épuisements) et en aval la destination en fin d'exploitation et la notion de déchets. Le nouveau modèle a comme objectifs de maintenir leur valeur initiale et d'éviter de donner un statut de déchets aux éléments et composants, dépassant la construction stricto-sensu. Selon le guide pratique du réemploi (2013), *le secteur européen de la construction représente, à lui seul, près de 50% de la consommation des ressources naturelles et près de 40 % de la production des déchets sur l'ensemble du territoire européen.* Avec un tel impact environnemental, des démarches sont mises en place pour aider le secteur vers une transition circulaire. A titre d'exemple, cette transition fait l'objet d'une étude approfondie dans le cadre du projet européen BAMB2020 avec pour objectifs d'amorcer la circularité d'une part par trois changements systémiques majeurs (dans la vision de la conception, dans la définition de valeur et dans la collaboration des acteurs) (BAMB, 2018), mais aussi

---

[1] Dans un communiqué de presse (24/01/2017), les eurodéputés de la commission de l'environnement ont confirmé les nouveaux objectifs pour 2030 avec un pourcentage de recyclage des déchets de 70%.

[2] Aussi appelé "Our common future", rapport rédigé en 1987 par la Commission mondiale sur l'environnement et le développement de l'Organisation des Nations unies.

dans la création de nouveaux outils comme le Passeport des Matériaux (MP) ; outil contenant des informations utiles pour un réemploi futur.

Avec le même objectif commun d'une réduction des déchets, il existe d'autres modèles comme le cas du Lean Management, issu du secteur automobile. Ce modèle a été repris dans le secteur de la construction, plus particulièrement à la phase chantier. Initalement pensé dans le but d'une économie financière, il limite le gaspillage par une meilleure coordination (Arayici *et al.*, 2011).

Parallèlement à ce développement de l'architecture durable, les outils de l'architecte ont eux aussi évolué. Depuis le premier « Personal Computer » en 1981, l'utilisation de l'ordinateur est, dès les années 90, devenue une pratique courante dans les agences d'architecture : en 30 ans, les tables à dessin ont été remplacées par les ordinateurs (Picon, 2016). Cette numérisation du processus entraine une profonde modification du flux du travail : la possibilité de modifier permet une plus grande souplesse dans la conception.

Au cours des années 2000, la productivité s'intensifie grâce à la généralisation de la tridimensionnalité numérique du projet, atteignant son paroxysme avec le BIM. Adoptés dès 2007 par la Norvège, la Finlande et le Danemark, ce n'est qu'en 2014 que la Directive européenne (2014, Article 52) définit les *Règles applicables aux communications* pour la passation des marchés publics.

L'effervescence exponentielle autour du BIM depuis quelques années traduit les aspirations du secteur de la construction à une réponse systémique de leur profession : le travail collaboratif autour d'un avatar numérique informé.

Bien qu'à l'aube de l'usage de la maquette BIM comme *modèle* informé et collaboratif (BIM3D), l'acronyme acquière déjà une nouvelle signification : le *management* ou gestion du bâtiment (BIM4D). Cette nouvelle traduction du BIM amène les notions de temps et de cycle de vie où l'intervention de l'architecte est partie prenante.

Cette double évolution, BIM et durabilité, s'est traduite par des solutions informatiques complémentaires mais séparées. Par conséquent, atteignant un niveau de maturité suffisant des deux parties, nous pensons que le secteur de la construction se trouve à une période propice au changement, tirant profit des retours entre analyse, monitoring et observations, tel qu'illustré dans la Figure 1 (Delmée *et al.*, 2016) ci-après.

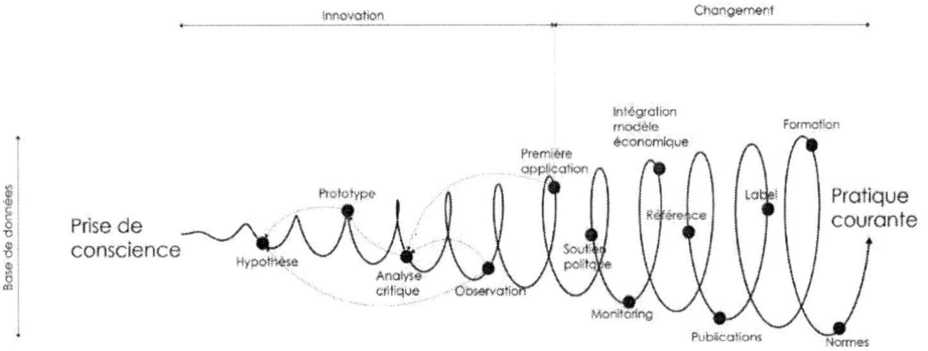

Figure 1. Processus d'implémentation de nouvelles techniques constructives (Delmée *et al.*, 2016).

Cette double évolution n'est-elle pas l'occasion de les réunir au sein du BIM6D ? Rappelons ici que la 4D fait référence à la gestion du temps et au planning tandis que la 5D fait référence à la gestion du coût. Le BIM6D comprend quant à lui tout ce qui est lié au développement durable mais sa définition exacte reste encore incomplète.

Les sections suivantes vont tenter de construire des ponts entre ces deux enjeux contemporains de l'architecture par la mise en lumière de freins et leviers.

3. La rencontre : « BIM6D orienté circulaire » ou « circularité numériquement gérée »

Ces dernières années, l'économie circulaire est devenue le cheval de bataille des politiques nationales et européennes. Le secteur de construction y joue un rôle central dû à son impact sur les ressources et les déchets. Pourtant aujourd'hui, les outils d'intégration du réemploi dans le processus de conception architecturale manquent à l'appel. Ils sont soit inexistants, anecdotiques, partiels ou en cours de développement (MP par BAMB). De plus, en Belgique, nous pouvons souligner la situation révélatrice du statut marginal et/ou pilote de ces projets comme le projet de l'Athénée Riva Bella de Braine-l'Alleud, par l'atelier Alain Richard, prise comme référence.

Gobbo constate : *Cette considération de déchets ou de ressources futurs que nous mettons en œuvre aujourd'hui est rarement prise en compte par les bureaux d'architecture mais également par les autres acteurs du secteur (...)* (Gobbo, 2015, p.128) mais également : *L'une des difficultés et sources de production de déchets réside dans la définition du rôle de chaque intervenant mais aussi dans le manque de communication claire entre eux (manque de vocabulaire commun, incompréhension, etc.). Dans ce contexte, il est nécessaire que l'architecte au centre du processus du projet constitue un bon relais d'information entre les divers acteurs et qu'il soit le premier acteur d'une démarche de communication, la première étant la transmission d'informations correctes et complètes (plans, détails, métrés)* (Gobbo, 2015, p.104).

La réussite d'une stratégie d'architecture circulaire dépendrait de deux facteurs majeurs :

- une communication avec un échange de données clair et ordonné
- et l'anticipation en amont du projet par l'architecte.

Très vite, grâce à l'interopérabilité et à l'échange d'informations, le BIM peut répondre au premier facteur. En effet, l'architecte est un acteur primordial pour conduire un projet vers une transition circulaire. Aussi, bien que porte d'entrée au réemploi, sa collaboration avec une équipe interdisciplinaire de qualité sera garante de succès, et ce tant pour les projets circulaires que BIM. Le projet d'implémentation du BIM dans l'agence d'architecture britannique John McCall Architects, Liverpool (UK) par Arayici et ses collègues (2011) illustre parfaitement cette richesse de collaboration. Selon nous, de part sa place primordiale dans chacun des domaines, le travail collaboratif est l'un des ponts permettant une rencontre entre l'architecture durable et le BIM.

Avant de s'attarder sur ce levier, nous allons mettre en parallèle le processus BIM et l'architecture durable circulaire. Pour commencer, nous allons préciser le concept de circularité qui aborde deux dimensions :

- « passé » ; le réemploi d'éléments[3] passés pour/dans des projets actuels,
- et « future » ; le réemploi d'éléments d'aujourd'hui.

Si nous envisageons le BIM comme outil d'intégration du réemploi dans l'architecture, il est particulièrement adapté pour un réemploi futur (MP du BAMB) mais nuancé pour un réemploi passé puisque pour réemployer des éléments passés dans un projet actuel, l'architecte est confronté à plusieurs freins.

Tout d'abord, le relevé de la situation existante devra dans un projet circulaire prendre un caractère d'expertise, nommé inventaire de la matière. Si cet inventaire n'est pas révélateur d'éléments à réemployer in situ, les acteurs devront réaliser une recherche hors site. Energivore en temps (Delmée, 2017), cet inventaire révèle le second frein qu'est le

[3] Nous entendons ici par éléments tout ce qui compose un projet d'architecture de l'espace créé, un composant, un système, etc.

manque de visibilité des éléments à réemployer. La partie 5 évoquera le BIM comme levier à celui-ci. Ensuite, la difficulté de modéliser des éléments non-standards relevés est un obstacle majeur, nécessitant une certaine acquisition par les architectes d'outils paramétriques ou de design algorithmique.

Enfin, cette numérisation demande une information 'non graphique' toute particulière et sous forme de multiples supports afin d'assurer une parfaite compréhension de l'élément de réemploi.

En vue de capitaliser ces informations, un travail collaboratif autour de l'architecte est primordial (projet SpatioData, Ben Rajeb et al., 2014). Selon nous, quatre acteurs ont un rôle majeur dans cette capitalisation : le maître d'ouvrage pour des données empiriques, l'entrepreneur par sa connaissance de terrain, le géomètre pour un relevé de données et enfin les fabricants pour les données techniques telles que l'ACV ou le MP. Malgré cet apport riche en informations, nous craignons que ces analyses demandées aux fabricants, mettent en valeur et soient réservées à des industries d'une certaine importance dû à leur coût (Lame & Leroy, 2015) et avec pour conséquence une mise en marge de petits fabricants novateurs.

Aussi, avec l'émergence de ces deux concepts de nouveaux profils d'acteurs et d'experts sont envisagés tels que « BIM6D Manager orienté circulaire » ou « Responsable déchets BIM ».

Ainsi, le BIM apparaît comme une excellente porte d'entrée pour amener les architectes et les autres acteurs de la construction au circulaire, sans bouleverser (à nouveau) leur pratique.

4. Le frein de l'un, meilleur levier pour l'autre ?

Nonobstant ces constats, nous mettons en parallèle deux listes de freins répartis en 5 familles (technique, juridique, économique, méthodologique et culturelle). Cette liste, présentée dans la Table 1, a été réalisée en nous basant sur *« la synthèse exhaustive des freins vis-à-vis du réemploi »* de Delmée (2017) et des *« Limites et freins associés à l'usage de la maquette numérique »* de Marin & Segura (2014).

Au regard de ces freins, et conscients de la nécessité d'une évolution technique du BIM (cf. IFC), nous allons dans le tableau 2 proposer le BIM6D comme levier à l'architecture circulaire.

5. Le trio gagnant : création + éthique + collaboration

Jusqu'à présent, le BIM est encore réservé aux professionnels de la construction alors que le réemploi en construction est plutôt une démarche que font les particuliers. Grâce au BIM6D, l'architecture circulaire quitterait son statut actuel de 'marginal' pour devenir un secteur innovant porté par les experts de la construction. D'autre part, le BIM6D permettra une émulation autour de l'architecture circulaire grâce au cadre légal et aux encouragements des autorités de travailler en BIM pour des projets d'importances en marchés publics. Ce type de marché est souvent repris comme référence à suivre pour les plus petits projets, avec pour conséquence un changement des mentalités par percolation, et ce tant dans le secteur des professionnels qu'auprès des particuliers.

Tableau 1. Mise en parallèle des freins, limites du réemploi et du BIM basés sur les synthèses de Delmée (2017) et Marin & Segura (2014).

Freins vis-à-vis du réemploi	Freins et limites à l'usage du BIM
Techniques & technologiques	
- peu de filières existantes - logistique compliquée - réemploi futur presqu'impossible avec construction actuelle	- manque de maturité de l'IFC = perte des informations et attributs - malgré une 3D enrichie, mauvaise gestion documentaire
Règlementaires, normatifs & juridiques (Belgique et France)	
- manque de label - flou autour de la responsabilité des acteurs - absence de prescriptions - manque de traçabilité des matériaux - manque de solutions constructives validées	- manque de valeur juridique définie de maquette numérique - flou autour de la propriété intellectuelle (transfert de données confidentielles dans un flux de travail classique)
Économiques	
- peu/pas d'offres industrialisées = prix élevé - coût de la main d'œuvre (spécialisée ou non) élevé	- investissement matériel pour un parfait échange, même plateforme - investissement humain pour passage au BIM
Méthodologiques	
- manque de visibilité - offre unicité de matériaux, maigre panel - nécessite de nouvelles mises en œuvre (peu documentées)	- le temps que prend le changement - BIM réservé aux gros projets ? - Peu de souplesse du processus - Besoin de définir les usages futurs de la maquette numérique = sortir de sa vision singulière d'acteur
Affectifs, institutionnels & culturels	
- manque de confiance du grand public - barrière « esthétique » - frein psychologique = construire avec des déchets - manque d'enseignements, de retour, de formation	- gros investissement initial pour un retour qu'en phase finale - rupture entre le rôle de l'architecte avec l'exploitation de la maquette numérique à venir - manque d'élasticité des habitudes

Tableau 2. Réflexions sur l'apport du BIM6D comme levier aux freins vis-à-vis du réemploi et du BIM

Comment le BIM6D peut lever les freins précités ?	
Pour le réemploi	**Pour le BIM**
Techniques et technologiques	
- La « connexion » avec des plateformes de réemploi (ex. Opalis) permettrait une meilleure logistique et le développement de ces initiatives à plus grande échelle (+)	-Demande une minutie de travail augmentée (≈) -Demande l'évolution de la diversité des supports de documentation (≈) -Demande une évolution et souplesse des LOD[4] (≈)
Règlementaires, normatifs & juridiques (Belgique et France)	
- Le BIM6D demande de fixer le cadre réglementaire (normes, labels, responsabilités, propriété intellectuelle, etc.) (≈) - Il apporte une traçabilité aux matériaux pour un réemploi futur (+)	- Le BIM6D demande de fixer le cadre réglementaire (normes, labels, responsabilités, propriété intellectuelle, etc.) (≈)
Économiques	
- Le travail collaboratif et le réseau augmente l'offre/visibilité (principe offre /demande) (+)	- Le travail collaboratif estompe l'investissement humain élevé (+)[5]
Méthodologiques	
- Meilleure visibilité des offres (+)	- La durabilité et la circularité s'appliquent à tous les projets d'architecture, pas seulement aux projets d'importance à l'inverse du BIM (cf. croyance que le BIM est réservé au gros projets) (+)
Affectifs, institutionnels & culturels	
- BIM6D apporte une « expertise » au réemploi, permettant de sortir de la vision « bricolage » (+) - Il apporte de nouveau challenge à la création des architectes (par les outils paramétriques par exemple) (+) - Se servir de l'engouement du BIM comme porte d'entrée pour former au réemploi (+)	- Profitant de l'engouement pour l'écoconception, le BIM6D devient un outil à la création (phase initiale du projet) (+) - Le réemploi et l'écoconception sortent l'architecte de la dimension technico-technologique (créatif) (+) - Tout changement de paradigme prend du temps. (≈)
(+) : est un avantage significatif, un levier aux freins (≈) : n'est ni avantage ni inconvénient mais un critère prépondérant	

Enfin, le BIM6D donnera une valeur éthique au BIM en l'élevant plus haut qu'un simple moyen technologique[6] de concevoir.

---

[4] LOD, Level of development. Moyen de mesure du niveau de géométrie d'un objet avec les informations qui lui sont associées.

[5] « Constats récurrents lors de formation » où les bureaux voulant passer au BIM nomment 2-3 membres « responsables » pour ne pas geler toute l'activité.

En dehors de toute considération normative, la part créatrice du métier reste souvent l'ultime motivation de l'architecte face aux difficultés grandissantes de son métier. Grâce à l'ouverture du BIM (OPENBIM par BuildingSMART[7]), de nouveaux outils de création alliant conception, paramétrisation, construction et informations s'offrent aux architectes. Ces connexions, telles que la connexion *Archicad - Rhinoceros3D - Grasshopper*, apportent une souplesse de modélisation, permettant l'inclusion des éléments non-standards relevés lors de l'inventaire de la matière dans un processus BIM. Ces nouveaux outils consentent à redonner à l'architecte sa place de créateur. À titre d'exemple la Figure 2 montre la richesse de création que pourrait présenter des éléments de réemploi non-uniformes.

Figure 2. Réemploi de châssis pour le projet *European Council* par Samyn & Partners (2016).

6. Conclusion

Cet article propose l'architecte comme moteur d'une transition vers les processus BIM et circularité en architecture.

Grâce au réseau d'acteurs comme base commune de travail et aux nouveaux outils de conception qu'apporte l'OPENBIM, l'architecte a la possibilité dans cette révolution BIM6D de faire valoir son expertise créatrice à travers l'unicité du réemploi pour chaque projet. Les nouveaux outils tels que les designers algorithmiques en processus BIM sont un véritable tremplin vers le changement reliant une valeur éthique et une dimension technologique dans un procédé collaboratif.

A la lumière de ces constats, l'intérêt de cette recherche est confirmé mais nécessite une étude de terrain approfondie se basant sur des études de cas pilote BIM6D, sondages auprès d'un panel de bureaux d'architecture et prospection de réemploi.

Bibliographie

Arayici, Y., Coates, P., Koskela, L.J., Kagioglou, M., Usher, C. and O'Reilly, K., (2011). Technology adoption in the BIM implementation for lean architectural practice. Automation in construction, vol. 20, 2, pp. 189-195.

BAMB2020 , Buildings As Materials Banks 2020. En ligne : http://www.bamb2020.eu

Ben Rajeb, S., Delfosse, V., Boulanger, C., Jeunejean, A., Carre, C., Billen, R. & Leclercq, P., (2014). Projet de recherche appliquée Spatiodata : Spécification d'un système parti-

[6] Nous constatons qu'aujourd'hui encore, le BIM est souvent interprété comme un logiciel et non un processus de travail. Cette confusion a à nouveau été relevée à plusieurs reprises lors des conférences au BIMWORLD à Paris (mars 2018).

[7] BuildingSMART (anciennement IAI ; Internation Alliance for Interoperabiliy) est une organisation internationale visant à améliorer l'échange entre différents logiciels BIM.

cipatif pour la réutilisation de données sporadiques sur le bâtiment, Proceedings du colloque 01'Design.

Delmée, H., (2017). Un *vade-mecum* pour la conception à partir de matériaux de réemploi, Mémoire de master en architecture non publié, Université catholique de Louvain, Faculté d'ingénierie, d'architecture et d'urbanisme Saint-Luc (LOCI), Bruxelles.

Delmée H., Demol, G., Tordeur R., (2016). Processus d'implémentation de nouvelles techniques constructives, Séminaire critique : Utopie réalisable, Travail d'étude, Université catholique de Louvain, Faculté d'ingénierie, d'architecture et d'urbanisme Saint-Luc (LOCI), Bruxelles.

Directive 2002/91/CE relative à la performance énergétique des bâtiments : directive du Parlement européen et du Conseil du 16 décembre 2002. En ligne : http://www.controle-peb.be/wp-content/uploads/Directive-Parlement-Europeen.pdf

Directive 2008/98/CE relative aux déchets : directive du Parlement européen et du Conseil du 19 novembre 2008, abrogeant certaines directives. En ligne (consulté le 29 janvier 2018) : http://eur-lex.europa.eu/legal-content/FR/TXT/?uri=celex:32008L0098

Directive 2014/24/UE relative à la passation des marchés publics : directive du Parlement européen et du Conseil du 26 février 2014, abrogeant la directive 2004/18/CE. En ligne : https://eur-lex.europa.eu/legal-content/FR/TXT/?uri=celex%3A32014L0024

Europa (2018). En ligne http://www.europarl.europa.eu, consulté le 21 janvier 2018.

Gobbo, E., (2015). Déchets de construction, matières à conception, Analyse des stocks et flux de matières dans le cadre des opérations de rénovation énergétique en Région de Bruxelles-Capitale, Thèse de doctorat, Faculté d'architecture, d'ingénierie architecturale, d'urbanisme (LOCI), Louvain-la- Neuve, Belgique.

Guide pratique du réemploi réutilisation des matériaux de construction (2013), dans le cadre de l'Alliance Emploi - Environnement. En ligne sur le site de l'Université de Liège, Unité CIFFUL : http://www.cifful.ulg.ac.be/images/stories/Guide_reemploi_materiaux_lecture_2013.pdf

Lame, G., & Leroy, Y., (2015). Écoconception des bâtiments : pratiques actuelles et freins à l'utilisation des outils d'écoconception. Une étude en France dans le cadre du 14e Colloque National AIP-Priméca, La Plagne.

Lebègue E. et Segura J-A. C., (2015). Conduire un projet de construction à l'aide du BIM, Ed. Eyrolles.

Marin P., et Segura J.-A. C., (2014). Outils, méthodes et acteurs : analyse des limites à l'utilisation de la maquette numérique, SCAN14 - Actes du Séminaire de Conception Architecturale Numérique.

Picon, A., (2016). Architecture et culture numérique, évolution ou révolution. Conférence à LOCI, Université Catholique de Louvain, novembre 2016.

Modélisation par le flux

Milovann Yanatchkov[1,1]

[1]UMR MAP-MAAC 3495 CNRS/MCC, ENSA Paris La Villette, 144 avenue de Flandre, 75019 Paris, France

Résumé. Nous présentons le principe de modélisation par le flux comme un paradigme de modélisation distribuée adaptée à la phase initiale de conception de l'architecture s'inspirant du principe de la programmation par le flux. Au moyen d'un serveur 3D, un nombre arbitraire de logiciels peuvent coopérer en temps réel à la création d'un « modèle collaborant » conçu comme la somme des opérations de modélisation rassemblées au-delà des strictes limites de chacune des applications participantes.

Mots-clés. Conception numérique, Modélisation distribuée et procédurale, BIM.

Abstract. We present the paradigm of flow-based modeling as a form of distributed modeling tailored for the initial phase of design inspired by the concept of flow-based programming. By means of a 3D server, an arbitrary number of applications can cooperate in real-time to produce a "collaborating model", which exists as the sum of the whole modeling operations collected beyond the limits of each of the software involved.

Keywords. Digital design. Distributed and procedural modeling. BIM.

1. Introduction

Les outils numériques ont profondément renouvelé les modes de conception de l'architecture. Désormais, les éléments descriptifs du bâtiment sont stockés et véhiculés sous forme numérique formant potentiellement un *continuum* entre les données issues de la phase initiale de conception et les documents marquant l'achèvement de l'objet construit, pilotant parfois les machines de fabrication.

Depuis leur apparition, ces outils ont connu deux évolutions importantes. La maquette numérique (BIM), d'une part, est en train de bouleverser les fondements mêmes de la discipline en ce qu'elle fait évoluer les méthodes traditionnelles de conception et de représentation (élaboration des plans, coupes et façades). La démocratisation des langages de programmation visuelle, d'autre part, représente un changement important de paradigme

[1] my@rvba.fr

en ouvrant les méthodes de conception aux logiques procédurales et computationnelles du monde numérique.

1.1 Modélisation orientée objet

Dans le courant des années 1980 une première vague de logiciels de Conception Assistée par Ordinateur (CAO) fournit des outils de dessin numérique qui restent proches des instruments traditionnels sous la forme d'une sorte de planche à dessin numérique reproduisant les gestes de la géométrie descriptive à travers la manipulation d'éléments tels que lignes et arcs. Pendant cette période et durant une vingtaine d'années, la baisse des coûts et l'augmentation de la puissance des ordinateurs personnels (PC) vont démocratiser ces usages jusqu'au tournant des années 2000 qui signe le basculement définitif de la profession vers le numérique.

Pendant que se démocratisent les logiciels de CAO, un nouveau paradigme s'élabore progressivement autour de l'idée de maquette numérique. Il ne s'agit plus de dessiner des représentations planaires de l'architecture mais d'assembler des éléments prédéfinis tels que murs, portes ou menuiseries, puis d'effectuer des opérations de section et de projection du modèle pour en générer automatiquement des épures. Cette méthode présente l'avantage de maintenir une cohérence parfaite entre l'ensemble des représentations et prévient l'apparition d'incohérences au cours de l'élaboration du projet. Le fait de manipuler des objets prédéfinis représente un gain notable de productivité par rapport à la CAO et puisqu'il s'agit de manipuler des entités prédéfinies, nous pouvons parler à leurs propos de modélisation orientée objet (Howell et Batcheler, 2005).

1.2 Modélisation procédurale

Dans le courant de la décennie 2000-2010, l'intégration de langages de programmation visuelle aux instruments de modélisation 3D contribue à faire évoluer notablement les modalités de conception. Ces instruments permettent de manipuler les données géométriques du projet par l'intermédiaire d'opérateurs qui, reliés entre eux par des points d'entrées et des points de sorties, forment une arborescence décrivant visuellement des algorithmes génératifs. Grâce à leurs interfaces visuelles, ces outils sont facilement manipulables par des non-spécialistes et permettent à un utilisateur sans connaissance préalable des langages formels d'élaborer de véritables systèmes computationnels. Malgré tout, cette approche présente de sérieuses limites au-delà d'un certain seuil de complexité. Pour les concepteurs les plus avancés, l'écriture directe de codes sous formes textuelles reste la solution la plus adaptée.

1.3 Modélisation par phase

Depuis 2010, l'évolution de ces instruments reste concentrée au niveau du projet d'architecture dans sa phase avancée de conception en rapprochant toujours plus les représentations numériques des réalités constructives et des standards industriels. Or, la conception architecturale est un processus ayant pour origine une problématique abstraite, puis pour finalité un objet concret, généralement à l'issue d'un processus menant du moins composé vers le plus composé, du moins ordonné vers le plus ordonné. Cette phase amont de la conception reste un sujet peu abordé par les acteurs de l'industrie du logiciel, peut-être en raison de son caractère non spécialisé, mal défini, voire informel. Nous proposons donc d'analyser les instruments numériques en distinguant deux phases bien déterminées : une phase initiale de prise de forme, caractérisée par un travail sur des hypothèses dont les présupposés peuvent fortement varier et donner lieu à de fréquentes itérations du processus de définitions à différentes échelles, impliquant de grandes amplitudes dans les modifications des rapports entre le tout et la partie ; une phase avancée de production marquée par la stabilisation croissante de l'objet de la conception et par un travail d'ajustement des détails dans la représentation concrète de l'édifice à construire. En nous référant à ce processus graduel de conception de l'architecture, nous analysons à présent la nature des instruments numériques de conception en distinguant derrière l'idée unique de modèle 3D, une diversité de modèles (géométriques, computationnels, informationnels).

2. Modèles pour la conception numérique

2.1 Modèles géométriques

Le projet d'architecture est en première instance une simple idée ou une pure intention, une abstraction hors de toute réalité matérielle. Le passage de l'idée abstraite à sa première expression spatiale s'opère par l'intermédiaire de schémas, diagrammes ou croquis. Ensuite le projet atteint progressivement un niveau de définition plus élevé en vue de sa construction et nécessite l'élaboration d'un ensemble important de documents. Ce passage de l'abstraction à la concrétisation de la représentation de l'architecture s'exprime clairement dans les usages d'*outils génériques* et d'*outils métiers*. En phase initiale, il est courant de travailler avec des logiciels qui ne sont pas directement issus du monde de l'architecture mais plutôt du monde de l'image animée ou du jeu vidéo : l'expressivité y prime sur la précision, l'image compte autant que l'épure. En revanche, en phase avancée de production, la multiplication et la complexification des documents de conception rendent nécessaire le recours aux instruments CAO et BIM qui ont été conçus spécialement en termes de gains de productivité (Autodesk, 2002).

En matière de géométrie, la distinction entre *outils génériques* et *outils métiers* se vérifie par l'emploi de modèles surfaciques polygonaux pour les premiers et de modèles hautement composés ou volumiques pour les seconds. Les modèles surfaciques sont simplement constitués de points reliés entre eux et formant des surfaces privées d'épaisseur. Ils sont adaptés au niveau de la maniabilité pour la phase initiale de conception, et sur le plan de la légèreté quand il s'agit de répondre à des impératifs de performance d'affichage. Les modèles volumiques quant à eux, sont basés sur des représentations géométriques par les contours, et sont hiérarchiquement composés (solides, surfaces, contours, faces, arêtes, points). Ces modèles offrent moins de liberté en matière de maniabilité mais répondent mieux aux problématiques propres à l'architecte ou à l'ingénieur, notamment quand il s'agit d'effectuer des opérations complexes sur la géométrie, telles que des opérations booléennes permettant de produire des sections sur le modèle.

2.2 Modèles computationnels

En phase initiale, l'architecte dispose en général d'un programme bien défini et d'un ensemble de données et de contraintes précises sans que cela ne forme nécessairement un ensemble cohérent. À partir de ce champ ouvert et peu structuré, la genèse du projet peut alors se concevoir comme le processus itératif des choix successifs de définition et de composition. En informatique on peut assimiler ce processus à l'enchaînement des procédures qui s'appliquent aux données du modèle 3D. Nous pouvons classer les instruments computationnels selon leur adéquation à la phase initiale de prise de forme ou à la phase avancée de production en distinguant deux types d'approches (paramétrique et algorithmique) et trois types d'instruments (modèles objets, langages de programmation visuels, langages de programmation textuels).

Les instruments BIM sont basés sur des modèles géométriques hautement composés (BREP) ayant des aspects de modélisation orientée objet. Ces objets sont organisés selon une structure spécifique au bâtiment (niveaux, structures, distribution, etc.) qui prédétermine et contraint très fortement le cadre spatial, relationnel et signifiant dans lequel peut se dérouler la conception. Dans ce cadre fixe, un ensemble d'objets prédéfinis (portes, murs, dalles, etc.) peuvent être assemblés selon des logiques et des contraintes spatiales spécifiques. Cette approche de la modélisation paramétrée se présente donc comme un domaine contraint contenant des objets prédéfinis qui convient principalement à la phase avancée de production.

Les langages de programmation visuels représentent un niveau plus avancé de « programmabilité ». Ils étendent les fonctionnalités existantes de l'instrument hôte dans lequel ils sont embarqués et peuvent donner accès à des fonctionnalités de génération géométrique algorithmiques à travers la combinaison d'opérations sur des primitives géométriques. Ils sont plus adaptés à la phase initiale de conception, car ils opèrent sur un champ ouvert et moins contraint. De même, les langages de programmation textuels offrent encore un degré supplémentaire de liberté, car ils opèrent sur une des représentations formelles de plus bas niveau. Nous pouvons par analogie, et en gommant les détails de fonctionnement de ces instruments, comparer les premiers au principe de la programmation orientée objet et les seconds au principe de la programmation procédurale.

2.3 Modèles informationnels

En phase initiale de conception, l'élaboration de représentations spatiales est largement ouverte à toutes sortes de libertés expressives, voire à des formes contradictoires ou à des géométries impossibles. En revanche, en phase avancée de production, les documents graphiques sont soumis à des règles très spécifiques et bien codifiées. D'un point de vue numérique nous pouvons également faire cette distinction au niveau des formats de données et des structures informationnelles.

Dans le cadre de l'interopérabilité et de la consistance des opérations de modélisation des données du bâtiment (BIM), le format IFC (*Industry Foundation Classes*) s'impose comme un standard adopté par la majorité des acteurs du BTP. Extension du langage de modélisation industriel STEP, il est hautement structuré en fonction des applications métiers et des produits manufacturés qu'il décrit (Lee, 1999) et donc adapté à la phase avancée de production. En revanche la phase initiale de conception numérique n'ayant pas fait l'objet d'un travail normatif d'interopérabilité, il n'existe pas de standards bien définis. Nous pouvons cependant émettre l'hypothèse que les formats de modèles surfaciques les plus élémentaires (proches du format *OpenGL*) sont les plus adaptés à cette phase de conception. Encore une fois nous pouvons tenter de distinguer ces deux approches en remarquant que le format IFC entre le cadre des *modèles de données* et que le format *OpenGL* est lui une *interface de programmation applicative* (API).

2.4 Polarisation des phases de conception numérique

Au terme de cette analyse, nous voyons nettement se former une opposition entre les modèles, les instruments et les formats suivant leur adéquation à l'une ou à l'autre des phases de conception. D'un côté, nous avons la phase initiale, un domaine de recherche où les instruments génériques basés sur des géométries surfaciques sont plus adaptés pour manipuler des primitives géométriques et des objets faiblement composés (*OpenGL*). De l'autre, nous avons la phase avancée, un domaine concentré sur la production du bâtiment où les instruments métiers basés sur des géométries solides sont plus adaptés pour manipuler des objets architecturaux fortement composés (IFC). Nous pouvons classer ces modèles suivant leur adéquation à l'une des phases conception (tableau 1).

Tableau 1. Classement des modèles suivant la phase.

Modèle / Phase	Phase initiale	Phase avancée
Géométrique	Géométrie polygonale	Géométrie solide
Computationnel	Programmation procédurale	Programmation objet
Informationnel	API	Modèle de données

Nous pouvons décrire cette séparation des domaines en termes de polarisation d'un point de vue numérique entre une phase originelle que nous qualifions de *bas niveau* (faiblement composée et peu définie) et une phase avancée que nous qualifions de *haut niveau* (fortement composée et très définie).

Les instruments de type BIM qui correspondent à la phase avancée de conception et au domaine de *haut niveau* sont également des vecteurs d'interopérabilité des données de modélisation du bâtiment, mais nous remarquons que paradoxalement, ce rôle contribue à une forte verticalité de l'intégration des technologies par éditeurs et au cloisonnement entre applications. C'est en réponse à cette problématique que nous proposons le principe de *modélisation par le flux* comme un paradigme de modélisation plus adapté à la phase initiale car plus ouvert et plus horizontal. En prenant appui sur la potentialité des réseaux informatiques nous cherchons à mettre en concordance des environnements hétérogènes et à décloisonner le cadre dans lequel s'opère la conception numérique.

3. Principe de modélisation par le flux

3.1 Modèles distribués

La généralisation du travail en réseau par l'intermédiaire de serveurs de fichiers et le développement de l'informatique dans les nuages – stockage à distance dans des centres de données – représentent une troisième évolution importante des usages numériques de conception (Afsari *et al.*, 2016). La distribution des opérations de conception à travers un réseau d'opérateurs présents parfois sur des sites de production distants et la diversification croissante des applications disponibles donnent au contexte actuel le caractère d'une forme d'écosystème numérique.

En génie logiciel, on parle d'architecture distribuée lorsqu'un système n'est plus pensé de façon monolithique mais plutôt comme une pluralité d'éléments indépendants les uns des autres échangeant des informations à travers des canaux de communication (Arpaci-Dusseau et Arpaci-Dusseau, 2015). Le principe porté par le BIM d'une maquette numérique distribuée et décentralisée entre dans le cadre de cette conception.

Nous pouvons distinguer deux approches BIM de distribution des opérations de conception. Dans le premier cas, nous trouvons des solutions fonctionnant à partir d'une famille d'applications appartenant à un même éditeur et fonctionnant sur des formats de données natifs ou bien restreints à des partenariats spécifiques d'interopérabilité. Cette approche fait l'objet d'une vive concurrence entre les grands acteurs de l'industrie logicielle et ne garantit pas une parfaite neutralité et une bonne interopérabilité. Une autre approche consiste à développer des applications spécifiques telles que des bases de données au format IFC. Ces deux solutions sont adaptées à la phase avancée de production en ce qu'elles sont basées sur des outils métiers et sur le format IFC.

Une architecture logicielle de type client/serveur, basée sur des formats de données plus génériques que celui de l'IFC semble être une solution plus adaptée à la phase initiale de conception. Quelques initiatives d'interconnexions logicielles ont déjà été amorcées par des acteurs extérieurs aux applications métiers. Certaines de ces solutions sont propriétaires et plutôt de *haut niveau*[2]. D'autres sont développées sur un modèle *open source* à partir de technologies orientées web[3]. Nous avons développé le projet Echo[4] en nous basant sur *Verse*, un serveur de données purement dédié à l'échange de données 3D. *Verse* a été développé par Eskil Steenberg et Emil Brink pour l'établissement suédois *KTH Royal Institute of Technology* (Brink *et al.*, 2006). Il s'agit d'un protocole et d'un serveur permettant d'échanger des données 3D en temps réel, initialement conçu pour la création de mondes virtuels. Ses auteurs l'ont également imaginé comme une plate-forme d'interconnexion logicielle. Dans le cadre de cette recherche, nous avons développé des clients (*plugins*) pour les logiciels *Revit*, *Grasshopper*, *Blender* et *Lud*[5] grâce auxquels ils peuvent partager leurs modèles à partir de systèmes *Windows* et *Linux* présents sur des réseaux locaux ou distants.

Le rôle du serveur se limite à faire coexister des objets 3D à travers l'ensemble des applications connectées. Grâce à une instance du serveur active sur le réseau, les applications peuvent se connecter par l'intermédiaire de leurs clients et déposer leurs données ou souscrire à des données déjà présentes sur le serveur. Pour chaque modification effectuée sur l'une de ces données, le serveur diffuse (*broadcast*) et répercute ces nouvelles informations sur l'ensemble des applications participantes. Le principe de la mise en commun des données 3D étant acquise, la question se porte à présent sur la nature de ces données. Nous avons précédemment posé le principe d'un domaine de *bas niveau* pour la phase initiale et identifié la géométrie polygonale et le format *OpenGL* comme étant les plus adaptés. Le protocole *Verse* répond à ces prérequis en ce qu'il définit un format 3D polygonal réduit à l'essentiel. Il s'agit donc de partager et de faire transiter des informations *par le bas*, et le rôle de chaque client est de *réduire* la représentation géométrique interne de l'application participante à son expression la plus minimale : sommets, triangles et quadrilatères.

3.2 Modèles collaborant

Les canaux de communication entre applications étant désormais actifs grâce à l'action d'un serveur central, nous pouvons à présent envisager les possibilités que nous offre ce système en matière d'usage. La première application est évidemment de pouvoir rassembler différents acteurs dans un espace commun afin d'échanger sans contrainte des données et de faire intervenir plusieurs opérateurs sur un même espace ou sur un même objet. À ce stade, l'usage de la plate-forme reste très proche de ce que proposent les modèles distribués de *haut niveau* que nous avons évoqués précédemment. Nous trouvons des usages plus profitables à la phase initiale de conception à partir du moment où nous cherchons à composer les éléments présents sur le serveur. Nous pouvons par exemple chercher à fabriquer un objet composite qui mobilise des ressources disponibles à travers les

---

2 www.konstru.com
3 www.speckle.works
4 www.github.com/rvba/echo
5 www.github.com/rvba/lud

différentes applications participantes. C'est ce que nous avons expérimenté en nous appuyant sur les moyens d'automatisation disponibles au sein des logiciels : objets dynamiques et générateurs de géométrie, interfaces de programmation visuelle et API. À partir de ces différentes ressources nous avons pu élaborer un objet composite résultant d'une chaîne d'opérations de modélisation distribuées en appliquant le principe suivant : chacune des applications participantes récupère un objet bien identifié présent sur le serveur représentant un état intermédiaire de la modélisation. À partir de cet état E bien déterminé, l'application peut modifier ou adjoindre de nouveaux éléments sur tout ou partie de l'objet avant de déposer sur le serveur un nouvel état de l'objet E+1. Il se constitue ainsi une suite d'opérations régies par un principe d'antériorité où nous trouvons, en début de chaîne, un objet contenant les données initiales de la modélisation et, en fin de chaîne, un objet combinant l'ensemble des apports de modélisation successifs. Ces différents états-objets étant liés les uns aux autres dynamiquement grâce au serveur, chaque modification d'un état donné entraine la modification de l'ensemble des états successifs jusqu'à l'objet en bout de chaîne dans son état *achevé* (figure 1). Nous déployons ainsi à travers un réseau d'applications hétérogènes le fonctionnement d'une *pile de générateurs*, un principe qui reste généralement inclus dans les strictes limites d'une même application. L'existence de ce modèle distribué porte le principe d'interopérabilité au-delà de l'aspect statique contenu dans l'idée de format et de fichier, pour le porter vers un fonctionnement dynamique et paramétrique. La composition s'opérant en temps réel (dans la mémoire vive de la machine), nous pouvons considérer que les maillons de cette chaîne d'opérations et d'états successifs forment une sorte de modèle virtuel existant en pointillé à travers l'ensemble des applications participantes. À l'image du béton d'un plancher collaborant qui travaille avec le métal lui servant de support, le modèle collaborant fait travailler chacune des applications d'une façon solidaire. Ce modèle collaborant étant la somme des potentialités de modélisation que fournit chacune des applications participantes, il existe en tant qu'entité singulière qui possède des caractéristiques qui lui sont propres et en quelque sorte prolonge et dépasse les possibilités offertes par chacune des applications prises individuellement.

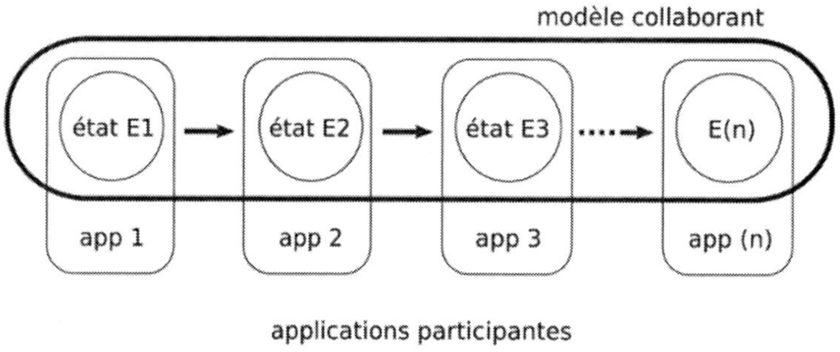

Figure 1. Principe de modèle collaborant.

3.3 Abstraction logicielle

La « composabilité » des applications et l'émergence d'un modèle virtuel *collaborant* inter-logiciels a pour conséquence de redéfinir la place et la nature des logiciels de conception dans le cadre de la phase initiale. En extrapolant le résultat de ces expériences nous identifions au moins deux conséquences possibles. Tout d'abord nous voyons qu'en hébergeant dans un espace *neutre* les données issues d'une variété hétérogène d'applications, le serveur agit comme une interface d'abstraction qui permet de masquer la réalité des opérations et des calculs opérés par les applications au profit du seul résultat. Pour l'obtention d'un même résultat nous pouvons donc substituer l'une ou l'autre des applications participantes : elles deviennent en quelque sorte interchangeable. Nous voyons dans cette généricité la possibilité de s'extraire des applications nominativement dans une sorte d'*émersion logicielle*. Une autre conséquence que nous pouvons envisager avec ce système est la transformation de l'outil en une ressource. En s'adaptant à l'interface d'abstraction, l'outil devient *mobilisable* comme une ressource computationnelle – lorsqu'il s'agit d'effectuer des calculs sur un modèle – ou opérative – lorsqu'il s'agit de manipuler un modèle. L'instrument passe du statut d'outil manipulé par un opérateur à celui de bibliothèque logicielle employée dans la fabrication d'un système plus vaste. L'outil se transforme en une ressource pour fabriquer de nouveaux outils.

3.4 Modélisation par le flux

Nous proposons l'idée de *modélisation par le flux* comme un paradigme de modèle collaborant et de *logiciel comme ressource* en faisant référence au principe de *programmation par le flux* (*flow-based programming*) de (Morrison, 2013) que nous adaptons au domaine de la modélisation 3D. La programmation par le flux est une approche du développement logiciel qui s'appuie sur la logique du flux de données que nous trouvons dans les langages de programmation visuels. Ceux-ci ont pour origine des problématiques liées au calcul distribué visant à augmenter la puissance globale de computation en décomposant un système en une série d'objets autonomes. Pour résoudre les problèmes de synchronisation que pose cette architecture, le paradigme du graphe s'est avéré être une réponse adaptée (Johnston *et al.*, 2004). La *programmation par le flux* propose de considérer le développement d'une application au niveau du flux des données sur lequel elle opère et non plus sur le développement des opérateurs qui effectuent le calcul. Ce flux est matérialisé par le graphe des connexions qui relient un ensemble d'opérateurs indépendants envisagés comme autant de boîtes noires. Le principe de la *boîte noire* consiste à enclore et séparer strictement l'espace interne d'un calcul du monde extérieur par l'intermédiaire d'interfaces d'entrées et de sorties. Une application développée selon ce principe se *réduit* donc aux seules connexions formant le graphe, reléguant ainsi les détails d'implémentation effective du traitement des données au niveau de chacune des boîtes noires qui peuvent être développées indépendamment de celui-ci. Nous proposons le paradigme de *modélisation par le flux* comme l'adaptation de ce principe à la modélisation 3D en considérant les logiciels participants comme des boîtes noires, et le modèle collaborant comme le graphe de connexion. Le grand mérite de la *programmation par le flux*, selon son auteur, réside dans la pérennité des systèmes qui sont élaborés selon ce principe puisqu'il offre la possibilité de remplacer pièce par pièce les engrenages du système sans porter atteinte à son fonctionnement global. À l'instar des interpréteurs systèmes (*shells*) qui permettent d'élaborer des programmes par assemblage d'autres programmes, la *programmation par le flux*, et par extension la *modélisation par le flux*, portent en eux ce principe d'assemblage et de prototypage. Un principe qui nous offre en quelque sorte la possibilité de créer des prototypes d'instruments et des modèles hybrides à la manière d'un architecte qui élabore ses maquettes d'étude en assemblant librement des éléments de diverses natures.

4. Conclusion

En nous intéressant à la phase initiale de conception numérique de l'architecture, nous avons mis en lumière un domaine de modélisation qui trouve un intérêt dans le principe d'une communication *par le bas* de ses modèles, restreints à une pure géométrie polygonale.

Dans le cas de la *réduction* d'un modèle de *haut niveau* d'un logiciel métier de type *Revit* vers une plateforme de *bas niveau* telle qu'*Echo*, la structuration verticale existante entre l'application et le medium d'échange pourrait faire l'objet d'une comparaison approfondie avec le modèle OSI[6] (*Open Systems Interconnection*) et son architecture par couche, mais elle dépasse le cadre purement expérimental de cette recherche. De même il serait intéressant de considérer, à l'aune de cette communication *par le bas*, les problèmes d'*interopérabilité par le haut* des applications BIM en imaginant par exemple des paliers intermédiaires sur le même principe que le modèle OSI. Les expérimentations que nous avons menées, en faisant communiquer des domaines de *haut* et de *bas* niveau, nous ont conduit à élaborer des objets faisant intervenir des modèles de natures géométriques hétérogènes (modèles polygonaux, paramétrés et volumiques), des interfaces de natures hétérogènes (interfaces graphiques et interfaces textuelles) et des opérateurs de natures hétérogènes (algorithmiques, procéduraux, manuels) sur des systèmes hétérogènes (*Windows* et *Linux*). La fluidification des opérations numériques de conception que nous recherchions a donc été atteinte, et le principe de réduction *par le bas* ainsi mis en évidence pourrait s'annoncer utile, dans le sens inverse, comme un préalable à une recomposition *vers le haut* entre les applications métier.

Bibliographie

Afsari, K., Eastman, C. M., & Shelden, D. R. (2016). Data Transmission Opportunities for Collaborative Cloud-Based Building Information Modeling. In *XX Congreso de la Sociedad Iberoamericana de Gráfica Digital, Blucher Design Proceedings, 3 (1)*, 907-913, Sao Paulo : Blucher.

Arpaci-Dusseau, R. H., & Arpaci-Dusseau, A. C. (2015). *Operating Systems: Three Easy Pieces.* Arpaci-Dusseau Books.

Autodesk, B. I. S. (2002). *Building information modeling*. White Paper, San Rafael, CA. Autodesk Inc.

Brink, E., Steenberg, E., & Svensson, G. (2006). The Verse Networked 3D Graphics Platform (Part 1). In *Linköping Electronic Conference Proceedings. SIGRAD Conference* (pp. 44-48). Linköping, Sweden: Linköping University Electronic Press.

Howell, I., & Batcheler, B. (2005). Building Information Modeling Two Years Later–Huge Potential, Some Success and Several Limitations. *The Laiserin Letter, 24.*

Johnston, W. M., Hanna, J. R., & Millar, R. J. (2004). Advances in Dataflow Programming Languages. New York, NY: ACM Computing Surveys (CSUR), 36 (1), 1-34.

Morrison, J. Paul (2013). *Flow-Based Programming*. Application Developers' News (1). London.

Lee, Y. T. (1999). Information Modeling from Design to Implementation. In S. Nahavandi & M. Saadat (Eds.), *Proceedings of the Second World Manufacturing Congress* (pp. 315-321). Millet, Alberta, Canada: International Computer Science Conventions.

6 https://fr.wikipedia.org/wiki/Modèle_OSI

Quand le BIM met la maquette à l'épreuve du numérique

Émilien Cristia[1,2], *Pierre-Paul* Zalio[2], et *François* Guéna[1]

[1] MAP-MAACC, ENSA Paris La Villette, 75019 Paris, France
[2] IDHES, ENS Paris-Saclay, 94230 Cachan, France

Résumé. Cet article cherche à initier une réflexion théorique, empirique et sociologique sur le concept de maquette numérique considéré dans le cadre de projets BIM. Ainsi, nous considérons dans un premier temps la maquette physique qui, par effet miroir, nous sert à identifier certaines caractéristiques théoriques et empiriques inhérentes à la maquette numérique BIM. Puis, portés par l'intérêt de considérer l'hétérogène diversité des acteurs qui lui sont rattachés, nous approfondissons notre description par le prisme de la sociologie. En particulier, ceci nous permet d'envisager un rapprochement entre la maquette numérique BIM et le concept d'objet-frontière.

Mots-clés. Théorie de l'Acteur-Réseau, BIM, Maquette Physique, Maquette Numérique, Objet-frontière.

Abstract. This article initiates a theoretical, empirical and sociological reflection on the concept of digital mockup considered in BIM projects. By comparing these two types of mockup, some theoretical and empirical characteristics of a digital mockup will be suggested. Then, the article assumes some sociological considerations as the heterogeneous diversity of actors involved with this new artifact to complete the description. This leads us to link the concept of digital mockup with the concept of boundary object.

Keywords. Actor Network Theory, BIM, Physical mockup, Digital mockup, Boundary-Object.

1. Introduction

À travers le nouvel artefact numérique BIM, la maquette numérique qui lui est associée affecte l'ensemble du monde de la construction et la quasi-totalité des acteurs du projet. Les effets de la construction collective de cette maquette numérique sont multiples : nouvelle importance prise par la modélisation géométrique, mise en place de nouveaux processus métiers, automatisation de la gestion des documents, apparition de nouvelles professions ou encore émergence d'une collaboration numériquement assistée. Si l'étude de ces effets sur l'ensemble des acteurs du projet motive actuellement une recherche doctorale, cet article se focalisera sur une caractérisation et une description possible de la maquette numérique selon différents points de vue. Nous proposons dans un premier temps de tisser une comparaison conceptuelle et empirique entre les objets de maquette physique[1] et de maquette numérique. La multiplicité des éclairages considérés sur ces objets cherche à faire émerger un champ de caractéristiques inhérent à la maquette numérique BIM et à en identifier les points de rupture avec son homologue physique. Nous mobiliserons ensuite la sociologie des techniques pour proposer une seconde lecture de cette maquette numérique, notamment afin de considérer l'ensemble des acteurs du projet. Dans ce nouveau contexte, nous proposons de réinvestir le concept d'objet-frontière comme outil de caractérisation de la maquette numérique. Ces deux approches, bien que dissociées, entendent défricher de façon parallèle, mais complémentaire de nouvelles pistes possibles d'investigations autour de la maquette numérique BIM, reliant concepts théoriques, observations empiriques et sociologie des techniques.

2. Vers un nouveau concept de maquette : maquette physique *vs* maquette numérique

2.1 Traçabilité d'une tâche

Les dictionnaires courants nous apprennent que le nom de maquette renvoie à sa racine italienne *macchietta* diminutif de *macchia* dont l'étymologie latine *macula* désigne une macule, soit, par transposition une tâche. Une tache peut être perçue comme une marque ou un signe témoignant d'une expérience ou d'une action passée, réalisée volontairement ou non. Daniel Estevez considère ainsi la maquette physique comme une trace inhérente à la recherche du projet qui résulte d'un " processus continu et ininterrompu d'actions et de réflexions entrecroisées " (Estevez, 2014a, p. 79). Lorsque Giorgio Vasari évoque les premières maquettes en mie de pain du Duomo réalisées par Filippo Brunelleschi, il fait référence à la perte d'une trace mémorielle du projet. L'histoire de cet édifice sera d'ailleurs marquée par une seconde maquette (en bois cette fois) qui, léguée aux Florentins après la mort de son auteur, permit l'achèvement de l'ouvrage. La maquette physique se veut ainsi chargée d'une certaine mémoire, que ce soit à travers les traces du processus qui l'a vue naitre ou bien l'état d'une connaissance finalisée qu'elle incarne.

L'analogie avec la maquette numérique semble peu aisée car sa nature numérique induit une construction et une implémentation par ajout/suppression de données. Or ces actions ne laissent en général que peu de traces visuellement identifiables. Aucun dépôt de colle ou empreinte de moule ne peut témoigner qu'un autre élément était là avant et a fait partie du processus d'élaboration de ladite maquette numérique. S'il est théoriquement possible de revenir à des états antérieurs d'élaboration de certains éléments d'une maquette numérique, l'entreprise apparait laborieuse et de peu d'intérêt, surtout lorsque l'on connait les efforts que requiert la lecture d'un fichier ou d'une sauvegarde issue de versions devenues obsolètes pour un logiciel. Catherine Deshayes, qui s'intéresse à l'acte de conception constate aussi une vraie difficulté inhérente à la traçabilité d'objets construits au moyen de logiciels informatiques, incluant la maquette numérique BIM (Deshayes, 2013, p. 127). Une maquette numérique, par sa nature et son mode de construction, semble donc en rupture avec la valeur sémantique de trace qu'elle porte en elle. Les raisons de cette difficile traçabilité peuvent s'expliquer par l'instabilité qui caractérise ce nouvel objet. En

[1] La maquette physique est ici entendue comme la traditionnelle maquette architecturale qui, jusqu'à l'apparition du BIM, semblait se passer d'adjectif pour ne pas être confondue.

effet, une fois achevée, la maquette physique se conçoit comme l'instrument d'une connaissance stabilisée, alors que la maquette numérique BIM ne semble jamais se stabiliser car elle ne cesse d'évoluer tout au long de la vie de l'ouvrage qu'elle incarne – et c'est bien là tout son intérêt.

2.2 Considération dimensionnelle

Avant d'examiner l'intérêt du relatoscope inventé au début des années soixante-dix par Martin Schultz Van Treeck (figure 1) qui constitue probablement l'un des premiers dispositifs de construction d'image immersive à partir d'une maquette physique, François Loyer rappelle que, pour l'architecte « la maquette [est] le seul outil de création capable de rétablir et conserver à chaque moment du projet la troisième dimension » (Loyer, 1974, p. 56). Par comparaison, les autres outils traditionnels de représentation (plan, coupe, perspective ou axonométrie) mobilisés par l'architecte, s'expriment exclusivement en deux dimensions. Il convient d'ailleurs de rappeler que leur lecture s'effectue de manière théorique, autorisant notre œil à franchir planchers, murs et cloisons sans même s'en rendre compte. Ces moyens de représentation parviennent cependant à rétablir certaines notions inhérentes à la tridimensionnalité du projet : volume, ensoleillement, luminosité, profondeur grâce à une large palette d'artifices et de codes graphiques (épaisseur de traits, ombres projetées, pointillés, textures), considérablement facilités par le développement des logiciels graphiques. La maquette physique, vue comme objet tridimensionnel, semble quant à elle se suffire à elle-même pour être interprétée, sans avoir à faire appel à des conventions ou à des artifices graphiques autres que sa propre matérialité.

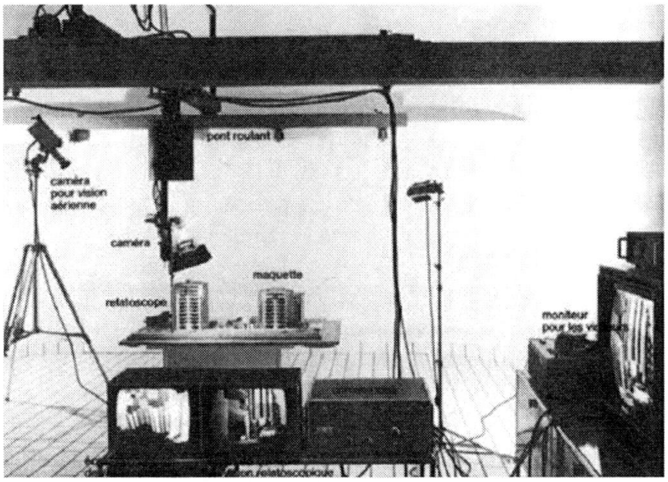

Figure 1. Représentation du dispositif du relatoscope.

Instinctivement, la question tridimensionnelle rapportée à la maquette numérique BIM repose essentiellement sur la représentation des différentes modélisations géométriques qui lui sont rattachées (Halin et Gallas, 2016, p. 89). D'ailleurs, l'assimilation de la notion de maquette numérique à celle de modèle[2], avec lequel elle n'est pas sans lien, n'est pas rare (Girard, 2014 ; Halin et Gallas 2016). Ce glissement sémantique facilite les ponts avec le

[2] Le modèle dont on parle ici caractérise les modèles informatiques qui n'ont plus rien à voir avec ce que la théorie de l'architecture a pu construire depuis les modèles d'Andrea Palladio jusqu'aux modèles de villes d'Aldo Rossi.

monde informatique, surtout lorsque la maquette numérique BIM est interprétée comme un outil de conception, de représentation ou encore de simulation. Or, la zone d'influence de la maquette numérique ne semble pas se restreindre à ces domaines uniquement. En effet, la mobilisation d'une maquette numérique BIM tout au long des phases du projet ainsi que ses interactions avec les multiples acteurs, nous autorise à imaginer des visées plus larges (synchronisation des pratiques, gestion des informations, coordination d'acteurs hétérogènes, organisation du travail, etc.). Même en acceptant d'omettre quantité d'informations, paramètres, fiches techniques et autres tableaux, pour ne considérer que la représentation des différents modèles géométriques qu'elle intègre, il demeure tout de même difficile d'assimiler la maquette numérique BIM à un objet tridimensionnel. En effet, si l'écran d'ordinateur reste le support privilégié d'interactions et de visualisations possibles de ces modèles, il se réduit à la construction d'images bidimensionnelles uniquement. Or, ces images ou « visibilités calculées » (Coulais, 2015) véhiculent parfois l'idée fausse d'une tridimensionnalité de l'objet représenté. La maquette numérique demeure en effet un objet numérique virtuel (Chalon, 2004, p. 19) et donc sans dimensions physiques qui puissent être quantifiées. On notera d'ailleurs que la maquette numérique se conçoit juridiquement comme objet immatériel[3] (Lefauconnier, 2017, p. 95) car numérique, confortant ainsi l'idée qu'elle constitue un objet adimensionnel. Afin de ne pas réduire la maquette numérique BIM aux éléments géométriques qui la composent, il n'est ainsi pas rare de la voir définie comme une base de données généralisées. Cependant utiliser la terminologie de base de données, plutôt que celle de maquette numérique, semble vider l'objet d'une grande partie de son enveloppe conceptuelle.

2.3 Expérience sensible de la maquette

La maquette physique peut exister sous des types ou familles variables (Estevez, 2014b) et être mobilisée pour des besoins divers : étude de conception, présentation de concours ou encore détail appuyant une solution constructive. Selon les besoins, les maquettes physiques convoquent ainsi un langage esthétique et sensoriel extrêmement varié. On gardera à l'esprit les maquettes de Antoni Gaudí en chiffons et fils de fer ou les maquettes de détail en bois et métal prisées par Renzo Piano en passant par les maquettes expérimentales de papier et de carton de récupération de Yona Friedman (figure 2). Chacune de ces maquettes physiques prouve, à travers leur matérialité et la diversité de leurs expressions, la construction d'une multiplicité de langages permettant d'asseoir un discours architectural singulier. Par ailleurs, pour l'architecte, ces maquettes physiques incarnent symboliquement son autorité[4], matérialisent son acte créateur et le définissent en tant qu'auteur. Elles constituent aussi des objets presque inviolables, voire sacrés, et garantissent à l'architecte, à travers leurs manifestations, une certaine considération de ses collaborateurs. De plus, Leon Battista Alberti considère la maquette physique comme un objet d'expérience sensible. L'expérience entendue comme sensible l'est doublement : à savoir au cours de la réalisation de l'objet et lors de son examen. La maquette physique fait ainsi appel à nos sens, bien évidement la vue et plus particulièrement le toucher, mais nous pourrions également

[3] La caractéristique immatérielle des objets numériques serait selon Christian Girard (Girard, 2014) en passe de devenir obsolète, en particulier face au développement de certaines technologies F2F.

[4] Il convient de rappeler que les noms d'auteur et d'autorité partagent une racine latine commune : *auctor*.

imaginer qu'elle puisse solliciter l'ouïe, l'odorat, ou le goût selon les éléments dont elle est composée ainsi que son mode de réalisation[5].

Figure 2. 1. Maquette utopique de Yona Friedman. 2. Maquette en bois du projet du centre culturel Tjibaou de Renzo Piano. 3. Maquette de chiffons et fils d'acier réalisée pour la Sagrada Familia de Antoni Gaudí.

L'expérience sensible de la construction d'une maquette numérique se limite pour l'instant au couplage de certaines de ses représentations, avec des dispositifs de réalité augmentée ou d'environnement virtuel. En revanche, quelle autre expérience que la simple activité computationnelle pourrait-on identifier pendant la construction de l'objet ? Or, l'utilisation généralisée des ordinateurs a certainement banalisé l'acte de computation et rendu en même temps la recherche d'une spécificité sensorielle ou expérientielle singulière plus difficile à déceler. D'autre part, considérer que le numérique n'a pas su créer de nouveaux langages esthétiques et sensoriels serait certainement une erreur : des artistes et architectes tels que Marcos Novak ou Zaha Hadid ont depuis longtemps démontré le contraire. En revanche, identifier dans les représentations qu'une maquette numérique BIM peut prendre la présence d'un langage esthétique et sensoriel semble aujourd'hui encore compliqué. De plus, dès l'instant où la maquette numérique BIM devient un objet partagé et distribué entre les différents acteurs du projet, elle ne peut plus être considérée comme le produit d'un concepteur unique. Le langage des représentations graphiques que l'on peut avoir d'une maquette numérique BIM (ou du modèle géométrique qui lui est associé) semble ainsi relativement homogène voire standardisé (figure 3). De nombreux architectes se plaignent aussi du simple manque de liberté graphique (et donc des langages) qu'autorisent les nouveaux logiciels de modélisation géométrique sémantique tels que *Revit* ou *ArchiCAD*. Ceci nous laisse donc penser que l'expérience sensible dans la construction d'une maquette numérique semble être atténuée et que l'élaboration collective de l'objet tendrait à uniformiser son langage d'expression.

---

[5] L'exposition *Ma quête d'architecture, Maquette d'architectures* organisée en 1993 au Pavillon de l'Arsenal a pu mettre en avant à travers près de 400 maquettes la diversité des types, formes, matériaux, langages, et expressions dont elles peuvent faire preuve. Pour quelques exemples on pourra consulter l'abécédaire du même nom publié par Clarisse (Clarisse, 1997).

Figure 3. Exemple de diverses représentations proposées par *Google Image* avec les mots clés « maquette numérique BIM ».

2.4 Singularité, multiplicité et objectifs

Il est clair que la réalisation d'une maquette physique peut s'effectuer de manière individuelle. Cependant, cette maquette n'a pas souvent vocation à être isolée ou singularisée et constitue rarement un objet unique « fignolé, poncé, enjolivé » (Alberti, 2004, p. 99). D'ailleurs, D. Estevez rappelle que « la pertinence des maquettes est ainsi reliée à leur prolifération » (Estevez, 2014a, p. 79). La puissance d'utilisation de la maquette physique se dégage donc par un caractère souvent pluriel, sériel, qui lui confère une visée de mise en relief de la différence. On entrevoit d'ailleurs à travers l'ethnographie que fait Albana Yaneva de l'agence OMA (Yaneva, 2009), certaines pratiques projectuelles qui recherchent justement l'épuisement de solutions par la surabondante construction de maquettes en mousse bleue[6] (figure 4).

"The foam in the office intensifies the sense of imediate living ; models are objects of intense admiration, of thought provocation."

2.

Figure 4. Exposition de maquettes du projet de la tour CCTV. 2. Citation de A. Yaneva (Yaneva, 2009, p.59). 3. Étagères de l'agence OMA rassemblant les maquettes de divers projets.

[6] OMA a d'ailleurs un temps construit une partie de son image sur cette fameuse mousse bleue. On la retrouve ainsi dans de multiples présentations de leurs projets, mais aussi, dernièrement, comme mobilier scénographique pour la célèbre marque Prada (voir *Prada Men's Show*, 2011).

Bien évidemment, l'idée de construire une maquette numérique BIM de façon individuelle va totalement à l'encontre des objectifs qu'on lui prête. Et si l'on parle souvent de la maquette numérique comme d'un objet singulier, dans la pratique, il peut cependant coexister, pour un même projet BIM, une quantité affolante d'entités désignées comme maquettes numériques. Il existe ainsi tout au long du projet de multiples maquettes numériques construites et enrichies par différents acteurs qui, en s'associant les unes aux autres, génèrent théoriquement *La* maquette numérique du projet[7]. Pour un projet comme celui de l'ENS Paris-Saclay (BIM d'or 2015)[8], on comptabilise déjà en phase chantier, un an avant la livraison du bâtiment, plus de cent quatre-vingts maquettes numériques réparties entre les différents acteurs. Au total, depuis le début du projet, ce sont près de sept cents maquettes numériques – représentant environ 125 Go – qui ont été produites ! Dans ce cas précis, il reste évidemment impossible (et sans grand intérêt) de vouloir toutes les combiner pour ne faire face qu'à une seule et unique maquette numérique BIM. Cette surabondance de maquettes est due d'une part à des limites technologiques (incapacité des logiciels à gérer de multiples fichiers très volumineux), d'autre part au temps d'adaptation nécessaire aux différents acteurs du projet pour collaborer à l'échelle " BIM niveau trois[9] ". Paradoxalement, maquettes numériques et physiques bien que toutes deux multiples constituent deux objets dont les visées sont largement différenciées. Premièrement, la maquette numérique BIM se distingue de la maquette physique comme étant un objet destiné à être construit collectivement, ce qui n'est pas un prérequis pour l'élaboration d'une maquette physique. Puis il faut reconnaître que le caractère multiple de la maquette numérique n'est en réalité que le résultat temporaire d'une innovation encore en cours de stabilisation. En effet, en théorie, un projet BIM réalisé dans des conditions optimales (BIM niveau 3) doit pouvoir permettre l'élaboration d'une unique maquette numérique sur laquelle tous les acteurs travaillent conjointement. C'est pourquoi la multiplicité des maquettes numériques que l'on rencontre dans les projets BIM n'est en rien comparable, ni dans l'intérêt pratique, ni dans les visées conceptuelles, à la prolifération des maquettes physiques évoquée par D. Estevez.

2.5 Je maquette, tu maquettes, il maquette...

Comme nous l'avons esquissé jusqu'à présent, la maquette numérique occupe une place centrale au sein d'un projet BIM. D'ailleurs, plusieurs observations[10] effectuées au sein de différents projets BIM dont le projet de l'ENS Paris-Saclay, nous permettent de rapidement identifier la construction d'un langage commun, construit autour du champ lexical de la maquette (numérique). Dans les projets BIM, on constate effectivement un nouvel usage de terminologies liées à la maquette. Ainsi les termes « maquettage » ou « maquetter » ren-

---

[7] On rencontre parfois la dénomination de *maquette métier* pour désigner les maquettes produites par des corps de métier distincts.

[8] Le projet est notamment récompensé pour son investissement et son implication dans une démarche full-BIM ou de co-modélisation multidisciplinaire autour d'une maquette synchrone. Il est prévu une livraison du bâtiment avec DOE (Dossier des Ouvrages Exécutés) numérique et la maîtrise d'ouvrage envisage l'exploitation-maintenance du bâtiment grâce aux données générées par le mode projet BIM.

[9] On retrouve dans la littérature spécialisée quatre niveaux de maturité BIM échelonnés de zéro à trois. Le niveau trois correspond à un niveau BIM intégral, mais n'est pas encore atteint à ce jour dans la pratique.

[10] Le matériel empirique mobilisé s'étend de l'observation au sein de réunions de synthèse à la réalisation d'entretiens auprès d'acteurs de la maitrise d'œuvre et d'ouvrage, en passant par la mise en place d'expertises ou encore d'immersions au sein d'équipes du projet.

voient par exemple à alimenter en information une maquette numérique. L'opération consiste soit à modéliser géométriquement un objet, soit à implémenter certaines des données ou paramètres de l'objet (matériaux, coût, fiche technique associée). D'autre part, on observera que la maquette numérique est ainsi tour à tour mise à jour, publiée, validée ou refusée par le BIM manager qui vérifiera l'intégrité des données qu'elle partage (géolocalisation du modèle, dénomination, respect de la charte) puis diffusée sur la GED[11]. L'identification de ces éléments langagiers au sein de projets BIM marque une nouvelle appropriation et un nouvel usage de la notion de maquette par les différents acteurs. Ceci vient évidemment rompre avec l'usage traditionnel qui pouvait être entendu à travers l'utilisation du champ lexical de la maquette (physique) et dénote une mutation dont on entre-aperçoit déjà certains effets sociologiques. Dans le contexte BIM, le terme de maquette ne renvoie ainsi plus à l'objet physique cantonné à l'atelier de l'architecte ou à l'étagère du maître d'ouvrage, mais devient un nouvel objet circulant entre les différents acteurs et construisant de nouveaux réseaux d'interactions.

Cette première partie nous a permis de caractériser la maquette numérique BIM comme un objet immatériel, adimensionnel, à la traçabilité limitée et dont le caractère sensible ou expérientiel inhérent à son processus de fabrication semble peu évident à déceler. De plus, c'est un objet évolutif, aujourd'hui pluriel et dissocié car partagé à l'ensemble des acteurs du projet, mais dont l'objectif une fois stabilisé serait d'être unique. De telles caracté-ristiques auraient pu nous laisser croire à une dilution progressive de l'objet dans le projet, mais sa réalité sociale démontre au contraire son omniprésence. Les projets BIM semblent ainsi construire de nouveaux référentiels conceptuels et théoriques autour de la maquette numérique dont il convient de poursuivre l'investigation.

3. De l'objet au projet

Vouloir essayer de rendre compte de la complexité à la fois technique et sociale dont fait preuve la mise en place d'une maquette numérique au sein d'un projet BIM, nous invite naturellement à opter pour un point de vue issu de la sociologie des techniques. La maquette numérique, perçue comme objet technique, entretient de multiples rapports entre les différents acteurs et objets (réels ou virtuels) redéfinissant les normes du projet. La Théorie de l'Acteur-Réseau[12] (ANT) a su démontrer sa capacité à décrire et analyser la construction d'objets techniques ou d'innovations (Latour, 1992). Cette théorie considère que ces objets ont la capacité d'enrôler des acteurs en suivant la trame d'une coopération sociotechnique. Pour le cas de la maquette numérique, l'objet n'est pas directement donné ou stabilisé (Akrich, 1987), mais il est encore « en train de se faire ». Et c'est en particulier en s'attachant à suivre les fils du réseau d'interaction et de coopération qui mettent en jeu les effets d'enrôlement d'acteurs que la description de l'objet en construction est permise. L'utilisation de concepts théoriques tels que celui d'objet intermédiaire ou d'objet-frontière[13] a reçu (et continue de recevoir) un certain succès dans les champs qui interrogent des activités de conception telles que le design (Bassereau, 2010) ou encore l'industrie et l'ingénierie (Jeantet, 1998 ; Boujut, 2003). A l'image de nouveaux objets

[11] Gestion Électronique des Documents.

[12] L'Actor-Network Theory (ANT), ou sociologie de la traduction, est développée au début des années 80 par des chercheurs du Centre de Sociologie de l'Innovation (CSI) (dont Madeleine Akrich, Michel Callon et Bruno Latour). Cette théorie considère que les humains et non-humains ne constituent pas deux mondes distincts, mais sont étroitement imbriqués et interagissent entre eux.

[13] Le concept d'objet-frontière est construit et développé par Star et Griesemer (Star et Griesemer, 1989) et puise son essence de l'objet intermédiaire duquel il se distingue (Vinck, 2009 ; Star, 2010).

numériques tels que les SIG[14] (MacEachren, 2001), on peut considérer que la maquette numérique BIM fonctionne elle aussi comme un objet-frontière au sens où elle autorise « des éléments structurels (dans ou associés à l'objet ou à un ensemble d'objets) [à être] partiellement communs à plusieurs mondes sociaux » (Vinck, 2009, p. 66). Le concept d'objet-frontière permet donc de replacer la maquette numérique BIM à l'intersection des différents mondes sociaux dans lesquels elle évolue tout en permettant l'étude des activités des acteurs qui la mobilisent.

Dans le contexte d'un projet BIM, on observe en effet que la maquette numérique est le support quotidien d'échanges, de malentendus, de mises au point et de négociations portant sur le projet. Prenons ainsi l'exemple d'un architecte qui souhaite faire comprendre à une entreprise chargée de la CVC[15], où il souhaite voir passer d'importantes gaines d'aération visibles depuis un espace central. Il modélisera à travers la maquette numérique l'encombrement et la position exacte où il souhaite les voir apparaître. Sur la base de cet échange et de la visualisation de sa maquette métier, une négociation débute mettant en jeu le sous-dimensionnement des gaines modélisées en fonction du débit requis, la nécessité de changer de produit engendrant un coût supplémentaire, l'impossibilité de notifier de nouvelles réservations au gros œuvre, ou encore l'éventuelle mise en place d'une FMT[16]. Ces interactions conduisent donc des professions aux frontières différenciées par des intérêts économiques, des responsabilités contractuelles ou des champs de compétences, à se coordonner autour de l'objet générique : maquette numérique BIM (incluant les différentes représentations vues précédemment). Interpréter la construction de cet objet dans sa globalité peut donc être entendu comme le produit d'interactions entre différents corps professionnels : l'architecte contrôle sur la maquette métier que les chemins de câble de l'électricien restent dans le gabarit du plénum ; l'ingénieur structure base ses calculs sur le modèle géométrique de l'entreprise de gros-œuvre ; l'équipe de synthèse analyse les maquettes métiers des différentes entreprises et émet des alertes sur les clashs[17] ou les problèmes d'interfaces qu'elle constate ; les livrables sont extraits des différentes maquettes métiers et sont vérifiées par la maitrise d'œuvre pour délivrer ses VISA ; le BIM manager assiste, à distance, les acteurs qui rencontrent des difficultés techniques avec leurs propres maquettes métiers et s'assure que la charte BIM soit respectée. Toutes ces nouvelles interactions ont d'ailleurs tendance à redistribuer les connaissances tout en horizontalisant les rapports professionnels, ce qui entraine certainement une recomposition de l'autorité de l'architecte. La mise en place d'un projet BIM semble ainsi avoir tendance à regrouper les différents acteurs (architectes, ingénieurs, entrepreneurs, économistes, BIM managers, maîtres d'ouvrages) issus de mondes sociaux différenciés, autour de la construction collective d'un objet-frontière incarné par la maquette numérique.

Une démarche parallèle consisterait à identifier et évaluer le temps, ou la période pendant laquelle l'objet considéré est construit, échangé et utilisé par les différents acteurs. Sur cette question reprenons la comparaison avec la maquette physique initialement considérée. Premièrement, la maquette physique peut, elle aussi, être perçue comme un objet-frontière sur lequel s'appuient nombre d'échanges et négociations inter-acteurs. En revanche, son utilisation se restreint bien souvent à la phase de conception et il reste rare que les architectes réalisent des maquettes physiques dès lors que le chantier a débuté. De plus, lorsque le bâtiment est livré, la maquette physique n'est généralement là que comme

---

[14] Système d'Information Géographique.

[15] Chauffage, Ventilation, Climatisation.

[16] Fiche Modificative de Travaux.

[17] Un clash représente une collision entre deux maquettes numériques (entendues ici comme modèles géométriques sémantiques).

une relique ou le témoin d'un geste ou d'une activité passée. En revanche concernant la maquette numérique BIM : la période de son élaboration, d'échange et d'utilisation de l'objet surpasse largement l'unique phase de conception. En effet, il nous faut admettre que les objectifs de ce nouveau type de maquette ne peuvent se restreindre uniquement à des visées de conception. L'objet doit effectivement assister et permettre la construction du bâtiment, mais aussi faciliter la gestion et l'exploitation-maintenance de l'édifice construit. Ainsi la maquette numérique BIM s'ancre dans une nouvelle temporalité qui ne se circonscrit plus à la phase de conception privilégiée de l'architecte. On peut donc supposer que les nouvelles porosités que l'objet entretient (et doit entretenir) avec les phases de construction et d'exploitation-maintenance pourraient avoir, par effet boomerang, des incidences importantes sur la programmation et la conception et donc sur l'activité de l'architecte.

Enfin, il convient aussi de noter que la maquette numérique semble progressivement répondre à des enjeux (d'usages et temporels) assez similaires à la construction du bâtiment physique. Ne peut-on d'ailleurs pas considérer que l'objet finalisé d'une maquette numérique BIM n'est autre que le double du bâtiment physique : à savoir un bâtiment numérique ? Et si le bâtiment n'est pas un « objet statique, mais plutôt un projet en mouvement », car il continue d'être transformé par ses usagers (Latour et Yaneva, 2008, p. 81), nous ne sommes pas loin de penser que la construction de la maquette numérique vient superposer un nouveau projet au projet : construire un bâtiment numérique en parallèle d'un bâtiment physique. Dans ces conditions, se pourrait-il que la maquette numérique BIM et ce nouveau projet ne fassent qu'un ?

4. Conclusion

La mise en parallèle de la maquette numérique avec la maquette physique nous a permis d'amorcer une recomposition des objets techniques que mobilise l'architecte. On observera aussi que l'évolution des outils traditionnels de l'architecte conditionne son rapport aux autres professions. En effet, si la maquette physique (tout comme le plan ou la coupe) était jusqu'alors l'incarnation d'un savoir-faire et donc d'une expertise identifiée, la maquette numérique BIM (condensant en partie les fonctionnalités des anciens outils de l'architecte) devient en revanche un objet distribué entre tous les acteurs du projet. Elle ne constitue donc plus l'outil exclusif de l'architecte, le dépossédant ainsi probablement d'une certaine partie de son expertise et donc de son pouvoir. La maquette numérique BIM semble aussi définir un tout autre type de maquette, aux frontières plus larges et encore mouvantes, qu'il n'est plus possible de confondre avec une maquette physique de conception. Pour mieux comprendre l'objet, il nous faut donc continuer d'étudier les effets qu'induit ce nouvel artefact sur les pratiques professionnelles et le déroulement du projet. L'ANT semble alors proposer un cadre théorique pertinent à cette investigation et l'introduction du concept d'objet-frontière nous apparaît être un levier capable de mettre en relief les nouveaux nœuds et controverses que fait émerger le mode projet BIM. D'ailleurs, si l'ANT a déjà été utilisée autour de différentes questions liées à l'architecture (Callon, 1996 ; Latour et Yaneva, 2008 ; Yaneva 2009), son application au contexte spécifique des projets BIM reste encore rare (Linderoth, 2009 ; Sørensen, Frandsen, et Øien, 2015 ; Teulier, 2017) et les études portant sur la construction des maquettes numériques BIM encore à faire. Enfin, si la maquette physique semblait se restreindre à la phase de conception ou aux moments de présentations au client, la maquette numérique traverse, elle, l'ensemble des phases du projet depuis la phase de programmation jusqu'à l'exploitation-maintenance. Elle suit le projet du bâtiment physique au plus près, en construisant un bâtiment numérique qui lui est rattaché. Cet entrelacement entre la conception, la construction puis la gestion de ces deux objets : le bâtiment physique et le bâtiment numérique, conduit à l'hypothèse que la maquette numérique pourrait finalement définir un nouveau type projet, venant se coupler au traditionnel projet architectural, mais dont la nature et les visées demeurent exclusivement numériques. Il conviendrait donc d'interroger à une échelle plus large les perspectives théoriques que semble dessiner le mode projet BIM. En effet, la construction de bâtiments et de la ville passe dorénavant par une numérisation des pratiques, des représentations, mais aussi des usages et de la gestion même des édifices réalisés. Tenter de décrire la construction de nouveaux artefacts numériques tels que la maquette BIM doit aussi être un moyen de questionner les objectifs que se donnent les architectes. À n'en pas douter, les architectes construisent déjà les premières briques physiques et numériques de la fameuse *smartcity*.

Bibliographie

Akrich, M. (1987). Comment décrire les objets techniques ? *Techniques et culture*, 49-64. Éditions de la maison des sciences de l'homme.

Alberti, L.B. (2004). *L'art d'édifier*. Traduit par Pierre Caye et Françoise Choay. Sources du savoir. Paris : Seuil.

Bassereau, J.-F., Charvet Pello, R., Faucheu, J., Delafosse D. (2015). Les objets intermédiaires de conception/design, instruments d'une recherche par le design. *Science du Design*, 2, 48-63.

Boujut, J-F., et Blanco, E. (2003). Intermediary Objects as a Means to Foster Co-operation in Engineering Design. *Computer Supported Cooperative Work,* 12, 205-219.

Callon, M. (1996). Le travail de la conception en architecture. In *Situations*, (p. 25-35) Les cahiers de la recherche architecturale 37. Marseille : Ed. Parenthèses.

Chalon, R. (2004). *Réalité mixte et travail collaboratif : IRVO, un modèle de l'interaction homme-machine*. École Centrale de Lyon.

Coulais, J-F. (2015). *Images virtuelles et horizons du regard. Visibilités calculées dans l'histoire des représentations*. Genève : Métis Presses.

Deshayes, C. (2013). Aspects dialogiques de l'esquisse architecturale 2D ou 3D. In *Echelles, Espaces, Temps*, par Zreik, K., et Yacoub, C., Europia, (pp. 117-133). Paris : Europia.

Estevez, D. (2014a). Dialogue entre maquette et modèle en architecture. In *Les modèles, possibilités et limites : jusqu'où va le réel ?* Jean-Michel Levy, (pp. 77-86). Paris : Editions Matériologiques.

Estevez, D. (2014b). Petite mythologie des maquettes. *Architecture d'Aujourd'hui*, décembre 2014.

Girard, C. (2014). L'architecture, une dissimulation. La fin de l'architecture fictionnelle à l'ère de la simulation intégrale. In *Modéliser et simuler - Tome 2*, par Varenne, F., Silberstein, M., Dutreuil, S., Huneman, P., Bernaud, J-L. et Lhotellier, L. Paris : Editions Matériologiques.

Halin, G., et Gallas, M-A. (2016). Une approche pédagogique par les modèles pour la sensibilisation au concept de BIM (Maquette Numérique). In *SCAN'16 : Séminaire de Conception Architecturale Numérique*, par Goulette, J-P. et Ferries, B., (pp. 85-96). Toulouse.

Jeantet A. (1998). Les objets intermédiaires dans la conception. Éléments pour une sociologie des processus de conception. *Sociologie du travail, 40-3*, (pp. 291-316)

Latour, B. (1992). *Aramis ou l'amour des techniques*. Textes à l'appui Série anthropologie des sciences et des techniques. Paris: Éd. la Découverte.

Latour, B., et Yaneva A. (2008). Give me a gun and I will make all buildings move : an ANT's view of architecture. In *Explorations in Architecture : Teaching, Desing, Research*, par Reto Geiser, (pp. 80-89). Basel : Birkhäuser.

Lefauconnier, M. (2017). Le BIM face au droit. In *Le BIM éclairé par la recherche*, par Riss, S., Talon, A., et Teulier, R., (pp. 91-100). Paris: Eyrolles.

Linderoth, H.C.J. (2009). Understanding adoption and use of BIM as the creation of actor networks. *Automation in Construction* 19 (pp. 66-72).

Loyer, F. (1974). Pour bien lire une maquette d'architecture : le relatoscope. *Communication et langages* 23 (1) (pp. 56-75).

MacEachren, A.M. (2001). Cartography and GIS : Extending Collaborative Tools to Support Virtual Teams. *Progress in Human Geography* 25 (3) (pp. 431-444).

Sørensen, N. L., Frandsen, A. K. et Borgestrand Øien T. (2015). Architectural Competitions and BIM. *Procedia Economics and Finance* 21: (pp.239-246).

Star, S. L., et Griesemer. J.R. (1989). Institutionnal Ecology, "Translation", and Boundary Objects : Amateurs and Professionals in Berkeley's Museum of Vertebrate Zoology". *Social Studies of Science* 19 (3) : (pp.387-420).

Star, S-L. (2010). Ceci n'est pas un objet-frontière ! Réflexions sur l'origine d'un concept. *Revue d'anthropologie des connaissances*. 4-1, (pp. 18-35).

Teulier, R. (2017). La coopération : processus fondamentaux et implications pour le travail collaboratif dans une démarche BIM. In S. Riss, A. Talon, R. Teulier, *Le BIM éclairé par la recherche*, (pp. 59-74). Paris : Eyrolles.

Vinck, D. (2009). De l'objet intermédiaire à l'objet-frontière. Vers la prise en compte du travail d'équipement. *Revue d'anthroplogie des connaissances* 3 (1) (pp. 51-72).

Yaneva, A. (2009). *Made by the Office for Metropolitan Architecture : An Ethnography of Design*. Rotterdam : 010 Publishers.

Pratique BIM-agile d'élicitation et de raffinement des intentions architecturales : le Micro Poker

Henri-Jean Gless[1,2*], *Damien* Hanser[1], et *Gilles* Halin[1,2]

[1] MAP-CRAI (UMR n° 3495), École Nationale Supérieure d'Architecture de Nancy, 2 rue Bastien Lepage, 54000 Nancy, France
[2] Université de Lorraine, 54000 Nancy, France

Résumé. Les expérimentations présentées dans cet article viennent de l'identification puis de l'application et de la modification de pratiques agiles issues du génie logiciel au sein de la conception collaborative architecturale. En effet, la transition numérique dans le domaine de l'*Architecture, Engineering and Construction* (AEC) est un enjeu majeur en France et n'est souvent vue qu'à travers son aspect technologique et non humain. Notre recherche s'oriente alors vers l'apport des sciences sociales et des pratiques orientées coordination comme vecteur de changement. Les pratiques en question se présentent sous forme de jeux de cartes et permettent aux acteurs de la collaboration de mieux appréhender ce qu'est une tâche BIM et de correctement se positionner par rapport aux attentes et aux définitions des autres intervenants. Nous parlons alors de raffinement et d'élicitation des intentions architecturales.

Mots-clés. Conception architecturale, Méthodes agiles, Conception collaborative, Technologie BIM, Gestion de projet.

Abstract. The experiments presented in this article arise from the identification, the application and the modification of agile practices within collaborative architectural design. Indeed, the digital transition in the Architecture, Engineering and Construction field is a major challenge in France and is often seen only from its technological and no from its human aspect. Our research is then directed towards the contribution of social sciences and coordination-oriented practices as a vector of change. The practices are in the form of card games and enable collaboration actors to better understand what a BIM task is and to position themselves correctly in relation to the expectations and definitions of other stakeholders. We are thus talking about refinement and elicitation of architectural intentions.

Keywords. Architectural design, Agile methods, Collaborative design, BIM Technology, Project management.

*Corresponding author: gless@crai.archi.fr

1. Introduction

Notre recherche prend place dans le domaine de la conception architecturale en France, où la transition numérique est en cours, la technologie BIM n'étant toujours pas correctement implantée. De nos jours, autant dans le champ pédagogique que dans le champ professionnel, cette transition n'est souvent vue que par le prisme technologique et non pas par celui des sciences sociales.

Ainsi, nous élaborons dans le cadre de notre recherche des méthodes et des pratiques collaboratives dites agiles, terme issu du monde du génie logiciel, afin de faciliter l'adoption du BIM en conception architecturale.

Nous décrivons dans cet article des expérimentations scientifiques réalisées durant l'année 2017 dans un cadre pédagogique avec des étudiants de M2 en architecture et en Design Global. Les expérimentations consistent à introduire des pratiques agiles que nous avons adaptées pour la conception architecturale auprès de ces étudiants tout d'abord avec des exercices. Finalement, ils devront les appliquer dans un exercice concret de conception architecturale. Il s'agit pour eux de bien cerner la définition et le périmètre d'une tâche de conception BIM, afin qu'ils en aient la même compréhension. Les acteurs de la collaboration peuvent en effet avoir une approche différente, voire absente, face à la technologie BIM en raison de leurs cursus, leurs métiers ou encore leurs compétences. Nous parlons alors de raffinement des tâches de conception grâce à l'élicitation des attentes et des intentions concernant ces tâches.

Nous nous intéresserons dans la section 2 au contexte particulier de l'architecture en France. Nous verrons dans la partie 3 que notre hypothèse pour répondre aux questions qu'apporte la technologie BIM est l'adoption de pratiques agiles. Enfin, la partie 4 relatera les expérimentations réalisées en conséquence.

2. Contexte de la recherche

Les expérimentations présentées dans cet article se situent dans le domaine des approches collaboratives en conception architecturale et ont pour but d'améliorer le processus de conception BIM grâce à des méthodes de gestion de projet.

2.1 Une ère de changements numériques

Le monde de l'architecture, de l'ingénierie et de la construction (AEC) en France, plus particulièrement dans le domaine de la conception architecturale, traverse actuellement une période importante de changements ; les pratiques numériques et les pratiques collaboratives sont en phase de transition et d'adaptation tandis que la technologie BIM devient à la fois une exigence réglementaire dans la construction publique et une exigence de productivité dans les projets complexes. On observe cependant une certaine inertie de la part des architectes envers le *Building Information Modeling*. Cette tendance peut s'expliquer à cause de la taille des agences d'architecture françaises. La plupart d'entre elles sont de petite taille (90 % d'entre eux ont 9 employés ou moins et 75 % ont 4 employés ou moins[†]) et le passage au BIM représente donc un risque plus grand, mais aussi à cause du contexte socio-économique actuel, qui favorise un faible niveau d'investissement à moyen et long terme. La technologie BIM apporte également son lot de questions et de défis à relever, tant au niveau technique que de la gestion de projet.

[†] Observatoire de la profession d'architectes, Archigraphie (2016), p.48. https://www.architectes.org/sites/default/files/atoms/files/archigraphie-coul-2016-web_0.pdf

Ce contexte nous oriente donc vers une approche en douceur pour permettre la transition numérique, possible par la formation et les sciences sociales (Hochscheid et *al.*, 2016).

2.2 Des méthodes de gestion de projet émergentes

Dans le domaine de la gestion de projet, en production ou en conception, des méthodes émergent en se réclamant de l'amélioration continue ou du Lean Production. Le Lean Construction (Dupin, 2014) qui s'applique notamment pour la gestion de chantier, conduit à une réduction des déchets et des accidents. Le Lean Management et son dérivé Last Planner permettent de responsabiliser les acteurs et de s'assurer qu'ils prennent soin les uns des autres, tout en essayant d'anticiper les besoins de chacun (Womack, 2003).

La technologie BIM augmente le volume de travail en amont (Kensek, 2014)‡, modifie les pratiques numériques et collaboratives et génère des malentendus, ce qui crée un climat de méfiance entre les acteurs d'un projet et rigidifie la coordination (Sakikhales, 2017).

En génie logiciel et en conception IHM, ce sont des méthodes dites agiles que l'on voit émerger depuis les années 1990 afin de répondre à ces problématiques.

La technologie BIM et ces méthodes agiles partagent des valeurs communes telles que l'application d'une meilleure communication et une réduction significative du « travail à refaire » (Beck, 2001 ; Kensek, 2014). Afin d'identifier les pratiques qui pourraient améliorer le processus de conception BIM, nous devons alors les expérimenter puis les adapter.

3. Intégrer la technologie BIM grâce à l'agilité

Les expériences que nous proposons s'inscrivent dans le cadre d'une recherche centrée sur l'identification des pratiques agiles, et leur mise en œuvre pour mesurer leurs bénéfices, d'une part dans les projets BIM des étudiants en architecture et d'autre part dans les agences d'architecture. Notre analyse pose la question de la mise en œuvre de la technologie BIM qui ne peut être résumée à de simples problèmes technologiques, il est crucial d'étudier le contexte de la mutation numérique au travers des pratiques collaboratives, de la gestion de projet et des sciences sociales.

3.1 Le BIM complexifie les processus de conception

Si la technologie BIM décale la quantité de travail en amont, cela est naturellement suivi par un déplacement de la communication. De plus, nouvelle technologie signifie nouveaux outils, donc nouveaux usages, et alors nouvelles pratiques (Zignale et *al.*, 2011). Or, la technologie BIM n'est accompagnée d'aucune solution de gestion de projet.

Par ailleurs, nous avons observé divers problèmes de communication et de cohésion de groupe dans un environnement de projet BIM lors d'entretiens avec des architectes et pendant nos cours de projet : les acteurs éprouvent des difficultés à partager les résultats de leur idéation, tandis que l'utilisation de nouveaux outils BIM crée de nouvelles tâches que les acteurs ont du mal à identifier, quantifier, et à projeter sur des outils numériques (Gless et *al.*, 2017).

Nous avons donc orienté notre travail vers des pratiques permettant aux différents acteurs d'un projet de mieux éliciter leurs intentions en identifiant et définissant

‡ D'après les courbes de Patrick MacLeamy.

correctement les tâches de conception, dans le but d'améliorer la communication et la cohésion de groupe.

3.2 Un besoin de raffinement et d'élicitation

Les étudiants en architecture et les agences que nous rencontrons sont de plus en plus informés et sensibilisés au concept du BIM, cependant, la définition des tâches numériques reste une activité difficile à réaliser en conception ; ces tâches sont mal connues, complexes, dépendent souvent d'autres tâches à effectuer par d'autres acteurs, et créent des soucis dans leur répartition (Gless et *al.*, 2017).

Nous cherchons donc à permettre d'éliciter les intentions architecturales et à raffiner les tâches y étant associées. L'hypothèse de ce travail est que l'insertion de pratiques agiles dans les activités de conception (telle que la répartition des tâches) améliorera la communication ; par l'apport d'une meilleure communication, il s'agit d'améliorer la conscience mutuelle, la prise de décision en amont, et d'aider la construction d'une confiance d'équipe : la cohésion de groupe. Une des pratiques agiles utilisées en génie logiciel pour améliorer ces aspects de la collaboration est le « Planning Poker ». Son but est la construction d'un esprit d'équipe par le jeu et les discussions, en vue d'une élicitation de tous les concepteurs. Nous allons donc expérimenter cette pratique en conception architecturale.

3.3 L'agilité comme support à la communication

Les méthodes agiles sont des méthodes de gestion de projet qui ont émergé dans le domaine du génie logiciel et des IHM dans les années 1990. Elles impliquent davantage le client dans les chaînes de décisions et de production en réalisant de nombreuses rétrospectives et démonstrations afin d'identifier correctement ses besoins. Elles suivent également trois autres valeurs fondamentales que sont : la collaboration, l'amélioration continue et l'acceptation du changement (Beck et *al.*, 2001). En plus de ces quatre valeurs, il existe douze principes agiles qui sont par exemple un cycle de travail régulier, encourager les conversations face à face ou faire émerger des équipes auto-organisées. Nous pouvons aussi ajouter que ces méthodes sont basées sur un cycle de production itératif, incrémental et adaptatif. Lors des cycles réguliers, un modèle évolue par incréments, et ce en fonction des retours du client.

Comme la technologie BIM, l'agilité mise sur une meilleure communication et une meilleure coordination, et permet aux différents acteurs de correctement se positionner par rapport aux idées et aux intentions individuelles de l'équipe (l'élicitation) et de mieux comprendre ce qu'ils doivent faire (le raffinement).

3.4 Le *Planning Poker* comme pratique élicitative

Le Planning Poker est une pratique agile popularisée par Mike Cohn (Cohn, 2005). Il s'agit d'un *serious game* permettant de comparer et d'évaluer des scénarios de fonctionnalités à développer en informatique. Les différents acteurs d'un projet (ici les concepteurs logiciel) disposent chacun d'un jeu d'une dizaine de cartes numérotées de 1 à 100 en suivant la croissance d'une courbe de Fibonacci arrondie (1, 2, 3, 5, 8, 13, 20, 40 et 100). Ils s'en servent alors pour estimer la complexité ou la durée d'une fonctionnalité. Pour ce faire, on énonce une fonctionnalité (une liste peut être préparée par un meneur de jeu par exemple), puis on se demande par exemple en combien d'heures cette dernière peut être réalisée. Chaque joueur choisit une carte dans sa main (la carte 1 représentant alors une heure). Les joueurs déposent simultanément devant eux la carte choisie. S'en suit un débat entre le joueur avec la plus grande estimation et celui ayant la plus petite. Au fur et à mesure, les autres joueurs peuvent donner leur avis jusqu'à ce qu'on arrive à un compromis donnant lieu à une évaluation commune et validée par tous. Ce protocole de prise de parole permet d'éviter le phénomène du « premier parleur », qui fait que les autres joueurs baseraient alors leurs estimations d'après celles de la première personne à s'exprimer.

4. Expérimentation de pratiques agiles en conception architecturale

Le Planning Poker a été testé lors d'un exercice sur un court projet architectural auprès d'étudiants de M2 en architecture et en Design Global. Après avoir expérimenté la version classique du jeu, ils ont joué à des versions adaptées pour l'architecture lors d'exercices sur une journée puis dans un projet long à l'échelle d'un semestre.

4.1 Protocole expérimental

Dès le lancement de l'année universitaire, nous avons suivi ce protocole, constitué de plusieurs phases :

- Phase théorique : cours d'introduction sur l'agilité et la gestion de projet suivi d'une explication du Planning Poker ;
- Phase pratique : exercice court de Planning Poker ;
- Récolte de données : les étudiants notent et nous rendent leurs estimations et les temps réels mesurés ;
- Analyse des données : amélioration de la pratique (ici en Micro Poker) ;
- Phase pratique : exercice court de Micro Poker ;
- Phase pratique : projet architectural BIM sur un semestre ;
- Récolte de données : soutenance orale à propos de la collaboration dans le précédent projet, puis diffusion d'un questionnaire à propos de la pratique et des méthodes agiles en général ;
- Analyse des données : tris des biais et amélioration de la pratique.

Les phases théoriques permettent aux étudiants de comprendre les enjeux de la gestion de projet en architecture tout en faisant une introduction aux méthodes et pratiques agiles.

La première phase pratique consiste en un exercice de la pratique traditionnelle du Planning Poker. La seconde concerne quant à elle notre version modifiée du Micro Poker. Enfin, la dernière permet d'appliquer cette pratique à un projet traditionnel de conception architecturale dans un environnement BIM.

Les phases de récolte de données nous permettent de recevoir en complément de nos observations lors des phases pratiques, des retours soit purement quantitatifs grâce aux retours des estimations des étudiants, soit qualitatifs avec l'organisation d'une soutenance suite au projet ainsi que la distribution d'un questionnaire anonyme.

Enfin, les phases d'analyse de données nous permettent de vérifier nos hypothèses quant à l'amélioration de la communication et de la cohésion après le tri de biais (réponses non pertinentes dans le questionnaire, etc.). La première s'est logiquement suivie de l'adaptation du Planning Poker en Micro Poker (voir 4.3 Adaptation vers le Micro Poker).

 https://doi.org/10.1051/shsconf/20184701008

4.2 Expérimentation du Planning Poker

Durant un exercice court de projet de conception architecturale, des étudiants de M2 ont expérimenté le Planning Poker. Les étudiants venaient de cursus différents : architecture, ingénierie et design. L'exercice consistait en la conception d'un abri. En une journée, ils devaient par groupe de quatre réaliser cinq tâches : 1) importer un nuage de points dans un logiciel BIM, 2) le placer, 3) modéliser l'existant de leur terrain, 4) modéliser l'abri, puis 5) exporter le tout pour un autre cours.

Afin d'estimer et de bien identifier ces tâches, chaque groupe d'étudiants devait utiliser le Planning Poker. Les résultats du groupe 1 sont présentés ci-après (cf. figure 1).

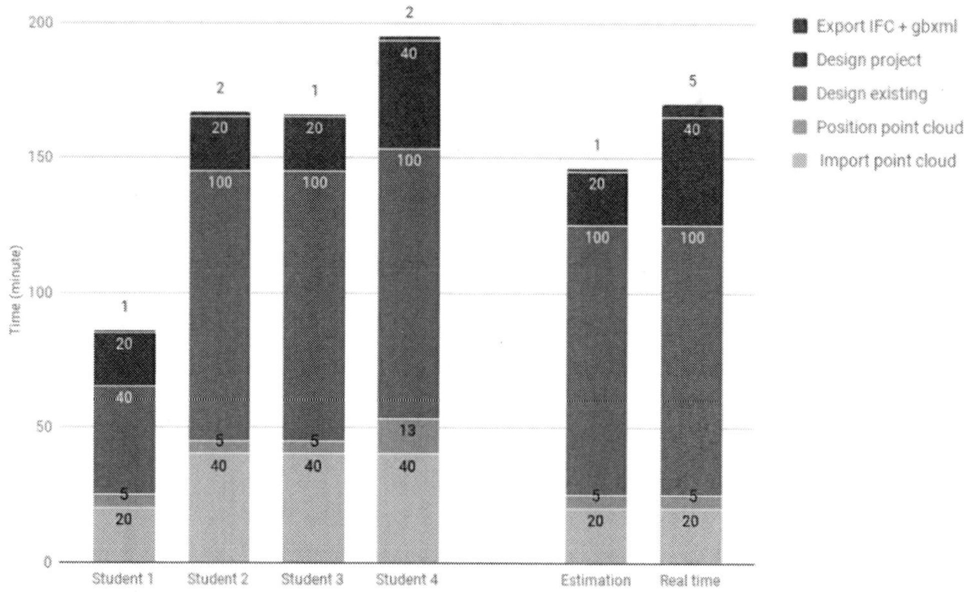

Figure 1. Résultats d'une séance de Planning Poker pour un groupe : estimations personnelles, estimation négociée et temps réel.

On observe ainsi que l'étudiant 1 avait des estimations de durées inférieures au temps réel pour la modélisation de l'existant. Ces résultats s'expliquent parce que les trois autres étudiants avaient des connaissances plus poussées dans le domaine de la modélisation numérique et savaient mieux estimer les durées associées.

Ainsi, il faut garder en tête que ce qui nous intéresse dans le Planning Poker est son aspect bénéfique sur le plan de la communication et de la cohésion du groupe : tous les joueurs s'expriment et font face à la perception que les autres ont des tâches à accomplir. Même si les estimations sont fausses, les étudiants ont eu une meilleure vue d'ensemble des choses à faire et des intentions de chacun.

Cette expérimentation a montré que les estimations de temps données par les groupes étaient cohérentes avec le temps réel pour accomplir l'exercice. Néanmoins, les étudiants avaient du mal à s'approprier le jeu du fait de son grand nombre de cartes (Gless et *al.*, 2017). Par ailleurs, les étudiants se posaient également des questions sur la priorité des tâches, ou avaient du mal à estimer une complexité avec des nombres. Ils pouvaient par ailleurs ne pas tomber d'accord suite à un débat.

4.3 Adaptation vers le Micro Poker

En réponse à ces remarques, nous avons mis au point une variante du Planning Poker, intitulée le Micro Poker. Au départ, un jeu de seulement trois cartes, il s'agit désormais d'un jeu de quatre cartes (la carte du milieu posait des problèmes de « non-choix » de la part des joueurs, en se positionnant au centre). Nous avons alors non seulement des estimations sur une échelle numérique, mais également sur trois autres : une échelle de grandeur, de couleur, et de hasard. Les règles restent les mêmes. Les cartes portent les valeurs suivantes (cf. figure 2) :

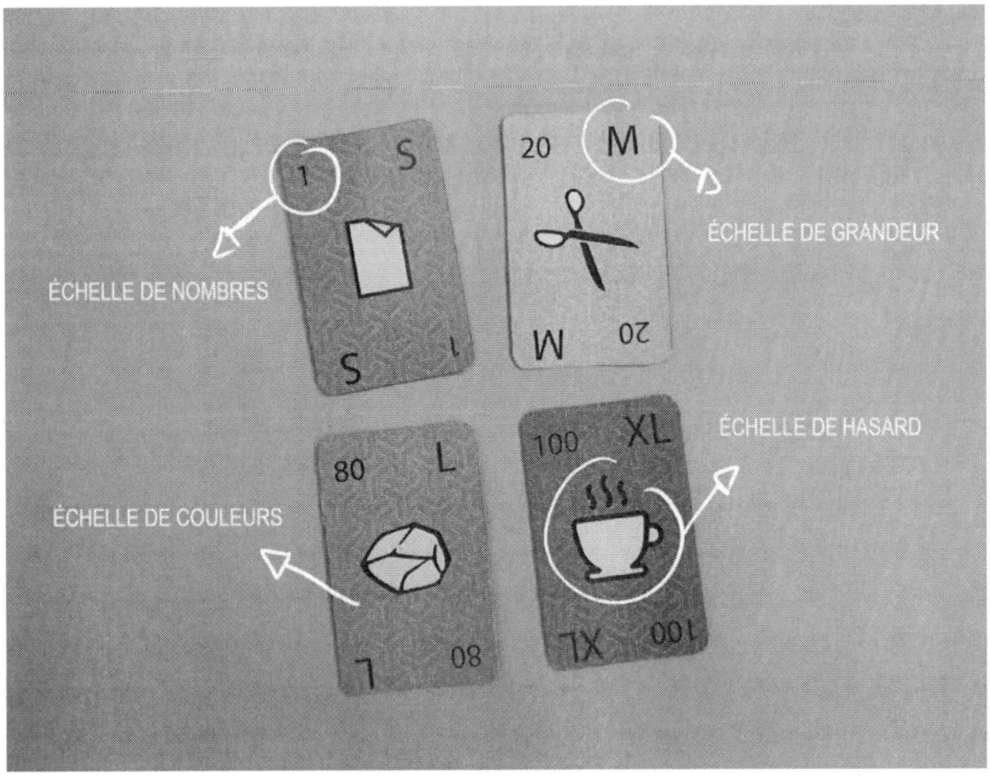

Figure 2. Les cartes de la version 2 du Micro Poker.

- Numérique : 1, 20, 80 et 100 pouvant estimer un temps en valeur relative (10 % ou 80 % de la journée) ; il s'agit ici de simplifier le choix de la carte en le limitant aux extrêmes et à deux valeurs intermédiaires ;
- Grandeur : S, M, L et XL pouvant représenter la quantité de travail à faire ; parfois, les nombres ne peuvent permettre de définir une valeur, d'où des « tailles » ;
- Couleur : vert, jaune, orange et rouge, pouvant représenter l'urgence d'une activité ou l'approbation d'une décision (le rouge étant alors très urgent ou négatif, contrairement au vert) ;
- Hasard : si un débat ne peut être clos, les cartes pierre, feuille et ciseau permettent d'invoquer le hasard, tandis que la carte café permet de demander une pause.

Afin de choisir quelle échelle d'évaluation choisir, le meneur de jeu se pose simplement la question suivante : « ce que nous allons évaluer s'inscrit-il dans une échelle de temps (nombres), dans une échelle de grandeur (tailles) ou dans une échelle d'urgence (couleurs) ? ».

Tout comme le Planning Poker classique, il s'agit ici d'un support à la communication qui permet l'élicitation et le raffinement des tâches de conception. Même si l'estimation est fausse, le but est de parler. Les cartes plus colorées et avec des pictogrammes renforcent également le côté ludique de la pratique, pour que les acteurs se prennent plus facilement au jeu.

4.4 Expérimentation du Micro Poker

Lors d'un atelier de projet se déroulant sur huit semaines, les étudiants du Master 2 de la promotion suivante ont expérimenté le Micro Poker. Ils devaient concevoir une caserne de pompiers dans un contexte de collaboration BIM. Les étudiants venaient toujours de cursus différents, et le cours se déroulant en début de semestre, les groupes ont été constitués pour que les étudiants ne se connaissent pas. De plus, les tâches à effectuer ici n'étaient pas données, les étudiants étant libres de travailler comme ils le voulaient. Voici l'exemple d'un échange entre étudiants (cf. figure 3) :

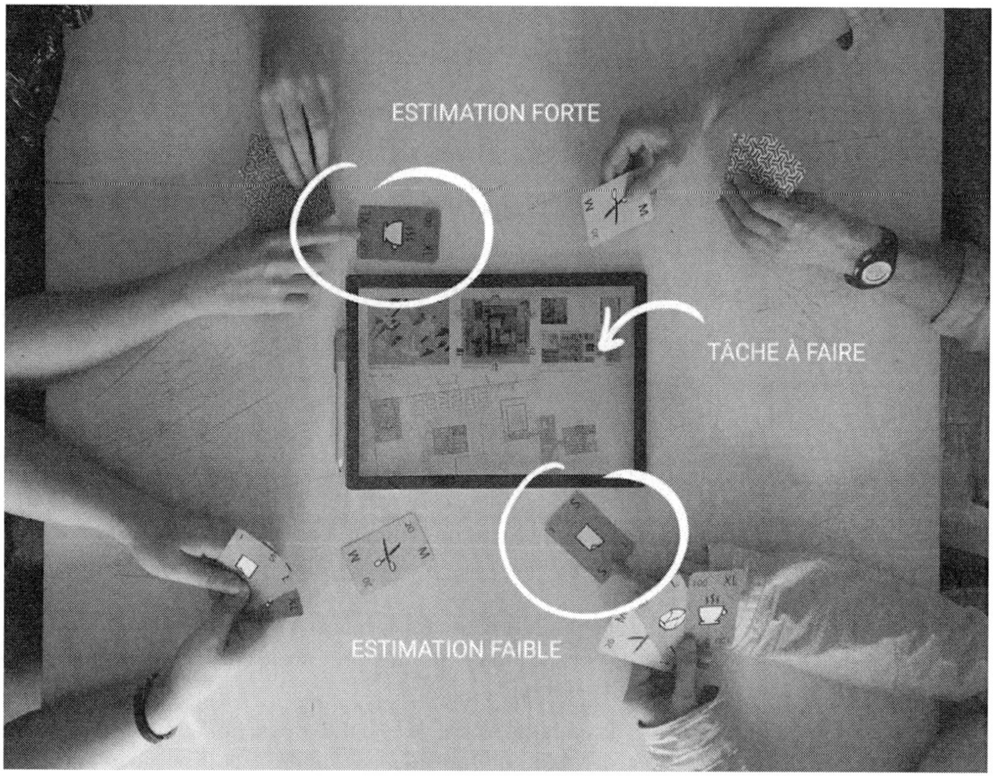

Figure 3. Illustration d'un échange de Micro Poker

- Étudiant 1 : y a-t-il beaucoup de travail pour modéliser le terrain ? On utilise les cartes S, M, L et XL (tout le monde choisit une carte, et la révèle en même temps ; étudiants 1 et 2 ont choisi respectivement S et XL et commencent donc à parler)
- Étudiant 1 : j'ai choisi S car ce n'est pas difficile de modéliser un terrain.

- Étudiant 2 : moi j'ai pris XL car on n'a pas le cadastre complet de la parcelle. On doit chercher les courbes de niveau aussi.
- Étudiant 1 : ah ! Je n'avais pas pensé à ça.
- Étudiant 3 : et on peut en profiter pour aller faire des relevés. Je crois que le bâtiment sur la vue aérienne n'existe plus.
- Étudiant 1 : ah oui. Eh bien, je m'occupe de trouver tout ce qu'il faut pour modéliser et je commence ; je maîtrise bien ArchiCad.
- Étudiant 2 : ok, avec Étudiant 3 on va aller sur le terrain alors.
- Étudiant 1 : bien, du coup question suivante. Y a-t-il beaucoup de travail pour dessiner le parking demandé ? (Ici commence un nouveau tour.)

On observe ici que le Micro Poker a permis aux étudiants de confronter les idées qu'ils avaient de la tâche de modélisation quant à sa définition. Cette dernière comportait plus ou moins de sous-tâches selon les acteurs. Cela leur a donc permis non pas forcément d'évaluer avec justesse le travail à faire, mais tout du moins à mieux en dessiner les contours.

4.5 Résultats

La pratique du Micro Poker a été perçue de manière plutôt positive par les étudiants (voir figure. 4). Il permet d'augmenter le nombre d'échanges dans un groupe de travail, et de discuter de la quantité de travail qu'ils ont à produire, de la manière dont ils vont collaborer, de qui réalise quoi, *etc.* Le questionnaire proposé à la fin du semestre à propos des pratiques expérimentées donne les réponses suivantes :

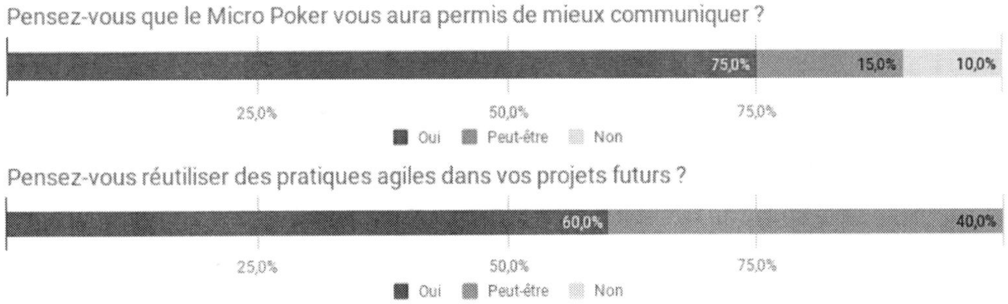

Figure 4. Résultats du questionnaire sur le Micro Poker et les pratiques agiles en général.

Nous pouvons cependant émettre une réserve. Les étudiants avaient tendance à utiliser les cartes comme un système de vote grâce aux couleurs verte et rouge, ou bien à proposer quatre solutions et les attribuer à chacune des cartes avant de voter, ce qui constitue en soi une pratique différente.

5. Conclusion et perspectives

Ces premières expériences montrent que le Micro Poker permet de mieux dessiner les contours d'une tâche de conception architecturale et d'en valider la définition, ainsi que permettre une meilleure communication et cohésion de groupe. Les tenants et les aboutissants définissant une tâche ne dépendant alors plus de l'idée que chacun se fait de la tâche et de l'action même de collaborer, mais d'une discussion argumentée et collégiale de la part de tous les acteurs de la conception. Le Micro Poker sensibilise également à l'agilité par son côté ludique.

Par ailleurs, nous pouvons noter que les étudiants se sont pour la plupart approprié le Micro Poker grâce à son aspect ludique. En effet, certains groupes s'en servaient afin de choisir des activités en dehors des expérimentations, tel que leur lieu de repas. De la même manière, les enseignants du semestre s'en sont également servi afin d'évaluer les résultats des étudiants de manière non biaisée, en les classant avec les cartes plutôt qu'en attribuant des notes.

Afin de valider définitivement les apports de cette pratique agile, nous réaliserons avec les étudiants une dernière expérimentation, conscrite cette fois sur une durée d'une semaine et dans laquelle nous introduirons d'autres pratiques agiles.

Enfin, nous allons tester dans les semaines à venir le Micro Poker dans des agences d'architecture. C'est une première étape dans l'intégration du BIM car cette pratique nous permet de définir une tâche mal connue : une tâche BIM.

Bibliographie

Beck, K. et *al.*, (2001). *Manifesto for agile software development*. http://agilemanifesto.org

Cohn, M. (2005). *Agile Estimating and Planning*. Prentice Hall ; 1ère édition. ISBN-13 : 978-0131479418.

Dupin, P., (2014). *Le LEAN appliqué à la construction : Comment optimiser la gestion de projet et réduire coûts et délais dans le bâtiment* ? Éditeur : Eyrolles.

Gless, H.-J. and *al.*, (2017). *BIM-agile practices experiments in architectural design*. In : Luo Y. (eds) Cooperative Design, Visualization, and Engineering. CDVE 2017. Lecture Notes in Computer Science, vol 10451, pp. 135–142. Springer, Cham.

Hochscheid, E. et *al.*, (2016). Intégration de pratiques BIM en agences. SCAN'16 Toulouse. Presses Universitaires Nancy.

Kensek, K. et *al.*, (2015). *Manuel BIM : Théories et Applications*. Eyrolles.

Sakikhales, M., (2017). *Using Agile Project Management and BIM for Improved Building Performance*. BIM, Building Performance, Design and Smart Construction Projects.
doi : 10.1007/978-3-319-50346-2_5.

Womack, J., Jones, D., (2003). *Lean Thinking: Banish Waste and Create Wealth in Your Corporation, Revised and Updated*. Éditeur : Free Press ; Édition : 2 (10 juin 2003) ISBN 978-0743249270.

Zignale, D. and *al.*, (2011). *Modelling practices and usages to improve adaptation of group-ware-tool services : Application in the AEC sector*. EuropIA.13 : 13th International Conference on Advances in Design Sciences and Technology. Roma, Italy.

L'adoption du BIM dans les agences d'architecture en France

Élodie Hochscheid[1, [1]], et *Gilles* Halin[1,2]

[1] MAP-CRAI (UMR n° 3495), École Nationale Supérieure d'Architecture de Nancy, 2 rue Bastien Lepage, 54000 Nancy, France
[2] Université de Lorraine, 54000 Nancy, France

Résumé. Les modèles d'adoption et d'acceptation des innovations permettent d'identifier des facteurs qui jouent un rôle dans le choix d'adopter une technologie innovante. Nous exploitons ces modèles ainsi que les observations que nous avons faites lors d'entretiens avec des architectes pour dresser un état de l'art non quantitatif de l'adoption du BIM dans les agences d'architecture en France.

Mots-clés. BIM, France, adoption, implémentation, diffusion, changement, facteurs, agences, architecture, architectes, changement, résistance, acceptation.

Abstract. Innovation adoption models help identifying factors that influence the adoption and acceptance of a technology. We exploit these models and the observations we made during interviews with architects to make a non-quantitative state of the art of BIM adoption in architecture firms in France.

Keywords. BIM, France, adoption, implementation, dissemination, change, factors, architecture firms, architects, change, resistance, acceptance.

1. Introduction

Le *Building Information Modeling* (BIM) est un ensemble de technologies et processus de travail qui sont de plus en plus utilisés dans le secteur de la construction de nombreux pays. Les études comparant le niveau d'adoption du BIM de différents pays sont maintenant courantes, mais la France y est peu représentée car elle ne fait pas partie des leaders dans ce domaine.

---

[1] Corresponding author: elodie.h@crai.archi.fr

Ces dernières années ont été marquées par une accélération de l'adoption et de la diffusion du BIM. Ces phénomènes sont souvent abordés via des approches quantitatives, alors que les approches qualitatives, portent un fort potentiel (Miettinen et Paavola, 2014).

Des témoignages d'architectes ont montré une adaptation des modes d'exercice (évolution des compétences, profils professionnels et organisations) lors de la large informatisation de la profession d'architectes dans les années 1990-2000 (Tapie, 2000).

Sylvain Maresca, sociologue, a étudié l'évolution des pratiques et l'impact du numérique sur la profession de photographe (Maresca et Sagot-Duvauroux, 2011). Son travail met en évidence des difficultés similaires chez les photographes à celles constatées chez les architectes aujourd'hui avec la diffusion du BIM. Avec un recul temporel plus important sur la photographie numérique que sur la maquette numérique, ses travaux ont mis en évidence une profonde transformation de la profession de photographe. Les architectes pourraient connaître une évolution similaire de leurs profession et cadre de travail. L'étude de l'évolution des pratiques chez les architectes est rare, mais nécessaire, et de nombreuses recherches restent à mener sur le sujet pour comprendre cette transition et l'accompagner au mieux.

Cet article propose, au travers d'une étude bibliographique, d'identifier les mécanismes à l'œuvre lors de l'adoption d'une innovation, et en particulier du BIM. Après avoir clarifié l'usage des termes *diffusion*, *adoption* et *implémentation* associés à celui de BIM, nous proposons une synthèse des facteurs qui influencent la décision d'adopter cette technologie. Pour étudier spécifiquement le cas de la France, nous proposons ensuite une synthèse des publications françaises qui ont pour vocation de faciliter l'adoption du BIM. Nous restituons également une partie des entretiens que nous avons menés, qui ont révélé les stratégies d'évitement du BIM mises en œuvre par les architectes.

2. Diffusion, implémentation, adoption, une confusion

Différents mots et un vocabulaire particulier sont employés dans la littérature pour qualifier le passage au BIM, ce qui peut entraîner une confusion terminologique. Les termes *diffusion*, *adoption* et *implémentation*, utilisés pour décrire l'intégration d'une innovation dans un système social, sont également associés au BIM qui est considéré comme une innovation dans le secteur de la construction (Succar et Kassem, 2015). Nous proposons une définition de ces trois termes afin de délimiter le cadre de notre étude.

2.1 Diffusion du BIM

La diffusion est le processus par lequel une innovation est communiquée aux membres d'un système social au travers de certains canaux pour arriver à une compréhension commune de celle-ci (Rogers, 2003). Cela correspond à la propagation de cette innovation. C'est, d'une part, l'augmentation du nombre d'entreprises qui l'exploitent (diffusion interentreprises) et d'autre part l'intensification de l'exploitation de l'innovation au sein d'une entreprise (diffusion intraentreprise, Stoneman et Diederen, 1994).

2.2 Implémentation du BIM

L'implémentation du BIM ou *BIM implementation* est l'ensemble des activités qui consistent à déployer le BIM en améliorant les livrables (produits) et le déroulement du travail (processus) (Kassem et Succar, 2017). Elle succède à la décision d'adoption (Klein et Joann, 1996). L'implémentation est un processus complexe pour une entreprise.

2.3 Adoption du BIM

Le terme *adoption* fait référence à différents concepts dans la littérature. Il correspond, en fonction des auteurs :

- À une *décision*, prise généralement par la direction d'une entreprise, indiquant que les employés devront utiliser cette innovation pour leur travail (Klein et Joann, 1996 ; Ahmed *et al.*, 2017).
- Au *processus* qui consiste à intégrer une innovation (Rogers, 2003), qui est une combinaison entre les concepts d'implémentation et de diffusion (Succar et Kassem, 2015).
- Au *moment* où, après une période de préparation, la technologie a été implémentée avec succès (Point d'Adoption ou PoA) (Succar et Kassem, 2015).

La capacité d'une entreprise à mettre en œuvre un processus BIM est appelée *maturité*, mesurée en trois niveaux (Boton et Kubicki, 2014) : 1) Modélisation orientée-objet ; 2) Collaboration orientée modèle ; 3) Intégration orientée-réseau. Dans le modèle de (Succar et Kassem, 2015), il existe trois points d'adoption (PoA) pour chacun de ces niveaux de maturité.

Afin d'éviter toute confusion, nous différencierons la *décision d'adopter* le BIM (moment où la décision est prise par la direction de l'entreprise), l'*adoption* (processus qui intègre toutes les étapes par lesquelles une entreprise passe pour intégrer une technologie dans sa pratique), et la *confirmation de l'adoption* (qui correspond à la stabilisation de l'utilisation de la technologie dans l'entreprise ; à l'issue de cette étape, la technologie est maîtrisée et stabilisée au sein de l'entreprise).

Par ailleurs, dans cet article, il est question en particulier de la *décision d'adopter* le BIM chez les architectes et des facteurs qui interviennent dans cette décision.

3. La décision d'adopter une technologie

Une revue bibliographique des modèles comportementalistes et de la littérature spécifique au BIM nous permet d'identifier des facteurs qui jouent un rôle dans la décision d'adopter le BIM (outils, processus et organisation du travail).

3.1 Modèles comportementalistes

Les modèles dits comportementalistes identifient les facteurs qui influencent l'adoption d'une technologie. Les plus connus sont la *Technology Acceptance Model, Unified Theory of Acceptance and Use of Technology, Technology Task Fit* (Tétard et Collan, 2009). Nous exploitons ces modèles pour identifier les facteurs qui interviennent dans la décision d'adopter le BIM dans une agence d'architecture (facteurs d'influence).

La *Lazy user theory* (Tétard et Collan, 2009) décrit la manière dont un utilisateur choisit de manière rationnelle une solution parmi d'autres pour répondre à ses besoins. Selon cette théorie, il sélectionne la solution qui lui semble être la plus utile, et qui lui demande le moins d'effort à l'utilisation, d'où son nom : la *théorie de l'utilisateur fainéant*.

3.2 Processus de décision lié à l'adoption du BIM

Faire évoluer ses pratiques de travail demande un effort important, et n'est donc envisagé que si la nécessité de ce changement est perçue.

Lors de la phase de réflexion (figure 1), le décideur évalue :

- L'*effort* à fournir (temps, argent, énergie) pour implémenter[2] une innovation.
- L'*utilité* de l'innovation au vu de son activité et de ses besoins[3].

L'option qui demande le minimum d'effort à l'implémentation et qui a une utilité maximale sera préférée. Mais le décideur évalue ces deux points *a priori* et sa décision est influencée par les facteurs suivants (figure 1) :

A. Le *décideur* (expérience, âge, personnalité, etc.),

B. Les *solutions* elles-mêmes (technologie, processus),

C. Le contexte de l'entreprise :

- Le *contexte interne* de celle-ci (C_i) : taille de l'entreprise, types de projets réalisés, stratégie de l'entreprise, etc. qui définissent les besoins de celle-ci. Ce contexte reste à définir plus précisément dans le cas spécifique d'une agence d'architecture ;
- Le *contexte externe* de l'entreprise (C_e) : structuration du secteur, concurrence, réglementation, etc.

D. La *communication* liée à cette solution (documentation, communication commerciale, résultat de la diffusion).

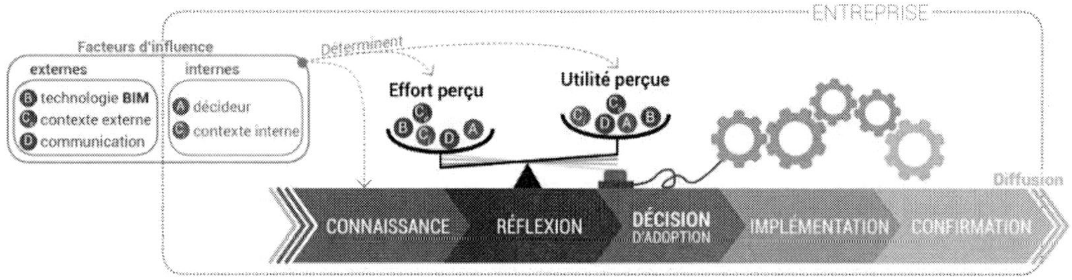

Figure 1. Processus de décision lié à l'adoption du BIM d'après (Rogers, 2003 ; Hochscheid *et al.*, 2016)

3.3 Facteurs d'influence identifiés pour l'adoption du BIM

Une courte revue bibliographique des travaux relatifs à l'adoption du BIM (tableau 1) a permis de relever les facteurs d'influence suivants :

- *Culturels* : attachement aux méthodes traditionnelles.
- *Économiques et financiers* : coût du matériel et des logiciels, temps nécessaires aux formations.
- *Légaux et institutionnels* : manque de clarté quant à la définition des rôles, contrats et assurances. Manque de standards nationaux, de guides et documentation disponibles.
- *Techniques* : problèmes d'interopérabilité et de non-maturité des technologies.
- *Structure du secteur et des entreprises* : difficultés liées à la nature inter-organisationnelle des projets, (projets par équipe) ; dont la composition est susceptible d'évoluer d'un projet à l'autre. Secteur composé principalement de petites entreprises.

[2] La *lazy user theory* considère l'effort à fournir pour utiliser une technologie. Mais si une solution est déjà en place pour un usage similaire, les habitudes liées à celle-ci rendront l'intégration d'une nouvelle solution plus difficile. Ce phénomène s'appelle la dépendance au sentier (Vergne et Durand, 2010). C'est pourquoi notre modèle (figure 1) considère l'effort à fournir pour implémenter un processus ou une technologie.

[3] Dans le modèle de (Lewin, 1947), l'effort perçu correspond à une force restrictive au changement et l'utilité perçue à une force propulsive.

- *Managériaux et d'organisation du travail* : fragmentation des tâches et processus de travail et d'échanges de données peu efficaces.
- *Formation* : difficultés à se former, offres de formations non adaptées (formation continue) et difficulté à trouver des professionnels qualifiés (formation initiale).

Tableau 1. Facteurs d'influence sur l'adoption du BIM dans la littérature.

Catégorie / Facteurs d'influence / Référence	Ce	Ci	Ce	B	Ce	Ci	Ce
	culturels	économiques	légaux et institutionnels	techniques	structuration du secteur	managériaux organisation du travail	formation
(Ghassemi et Becerik-Gerber, 2011)	•	•	•	•			
(Harty, 2005)					•		
(Lindgren et Widen, 2016)	•			•	•		
(Bonanomi *et al.*, 2016)	•	•	•	•	•	•	
(Gu et London, 2010)				•		•	•

La plupart des facteurs étudiés dans la littérature sont donc d'ordre contextuel (C_e surtout) ou technique (tableau 1). Les références à l'impact de la communication, du profil des dirigeants, ou du contexte interne de l'entreprise sont rares.

Développer les études sur la *communication faite sur le BIM*, la *structure interne des agences d'architecture* et le *profil des dirigeants* est une piste pour mieux comprendre et expliquer la position de la France sur la scène internationale concernant le BIM. Nous examinons dans la partie 4 du présent article les aspects communication du BIM, et dans les parties 5 et 6 des éléments reliés relatifs au profil des dirigeants et de leur agence.

4. La communication sur le BIM en France

Dans cette partie, nous exploitons une classification créée et utilisée par (Kassem *et al.*, 2015) pour comparer la maturité BIM de différents pays.

4.1 Les « publications notoires »

Les *publications notoires* sur le BIM sont des documents accessibles au public créés par des entités académiques, gouvernementales ou industrielles, dans le but d'améliorer la compréhension du BIM et d'en faciliter l'implémentation. (Kassem *et al.*, 2015) ont relevé les publications notoires pour huit pays dont la France ne fait pas partie.

Voici les trois catégories de publications utilisées (figure 2) :

- *Guides* : documents *descriptifs* et *optionnels*. Ils fournissent des informations simplifiées sur des sujets complexes.
- *Protocoles* : documents *prescriptifs* et *optionnels*. Ils fournissent des étapes détaillées ou des conditions pour atteindre des objectifs.
- *Réglementation* : documents *prescriptifs* et *imposés* par une autorité. Ils décrivent les livrables et la manière dont ils peuvent être délivrés.

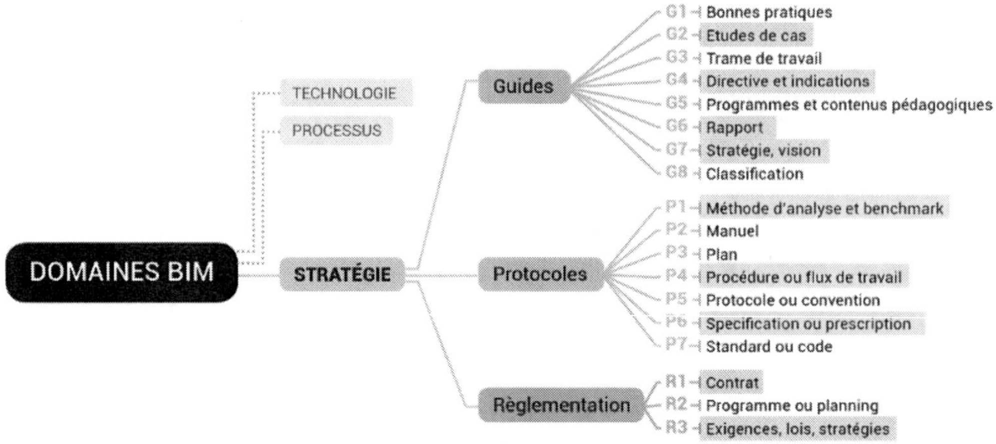

Figure 2. Catégories de publications notoires (traduit d'après (Kassem *et al.*, 2015)). Les sous-catégories surlignées (G2, G4, G6, G7, P1, P4, P6, R1 et R3) sont celles sur la base desquelles le comparatif entre pays a été réalisé dans l'étude de (Kassem *et al.*, 2015).

4.2 Publications notoires en France

Le tableau 2 présente une liste de publications disponibles en France, sur la base de la classification présentée (figure 2). L'utilisation de cette classification permet d'avoir des points de comparaison avec d'autres pays.

Tableau 2. Publications notoires en France

Catégorie	Nom	Réf.	N°
Guides	Guide méthodologique	(Mediaconstruct, 2016)	G4
	Baromètre : Le BIM dans le secteur du BTP	(Batiactu, 2017)	G6
	« Rapport Delcambre »	(Delcambre, 2014)	G6
Protocoles	BIMetric : méthode d'analyse d'opérations BIM[4]	(Deboissieu *et al.*, 2016)	P1
	Niveaux de développement (ND, équivalent LOD)	(Syntec Ingénierie, 2014)	P4
Réglementation	Décret permettant à la maîtrise d'ouvrage publique de demander une maquette numérique sous certaines conditions[5]	(Décret, 2016) (Bellenger *et al.*, 2016)	R3

La France dispose de peu de publications par rapport à certains pays cités par (Kassem *et al.*, 2015) (6 publications pour la France en 2018 ; en 2015 : 44 pour les États unis, 17 pour le Royaume-Uni, 14 pour l'Australie). Les publications en France sont toutes relativement récentes : 4 publications sur 6 ont moins de deux ans, et la plus ancienne date de 2014. À titre comparatif, les premières publications référencées par (Kassem *et al.*,

[4] BIMetric ne répond pas entièrement à la définition de Kassem car le projet a été développé avec le LIST, laboratoire de recherche luxembourgeois (les publications partagées par deux pays sont normalement exclues de la classification de Kassem).

[5] La législation française a évolué à la suite de la directive européenne du 26 février 2014 qui autorise les États membres de l'Union européenne à rendre le livrable maquette numérique obligatoire pour les marchés publics.

2015) datent de 2009 pour l'Australie, 2007 pour la Finlande et la Norvège, et 2005 pour les États-Unis.

En France, plusieurs acteurs de la filière construction sont à l'origine d'initiatives (qui ont produit la plupart des publications présentées en tableau 2). Elles donnent progressivement un cadre aux pratiques BIM en France. Parmi les principales, qui sont référencées dans (Bellenger *et al.*, 2016), on retrouve : la mission Numérique-Bâtiment, le plan Bâtiment durable, le plan Urbanisme Construction et Architecture (PUCA), Mediaconstruct et Syntec-Ingénierie.

Référencer les publications notoires (production concrète) plutôt que les initiatives (comme cela est souvent le cas), permet d'apporter un regard très concret et pragmatique sur la situation en France. Cela permet également de comparer cette situation à celle d'autres pays, grâce à la présence de l'étude de Kassem sur les publications notoires.

5. Les stratégies d'évitement du BIM

Nous avons réalisé des entretiens d'environ une heure avec 11 architectes, dirigeants et dirigeantes d'agence, afin de mieux appréhender la diversité des pratiques et des agences notamment liées aux outils, et à la manière dont ils envisagent ou non d'en changer.

Les agences représentées sont diverses, à la fois en termes de taille d'entreprise (de 1 à 50 personnes), de types de marchés (marchés publics, privés), de taille de projets (de quelques mètres carrés à des dizaines de milliers de mètres carrés), d'outil de production et de processus de travail[6]. Parmi ces agences, 3 travaillent au moins en niveau de maturité 1 sur tous leurs projets, 4 ont plusieurs logiciels et méthodes qui cohabitent dans l'agence, 4 travaillent en 2D uniquement. Lors de ces entretiens semi-directifs, la plupart des architectes ont évoqué leur crainte de l'arrivée d'une réglementation plus stricte concernant le BIM, et, pour certains, les stratégies qu'ils mettent/mettront en œuvre pour éviter d'adopter le BIM (tableau 3). La restitution de ces dernières permet, en partie, d'expliquer la lenteur de l'adoption du BIM en France.

Tableau 3. Stratégies d'évitement du BIM rencontrées chez les architectes

Reporter	Reporter l'adoption à plus tard
Abdiquer	Reconsidérer à la baisse le type de marchés auxquels l'entreprise peut répondre ou se résigner à arrêter/réduire son activité (fermeture de l'entreprise, changement d'activité, retraite anticipée)
Déléguer	Prendre de la distance avec la production, déléguer les tâches (parfois en sous-traitant certaines missions à une entité extérieure)
Minimiser	Faire le strict minimum par obligation, sans envisager un effet bénéfique pour l'entreprise
Renoncer	Revenir aux pratiques précédentes
Bloquer	Faire obstruction aux initiatives internes à l'entreprise par conviction

Ces stratégies révèlent soit l'importance des difficultés à implémenter le BIM soit la conviction des architectes qui se refusent à l'utiliser. Dans le premier cas, l'adoption du BIM est souhaitée, mais l'effort à fournir pour l'implémenter est perçu comme étant trop important ; dans le second, elle est fortement rejetée, car l'outil est considéré inadapté à la pratique de l'architecture et donc inutile voir nuisible (figure 1).

[6] Les agences ne sont pas décrites séparément pour deux raisons : 1- garantir l'anonymat de nos données, et 2- le panel interrogé (onze architectes) est insuffisant pour établir un lien entre certaines caractéristiques d'une agence (taille, projets, etc.) avec la stratégie d'évitement mise en œuvre.

6. Discussion

Nous pouvons formuler quelques hypothèses pour expliquer le retard constaté de la France sur la question du BIM, sur la base des facteurs relevés dans cet article ainsi que des témoignages recueillis durant les entretiens.

La lente diffusion du BIM en France peut être notamment expliquée par des facteurs culturels. Depuis le milieu du XIXe siècle, un fossé se creuse progressivement entre l'architecture et la construction (Marrey, 2013). La « culture beaux-arts » est fortement ancrée dans la formation initiale des écoles d'architecture. Or une technologie comme le BIM a une visée très opérationnelle et technique. La maquette numérique (MN), si elle a vocation à être utilisée par plusieurs acteurs de la construction au cours de son cycle de vie (architectes, ingénieurs, gestionnaires, etc.), est généralement commencée par l'architecte. Il est le premier maillon de la chaîne d'échanges et de l'enrichissement progressif du modèle d'information qu'est la MN, alors même que l'intérêt et la finalité de cette chaîne ont été de moins en moins ancrés dans sa culture et dans ses pratiques. Il semble qu'un nombre grandissant d'architectes ne réalisent plus eux-mêmes les missions de planification et de suivi de chantier, pour des raisons principalement économiques (évoquées souvent lors des entretiens). La culture constructive a cependant aujourd'hui tendance à être réhabilitée dans la pratique de l'architecture, notamment par l'intégration grandissante de contraintes environnementales dans les premières phases de conception (Prost et Chaslin, 2014).

Guy Tapie (2000), sociologue, note que les jeunes architectes étaient de véritables moteurs de diffusion de la DAO aux débuts de l'informatisation des agences. Les entretiens que nous avons menés ont été l'occasion de relever l'introduction « sauvage » du BIM au sein des agences par des jeunes architectes, pour des raisons de productivité et d'usage. Dans ce cas, des versions non officielles des logiciels sont utilisées. Ces écarts sont tolérés par la direction un temps à condition que l'entreprise ne soit pas engagée économiquement. Le tout est ensuite progressivement institutionnalisé et généralisé au sein de l'entreprise qui réalise alors formation et achat de logiciel. Cette pratique semble répandue.

Nous avons également rencontré des architectes qui ne souhaitent pas intégrer le BIM dans leur agence, car il est pour eux inadapté à leur pratique. Certains dirigeants s'opposent véhémentement au recours à la 3D et au BIM. Ils évoquent une dégradation possible de qualité graphique et perte de maîtrise de l'agence sur le projet. Certains ont confié craindre ne plus maîtriser eux-mêmes le projet : ayant pris progressivement de la distance avec la production, l'agence fonctionne toujours sur des outils et processus qu'ils ont utilisés et maîtrisent. Cela leur rend possible la manipulation ponctuelle des fichiers ; le changement d'outil/de processus pourrait limiter leur implication dans les projets.

La communication réalisée autour du BIM (facteur D, figure 1) semble jouer un rôle très important dans la perception par les architectes de cette innovation. Les communications commerciales notamment sont souvent très complètes, ce qui semble provoquer un recul chez certains architectes que nous avons interrogés (perception de complexité d'implémentation ou d'inutilité au vu de la pratique quotidienne des petites agences, majoritaires en France (CNOA, 2016)). Pour les architectes enseignants interrogés qui n'utilisent pas le BIM dans leur agence, les étudiants constituent un important canal de communication. Or les travaux réalisés par les étudiants, en phase d'apprentissage sur les logiciels, ne respectent pas les exigences graphiques des enseignants en raison de leur non-maîtrise de ces outils. Cela donne aux enseignants l'image d'un outil non maîtrisable et trop complexe.

Une étude statistique permettrait de tester ces hypothèses apportées par les entretiens et de prendre la mesure du nombre et type d'agences concernées par les stratégies d'évitement du BIM (tableau 3).

7. Conclusion

L'adoption du BIM est un phénomène souvent étudié uniquement par le biais de méthodes quantitatives (qui ont vocation à mesurer), qui n'apportent pas nécessairement des éléments de compréhension ou de réflexion. Nous avons proposé une revue bibliographique qui a permis d'élaborer une liste de facteurs qui jouent un rôle dans la décision d'adopter (ou d'éviter d'adopter) le BIM. Ils peuvent être culturels, économiques, légaux et institutionnels, techniques, liés à la structure du secteur de la construction, à l'organisation du travail dans les entreprises, et même à la disponibilité/variété des formations. La décision d'intégrer un nouvel outil dans les pratiques de l'entreprise revient aux dirigeants et dirigeantes. Leur profil, ainsi que la quantité, qualité, et véracité des informations qui leur parviennent jouent donc aussi un rôle dans cette décision. On note également que les habitudes de travail établies dans l'entreprise forment une inertie qui rend difficile la transition (dépendance au sentier).

En France, les publications notoires qui participent à la diffusion du BIM sont peu nombreuses et toutes relativement récentes par rapport à celles d'autres pays. La France figure par ailleurs rarement dans les études comparatives de l'adoption du BIM entre pays. Elle n'est donc pas considérée comme un pays à la pointe dans ce domaine.

Compte tenu des stratégies mises en œuvre dans les agences pour éviter son adoption, la rigidification de la réglementation concernant le BIM pourrait impacter fortement la profession d'architecte et la structure des agences. Les agences d'architecture pourraient connaître une évolution similaire à celle qu'ont connue les agences de photographie lors de la diffusion de la photographie et des appareils photo numériques : réduction drastique du nombre de petites agences (augmentation des effectifs par ailleurs), départs à la retraite anticipés, spécialisation accrue des agences et architectes, diversification des activités de la profession. Ces phénomènes restent à étudier et un travail important sur la facilitation de l'implémentation du BIM dans les agences reste à faire.

Bibliographie

Ahmed, A., Paul Kawalek, J. et Kassem, M. (2017). A Conceptual Model for Investigating BIM Adoption by Organisations. In : *LC3* [en ligne]. 4 juillet 2017.

Batiactu. Baromètre (2017). *Le BIM dans le secteur du BTP.*

Bellenger, A-M., Blandin, A. et Celnik, O. (2016). *Le BIM sous l'angle du droit: pratiques contractuelles et responsabilités.* Paris ; Marne-la-Vallée : Eyrolles ; CSTB éditions. ISBN 978-2-212-14381-2.

Bonanomi, M., Paganin, G., et Talamo, C. (2016). BIM implementation in design firms. Risk-reponse strategies to support change management. In: *41st IAHS WORLD CONGRESS. Sustainability and Innovation for the Future.* p. 1-9.

Boton, C. et Kubicki, S. (2014). Maturité des pratiques BIM : Dimensions de modélisation, pratiques collaboratives et technologies. In : *SCAN'14, 6ème Séminaire de Conception Architecturale Numérique.* pp. 45-56.

CNOA Conseil national de l'ordre des architectes (2016). *Archigraphie - chiffres et cartes de la profession d'architecte* [en ligne]. Observatoire de la profession d'architecte. Disponible à l'adresse : https://www.architectes.org/sites/default/files/atoms/files/archigraphie-coul-2016-web_0.pdf

Deboissieu, A., Marques, S., Guerriero, A., Ferries, B., Kubicki, S. (2016). Maturité et mesure du Retour Sur Investissement d'opérations BIM. BIMetric, une méthode d'évaluation In : *SCAN'16, 7ème Séminaire de Conception Architecturale Numérique.*

Décret n° 2016-360 du 25 mars 2016 relatif aux marchés publics.

Delcambre, B. (2014). *Rapport Mission Numérique Bâtiment.*

Ghassemi, R. et Becerik-Gerber, B. (2011). Transitioning to Integrated Project Delivery: Potential barriers and lessons learned. *Lean construction journal.*

Gu, N. et London, K. (2010). Understanding and facilitating BIM adoption in the AEC industry. *Automation in construction*. Vol. 19, n° 8, pp. 988-999.

Harty, C. (2005). Innovation in construction: a sociology of technology approach. *Building Research & Information*. Vol. 33, n° 6, pp. 512-522.

Hochscheid, E., Ribereau-Gayon, M., Halin, G., Hanser, D. (2016). Intégration de pratiques BIM en agence : Bilan d'une expérience de coopération numérique entre une entreprise et des architectes. In : *SCAN'16, 7ème Séminaire de Conception Architecturale Numérique*.

Kassem, M., Succar, B., Dawood, N. (2015). *Building information modeling: analyzing noteworthy publications of eight countries using a knowledge content taxonomy. American Society of Civil Engineers*. [Consulté le 24 août 2017]. Disponible à l'adresse : http://tees.openrepository.com/tees/handle/10149/593102

Kassem, M. et Succar, B. (2017). Macro BIM adoption: Comparative market analysis. *Automation in Construction*.

Klein, K. J. et S., Joann S. (1996). The challenge of innovation implementation. *Academy of management review*. Vol. 21, n° 4, pp. 1055-1080.

Lewin, K. (1947). Frontiers in group dynamics: Concept, method and reality in social science; social equilibria and social change. *Human relations*. 1947. Vol. 1, n° 1, pp. 5-41.

Lindgren, J. et Widen, K. (2016). Diffusing BIM–knowledge integration mechanisms and their effects. In : *CIB World Building Congress 2016*. pp. 832-843.

Maresca, S. et Sagot-Duvauroux, D. (2011). Photographie (s) et numérique (s). Du singulier au pluriel. *La vie sociale des images : carnet de recherche de Sylvain Maresca* [en ligne]. 5 juin 2011. Disponible à l'adresse : http://viesociale.hypotheses.org/2791

Marrey, B. (2013). *Architecte : du maître de l'œuvre au disagneur.* Paris : Édition du Linteau. ISBN 978-2-910342-89-0.

Mediaconstruct. (2016). *Guide méthodologique pour des conventions de projets en BIM.*

Miettinen, R. et Paavola, S. (2014). Beyond the BIM utopia: Approaches to the development and implementation of building information modeling. *Automation in construction*, Vol. 43, p. 84-91.

Prost, R. et Chaslin, F. (2014). *Pratiques de projet en architecture : le tournant silencieux : essai.* Gollion : Infolio. ISBN 978-2-88474-723-3.

Rogers, E. (2003). *Diffusion of innovations.* Simon and Schuster. (5ème édition, la première date de 1962.).

Stoneman, P. et Diederen, P. (1994). Technology diffusion and public policy. *The Economic Journal*. Vol. 104, n° 425, pp. 918-930.

Succar, B. et Kassem, M. (2015). Macro-BIM adoption: Conceptual structures. *Automation in Construction*. Vol. 57, pp. 64-79.

Syntec Ingenierie. (2014). BIM/Maquette numérique : contenu et niveaux de développement. *Cahiers pratiques LE MONITEUR*. N° 5763.

Tapie, G. (2000). *Les architectes : mutations d'une profession*. Paris, France : Harmattan. Logiques sociales. ISBN 978-2-7384-8803-9. NA1995 .T36 2000.

Tétard, F. et Collan, M. (2009). Lazy user theory: A dynamic model to understand user selection of products and services. In : *System Sciences, 2009. HICSS'09. 42nd Hawaii International Conference on*. IEEE, pp. 1-9.

Vergne, J-P. et Durand, R. (2010). The missing link between the theory and empirics of path dependence: conceptual clarification, testability issue, and methodological implications. *Journal of Management Studies*. Vol. 47, n° 4, pp. 736-759.

L'immersion pour l'appréhension des outils de modélisation paramétrique en conception architecturale

Adeline Stals[1,*], *Catherine* Elsen[2], et *Sylvie* Jancart[1]

[1]LNA, Faculté d'Architecture de l'Université Liège, Belgique

[2]LUCID, Faculté des Sciences Appliquées de l'Université Liège, Belgique

Résumé. L'évolution des besoins des architectes en matière d'outils de conception les a poussés à adopter et adapter des outils d'abord dédiés à d'autres secteurs. Certains de ces outils dits paramétriques sont davantage utilisés dans les grands bureaux d'architecture que dans les petites agences, qui représentent pourtant la majorité des acteurs de la conception architecturale (Stals *et al.*, 2017). Le papier se concentre dès lors sur l'analyse du ressenti d'architectes intégrés à ces plus petites structures et participant à une journée de formation. Leur appréhension des outils de modélisation paramétrique est évaluée comparativement en début et en fin de formation selon trois attributs émergeant tant de la littérature que de leurs propres réponses. L'article développe donc les résultats selon trois attributs : créativité, aspects techniques, fonctionnalités. La pertinence de l'usage de tels outils dans de petites structures est également discutée.

Mots-clés. Outil de conception, Modélisation paramétrique, PME.

Abstract. The changing needs of architects for design tools have led them to adopt and adapt tools that are initially dedicated to other sectors. Some of these so-called parametric tools are more used in large architectural offices than in small agencies, which represent the majority of architectural design actors (Stals et al., 2017). This article therefore focuses on analyzing the experiences of architects integrated into these smaller structures and participating in a training day. Their apprehension of parametric modeling tools is evaluated comparatively at the beginning and at the end of training according to three attributes emerging from both the literature and their own responses. The article therefore develops the results according to three attributes: creativity, technical aspects, and functionalities. The relevance of using such tools in small structures is also discussed.

Keywords. Design tools, Parametric modeling, SME

[*] Corresponding author: adeline.stals@uliege.be

1. Introduction

Depuis toujours, les architectes s'interrogent quant à l'usage des outils numériques de conception, principalement en ce qui concerne leur pertinence et leur impact à différents stades du processus de conception. Les outils numériques en conception architecturale ne cessent d'évoluer, et s'avèrent le plus souvent d'efficaces soutiens aux tâches quotidiennes de l'architecte praticien. Cependant, plusieurs difficultés associées à la nouvelle génération d'outils subsistent et résultent essentiellement de la complexité globale de ces logiciels : leur maîtrise minimale est difficile à acquérir, leur logique sous-jacente est largement incomprise, leurs interfaces sont peu attractives. Les outils de modélisation paramétrique en conception architecturale, en particulier, ont d'abord été développés dans d'autres secteurs avant d'être approchés et modifiés pour être adaptés aux besoins des architectes. Les « architectes stars » ont pu s'équiper très tôt de ces outils numériques spécifiques pour surmonter certaines lacunes technologiques (Shelden, 2002). Cependant certaines recherches poussent à constater que l'adoption de ces logiciels par les bureaux d'architecture de plus petite échelle (Petites et Moyennes Entreprises, ou « PME ») reste nettement en deçà (Stals *et al.*, 2017). Comment les architectes au sein de ces structures perçoivent-ils l'usage de ces outils ? Quelle compréhension ont-ils de la modélisation paramétrique ? L'appréhension des outils de modélisation paramétrique pourrait-elle expliquer leur faible taux d'appropriation sur le terrain ?

Ces diverses questions trouvent réponse au travers de l'analyse des résultats de deux formations d'une journée dispensées dans le cadre d'une formation continue sur le processus BIM (pour *Building Information Modeling*).

2. La modélisation, la conception et les outils paramétriques en conception architecturale

2.1 Distinction de deux pratiques architecturales

Les récents développements informatiques ont nourri l'émergence de deux logiques de modélisation, ayant toutes deux acquis de la reconnaissance mais induisant parfois aussi certaines formes de confusion (figure 1) entre ces deux pratiques architecturales : la modélisation paramétrique (2) d'une part, et le BIM (*Building Information Modeling*) (3) d'autre part. Ces deux termes, couramment utilisés, se recoupent et sont parfois employés à mauvais escient. En effet, ces deux logiques de modélisation partagent l'objectif de l'intégration de données diverses dans le projet architectural. Alors que la modélisation paramétrique peut intégrer directement les données dans un processus de morphogénèse également appelé le *design computationnel*, l'intégration des données dans le processus BIM rime avec adjonction d'une couche supplémentaire d'information au modèle géométrique, cantonnant les données à des éléments statiques complémentaires.

Les logiciels permettant de supporter un processus BIM sont, en réalité, en partie des logiciels de modélisation paramétrique (1). Dès lors, pour différencier ces deux logiques de modélisation nous nous référons aux écrits de Janssen et ses collègues. Ils reprennent ces deux types de modélisation paramétrique selon les capacités techniques des outils sous les termes de « modélisation procédurale et de flux de données » (4), utilisés dans les logiciels de *design* computationnel tels que *Autodesk Dynamo©, Mc Neel Grasshopper©* ou *Bentley GenerativeComponents©*, qu'ils discutent selon le type d'itération que les logiciels peuvent supporter (Janssen, 2015 ; Janssen et Stouffs, 2015), en contraste avec la « modélisation associative » (5), utilisée dans les systèmes BIM tels que *Autodesk Revit©, Graphisoft ArchiCAD©*.

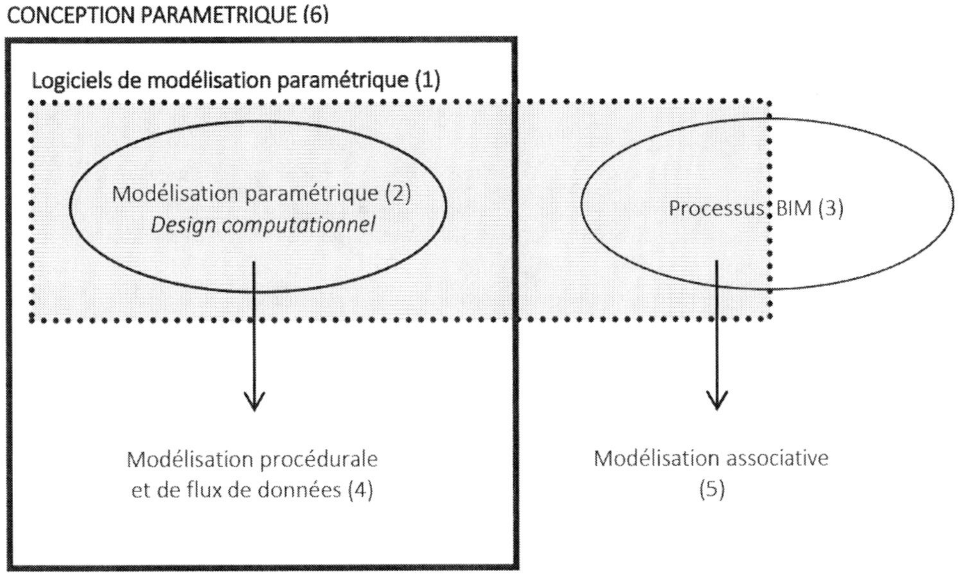

Figure 1. Schématisation reprenant les différents termes employés autour de deux logiques de modélisation.

De la sorte, nous parlons de manière distincte dans cet article d'une part des logiciels dits « BIM » et, d'autre part, des logiciels de *design* computationnel, associés ici au terme « d'outils de modélisation paramétrique », plus familier aux architectes débutants dans le domaine et sur lesquels nous nous penchons dans cet article.

Les termes étant précisés, nous pouvons alors définir la conception paramétrique (6). Il est important de remonter aux recherches formelles menées par Antonio Gaudi, notamment pour la génération des voûtes à courbure funiculaire de la *Sagrada Familia*. La conception paramétrique fut jadis analogique et ses recherches peuvent être effectivement considérées comme faisant partie des toutes premières réflexions qui mènent à la conception paramétrique actuelle entendue dans sa version numérique. Dès lors, nous pouvons définir la conception paramétrique comme une méthodologie de conception qui permet, entre autres, de générer des formes à partir de l'exploitation et la manipulation d'une grande quantité de données de type environnemental, acoustique, structurel, social ou encore urbain repris comme « paramètres ». Dans le processus de conception paramétrique, une fois les règles implémentées, un nombre illimité d'alternatives de conception peuvent être générées en parallèle (Woodbury et Burrow, 2006). Ce processus de conception est caractérisé par trois principes définis par Woodbury (2010) :

- Les concepteurs conçoivent des règles et définissent leurs relations logiques dans la création de modèles de visualisation 3D ;
- Les concepteurs peuvent modifier leur modèle à tout moment,
- Des alternatives de conception peuvent être développées en parallèle à n'importe quelle étape du processus.

Par ailleurs, la « modélisation paramétrique » sous-jacente à la conception paramétrique doit être définie en regard de la modélisation algorithmique (figure 2). Ces deux types de modélisation se distinguent principalement au niveau des types de modeleurs utilisés. Dans le cadre des logiciels de modélisation paramétrique (7), tels que *Rhinoceros©* ou *Digital Project©*, l'utilisateur est amené à lier des paramètres et des dimensions à des contraintes géométriques préprogrammées. Par exemple, pour créer un cercle dans *Rhinoceros©*, l'utilisateur utilise la fonction préprogrammée « cercle » et il lui fournit des paramètres (dont la position du centre et le rayon). Par contre, dans les logiciels de modélisation algorithmique (8), tels que *GenerativeComponents©* ou *Grasshopper©*, l'utilisateur est amené à utiliser un langage de programmation textuel ou visuel semblable à un code de programmation informatique qui lui permet de passer outre les limites de l'interface utilisateur (Leach, 2014). Dans la suite de cet article, bien que l'appellation « paramétrique » soit conservée car usuellement employée dans le vocabulaire architectural, nous nous concentrerons uniquement sur les logiciels de modélisation algorithmique et plus précisément sur ceux possédant une interface de programmation visuelle. En effet, ce mode de fonctionnement semble adapté et adopté par les architectes propulsant *Grasshopper©* au rang de logiciel paramétrique le plus utilisé en général (Cichocka *et al.*, 2017) mais également en Belgique (Stals *et al.*, 2017).

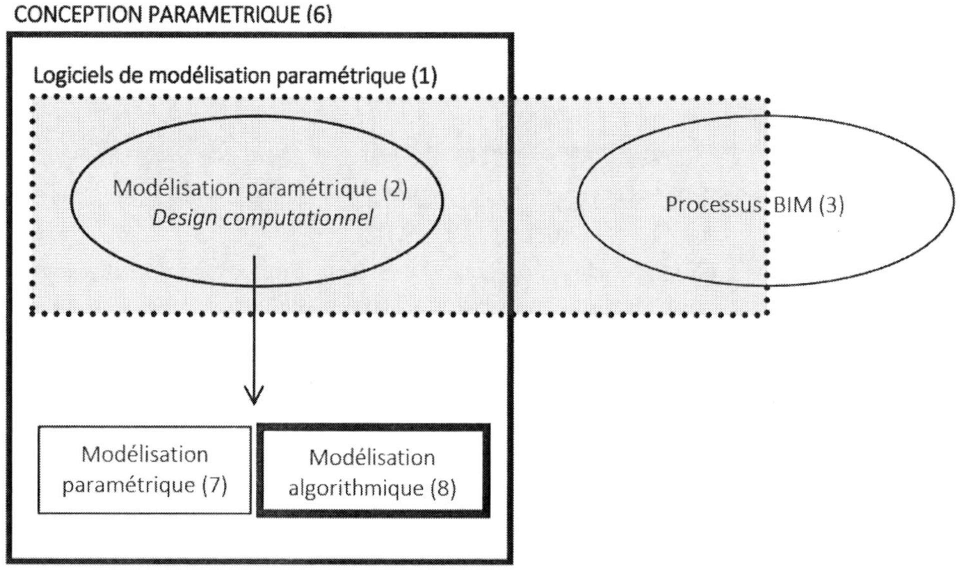

Figure 2. Schématisation reprenant les différents termes employés autour de deux logiques de modélisation.

2.2 Attributs caractérisant les outils paramétriques

Dans la suite de cet article, nous aborderons les outils paramétriques selon trois attributs.

Le premier attribut est défini selon un angle pragmatique et recouvre tous les *aspects techniques*. Plusieurs chercheurs, dont Davis et ses collègues, posent en effet la question de la complexité d'un modèle paramétrique du point de vue de la lisibilité informatique de sa structure, des éléments qui la composent et des relations entre ceux-ci (Davis *et al.*, 2011). Les évocations relatives à ce champ de réflexion décrivant la technicité informatique des logiciels sont résumées par cet attribut.

Nous définissons ensuite un second attribut à la lumière des recherches de Sanguinetti et Abdelmohsen (2007) et le nommons *créativité*, faisant référence à la notion d'exploration formelle. Traditionnellement, le dessin à main levée est associé à la phase de conception conceptuelle tandis que la modélisation paramétrique est considérée comme un outil intervenant plus tardivement lors du développement de la conception détaillée. Or, force est de constater que la modélisation paramétrique est de plus en plus utilisée pour explorer les concepts dès le début de la réflexion (Sanguinetti et Abdelmohsen, 2007). En effet, la modélisation paramétrique permet aux architectes de définir un ensemble de paramètres et de contraintes adaptables structurés en règles, et ainsi de générer, modifier, comparer et évaluer très tôt dans le processus de multiples variantes et modèles d'objets conçus à partir de ces règles, elles-mêmes adaptables. La génération de ces multiples variantes, surtout lorsque ces variantes sont maîtrisées en regard de leurs tenants et aboutissants, enrichit considérablement la démarche formelle et conceptuelle, ouvrant un champ d'exploration potentiellement plus large que celui envisagé par la seule conscience humaine.

Le dernier attribut, intitulé *fonctionnalités*, regroupe tous les ressentis quant à l'appréhension du logiciel. Pour expliciter cette catégorie, nous nous référons aux écrits de Yu, Gero et Gu (2015). Il ressort notamment de leurs études que les outils de conception paramétriques permettent aux architectes la génération et la gestion efficaces de formes complexes, l'intégration de paramètres et données externes à la conception pour aboutir à des solutions plus rationnelles, le développement de modèles alternatifs simultanément ainsi qu'à tout moment du processus de conception.

2.3 Questionnement des pratiques paramétriques dans les PME

Bien que de nombreuses études (de Boissieu, 2013 ; Shelden, 2002) analysent les apports de ces outils dans le processus de conception, leur usage n'est pas généralisé dans tous les types de bureaux. Une étude sur les pratiques numériques des architectes belges révèle notamment que plus de la moitié des architectes interrogés (51,5%) n'ont jamais entendu parler du terme « modélisation paramétrique » et que seuls 14,4% se sentent concernés par l'arrivée de ces outils dans leur profession (Stals *et al.*, 2017). D'autre part, l'étude confirme que plus la taille du bureau est importante, plus le taux d'intérêt pour ces technologies est élevé.

L'intérêt porté, dans la présente recherche, sur les pratiques des petites structures se justifie par ailleurs par le fait que, d'après une étude européenne, le nombre de bureaux de taille moyenne diminue continuellement, au profit de structures encore plus réduites (Architects' Council of Europe, 2015). Lors de cette étude, 74% des bureaux européens comptaient seulement une seule personne. Par ailleurs, une étude réalisée en 2016 (Stals *et al.*, 2017) démontre la pertinence du cas belge puisque 42,7% des répondants à cette enquête travaillent effectivement dans un bureau d'une ou deux personnes et que près de 80% des participants belges travaillent dans une structure accueillant moins de 10 personnes.

La seule étude ayant questionné la façon dont ces plus petites agences traitent de tels outils de conception a été amorcée en Autriche et en Angleterre mais n'a finalement pu être conclue en raison du manque de participation des architectes interrogés (Dokonal et Knight, 2008).

Ces divers résultats confirment la nécessité de se concentrer sur la compréhension et l'appréhension des outils de modélisation paramétrique par des cabinets d'architectes de petite et moyenne taille, peu étudiés par ailleurs alors qu'ils constituent pourtant la plus large proportion d'acteurs impliqués au quotidien dans la pratique professionnelle de la conception architecturale.

3. Méthodologie

La Faculté d'Architecture de l'Université de Liège organise depuis 2017 un certificat d'université en *Building Information Modeling* (BIM) pour petites et moyennes structures. Le but de cette formation continue est de former des « BIM coordinateurs » à se confronter au processus collaboratif BIM et à implémenter le processus dans la structure où ils sont actifs. Les participants sont de différents horizons dans le secteur du bâtiment : architectes, ingénieurs architectes, ingénieurs spécialisés ou corps de métier. Le corpus est enseigné en 10 demi-journées de cours se répartissant en 6 thématiques d'enseignement, l'une d'elles étant nommée « le BIM et l'architecture paramétrique » et étant encadrée par deux des auteurs de cet article. Deux sessions ont eu lieu sous le même format (avril 2017 et octobre 2017). C'est lors de ces séances que nous avons recueilli des données sur l'impact d'une journée de formation à l'usage d'outils de modélisation paramétrique en architecture. Le logiciel enseigné lors de cette immersion est le plug-in *Grasshopper*© associé au logiciel *Rhinoceros*©.

Lors de chaque séance « *le BIM et l'architecture paramétrique* », les participants ont été interrogés sous différentes formes et à deux reprises : une première fois avant d'entamer la journée et ensuite à sa clôture. Toutes les données ont ainsi été récoltées sur place, le jour-même.

Un premier questionnaire reprenait deux questions qui ont permis de catégoriser les participants selon deux critères : usage ou non-usage du paramétrique et « bonne définition », « définition incomplète », « définition incorrecte » du paramétrique, répartissant ainsi les participants selon 6 types de profil (tableau 1).

En fonction du profil, chaque participant s'est vu attribuer un second questionnaire en ligne interrogeant ses acquis et perceptions en matière de modélisation paramétrique, sa pratique actuelle et la pertinence de l'usage de tels outils dans le processus de conception de projets par des petits bureaux d'architecture. Les différents questionnaires, fondamentalement similaires, questionnaient les participants sur les mêmes thématiques mais adaptées à leur niveau de pratique. Un exemple de question est repris ci-dessous accompagné de la question suivante apparaissant automatiquement en fonction de la réponse sélectionnée par le participant. Ces questionnaires interactifs en ligne, devaient être remplis au moment-même. La formation en tant que telle n'a démarré qu'une fois les questionnaires complétés.

Avez-vous déjà essayé d'utiliser des logiciels dits paramétriques ?

- Si c'est le cas: y a-t-il des éléments qui vous ont séduit ? Si oui, lesquels ?

- Si ce n'est pas le cas : y a-t-il des éléments qui vous ont séduit quand vous avez entendu parler de ce type de logiciels ? Si oui, lesquels ?

En fin de journée, les participants ont répondu à un troisième et dernier questionnaire de 6 questions recueillant notamment leur ressenti quant à l'usage du logiciel enseigné, aux connaissances acquises, à la pertinence de l'usage de tels outils dans le processus de conception de projets par des petits bureaux d'architecture. Certaines questions permettent de comparer l'attitude et l'aptitude des participants avant et après cette journée de formation.

4. Description de l'échantillon

L'échantillon analysé dans cet article ne prend en considération que les profils d'architecte ou ingénieurs architecte ayant répondu à la totalité des questionnaires. Certains participants à la formation n'ont donc pas été comptabilisés dans l'analyse.

Lors des deux sessions dispensées, 27 participants se sont inscrits et 16 ont répondu aux critères de sélection énoncés. Ces 16 participants sont répartis selon leur usage ou non-usage d'outils de modélisation paramétrique mais également selon la définition qu'ils ont donnée à l'expression « modélisation paramétrique ».

Une définition a été considérée comme « bonne » lorsque les participants exprimaient nettement le rapport à la gestion de données et à la recherche formelle. Par ailleurs, les définitions ont été catégorisées comme incomplètes lorsque cette distinction était moins claire et pouvait faire référence aux logiciels BIM : « Il s'agit de réaliser une maquette 3D, non pas uniquement par le dessin mais également en paramétrant les propriétés des différents objets ». Les définitions considérées comme incorrectes exprimaient généralement la méconnaissance totale du participant face à ce terme : « J'en ai déjà entendu parler mais je ne sais pas de quoi il s'agit exactement ».

Le tableau 1 reprend la répartition des profils analysés en considérant leur connaissance et usage des outils paramétriques.

Tableau 1. Répartition des profils selon leur usage des outils de modélisation paramétrique et leur connaissance du terme « modélisation paramétrique ».

	Bonne définition	Définition incomplète	Définition incorrecte
Usage	2	1	0
Pas d'usage	2	8	3

Cette répartition nette permet de recueillir et de traiter très spécifiquement la perception de non-utilisateurs à ce type de logiciels.

5. Résultats

Nous allons à présent analyser comment les trois attributs sont perçus en début et en fin de formation, afin de visualiser l'évolution de la perception des outils de modélisation paramétrique au terme de cette journée d'immersion. Pour cela nous commençons par relever les intérêts et difficultés soulevés par les participants en début de formation, avant même donc d'obtenir toute information complémentaire relative aux enseignements et au déroulement de la journée.

Au commencement de la formation, les participants ont exprimé leurs intérêts pour les outils de modélisation paramétriques de manière assez factuelle. Du point de vue des fonctionnalités, il leur semble que les logiciels pourraient leur permettre de gagner du temps et de développer une « meilleure gestion ». Les logiciels apparaissent comme ergonomiques, « *user friendly* ». Par ailleurs, les participants évoquent la « réversibilité », car les logiciels permettent de « modifier facilement ». Cette « flexibilité via les paramètres » est exprimée comme suit par un des participants : « Quand on change le "code", on voit directement les changements du modèle dans *Rhino* ». Au-delà de ces aspects fonctionnels, le volet de la créativité est également abordé. La flexibilité évoquée permet en effet « d'acquérir une grande liberté de conception ». Le verbatim suivant exprime ce qui a séduit un des participants : « le champ des possibles dans la création architecturale par l'introduction de paramètres logiques ou mathématiques qui sont plus difficiles à implémenter par une approche dessin ». De manière plus directe, certains contributeurs expriment cela comme « la possibilité de créer des formes non standards » ou des « formes complexes ».

La catégorie non-évoquée dans les intérêts de début de journée correspond aux aspects techniques des outils paramétriques.

Concernant les difficultés ressenties avant la formation, les propos émis par les participants sont davantage de l'ordre du pressentiment et du questionnement, abordant spontanément les trois attributs définis.

Concernant les aspects techniques, on parle de « complexité apparente » et notamment un participant complète : « Quand j'ai vu un aperçu sur le logiciel lors de la modélisation, il me semblait un peu compliqué puisque ça se fait à l'aide des algorithmes mathématiques et non pas des objets prédéfinis ». Cet « encodage de données » est effectivement ressenti comme un frein à son usage. Un autre commentaire se positionne entre une problématique technique et fonctionnelle : « En tant qu'architecte, l'approche est complètement différente : il faut décomposer toutes les manipulations, cela engendre beaucoup plus d'étapes. Une ligne est décomposée en 3 (au minimum) : un point A, un point B et une ligne qui les relie ». Il est clair qu'aux yeux de plusieurs interrogés, « une formation informatique est nécessaire ».

D'un point de vue fonctionnalité, on peut indiquer que les *designers* envisagent plutôt d'utiliser ce logiciel *« après l'avant-projet »*. Un seul autre commentaire aborde les fonctionnalités des logiciels de modélisation paramétrique et stipule de manière tranchée que ceux-ci ne sont *« pas pour la pratique classique »*.

Concernant la perception d'une place renouvelée pour la créativité architecturale, certains non-initiés émettent davantage de réserves : « Ce qui me freine, c'est plus l'intervention de ce type de logiciel dans la conception qui pourrait laisser moins de place à la créativité en amont ». Cela rejoint la remarque suivante : « si ils [les outils paramétriques] sont bien maitrisés et utilisés judicieusement au service du projet, d'une idée… mais risquent de donner trop de facilité à certains architectes de développer facilement tout type de forme sans réflexion de fond sur l'architecture, le projet, le contexte. » Cette réflexion peut être complétée par la suivante : « Même si pour moi la recherche de forme passe en tout premier lieu par le croquis à la main ».

La figure 3 permet de visualiser schématiquement la proportion de propos recueillis par attribut, voire la proportion de propos en recouvrement entre deux catégories. Les différentes fonctionnalités perçues par les interrogés sont considérées comme de potentiels atouts tandis que les aspects techniques sont plutôt des difficultés à surmonter. Le volet de la créativité est perçu de manière équilibrée, tantôt comme un intérêt ou tantôt comme une difficulté à prendre en considération.

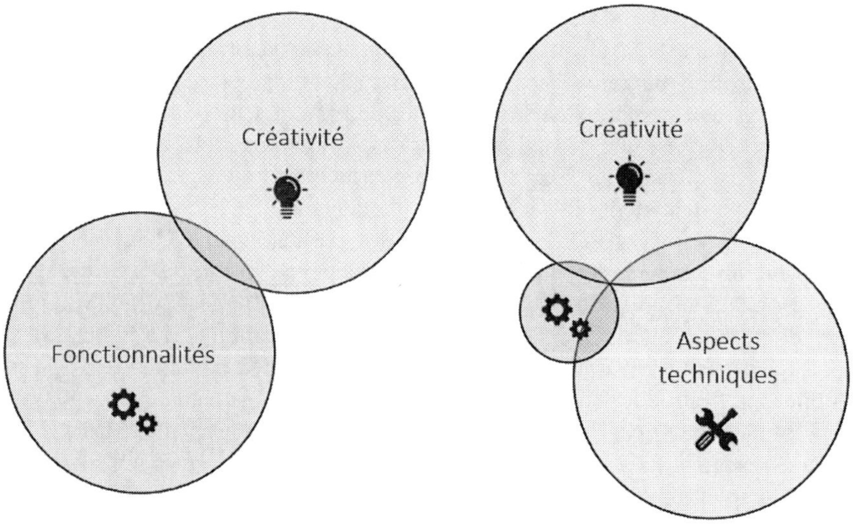

Figure 3. Comparaison des intérêts (à gauche) et difficultés (à droite) perçus avant de débuter la formation.

Après avoir développé les attraits et difficultés perçus de l'appréhension d'outils de modélisation paramétrique, les participants ont émis quelques pistes de solution pour favoriser l'usage de ce type d'outils. *« Démontrer l'efficacité »* de l'outil et le *« tester sur un cas réel »* sont deux premières hypothèses. Ensuite une *« présentation pour débloquer les a priori »* ou, plus en amont, *« une formation pendant les études »* sont proposées par les participants. Sans avoir eu recours à la formation, les participants sont très enthousiastes à l'idée de s'essayer à l'usage de ces logiciels, par exemple par l'intermédiaire d'un stagiaire qui en aurait la maitrise (seul un participant ne désirerait pas y avoir recours).

A l'issue d'une journée d'immersion dans l'usage d'outils paramétriques, il a été demandé aux participants de décrire en 3 termes le plug-in *Grasshopper©*. Ces dénominatifs sont classés selon les trois attributs (créativité, fonctionnalités, aspects techniques) et sont accompagnés de leur récurrence au sein de la figure 4.

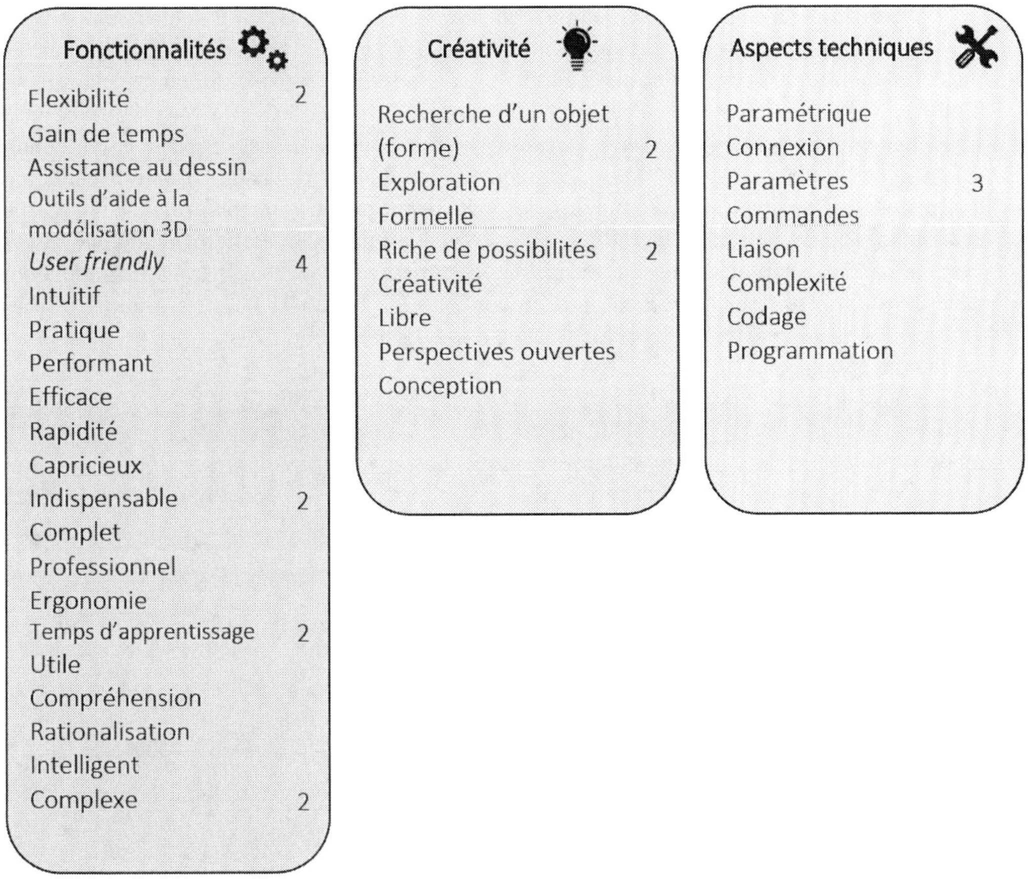

Figure 4. Termes et récurrences définissants le ressenti des participants pour le logiciel *Grasshopper©* après une journée de formation.

Comparons à présent ces dénominatifs avec les intérêts et difficultés explicités par les interrogés en fin de formation.

Premièrement, quatorze participants sont d'accord avec le fait qu'une journée de formation leur a permis de mieux cibler les avantages et inconvénients de ce type de logiciel. Onze d'entre eux recommanderaient même une formation sur le paramétrique à leurs collègues (une personne restant mitigée et trois personnes ne recommandant pas la formation car il n'y a « pas d'application directe et quotidienne dans leur secteur professionnel »).

En regard du gain de temps évoqué dans les fonctionnalités positives de départ, un participant commente que c'est « un outil supplémentaire permettant d'optimiser au mieux le temps de travail ». On retrouve également la notion de flexibilité dans les modifications permises « pour explorer les possibilités ». Cette « flexibilité permet de faire un grand nombre de tests de façon efficace » mais également d'effectuer des « modifications a posteriori ». Alliant le point de vue technique et la créativité, des commentaires stipulent que ce type d'outils « permet de réaliser des formes complexes et qu'on trouve des difficultés pour les réaliser par les autres logiciels de modélisation », « ça leur [les architectes] libère le choix et permet leur réalisation ». « Cela donne une dimension supplémentaire point de vue conception et vitesse » mais également « pour apporter une assistance au développement ». On peut donc voir qu'à l'issue de la journée de formation, la notion de créativité est toujours présente mais accompagnée de commentaires plus techniques, alliant créativité et faisabilité.

Concernant les difficultés ressenties en fin de séance, les architectes soulèvent à nouveau l'aspect technique évoqué en début de journée : « la difficulté est que la programmation n'est pas à la portée de tous ». Cela rejoint leur pressentiment de la réussite d'une approche différente avec peut-être la nécessité d'une formation informatique pour l'encodage des données. Par ailleurs, la notion de créativité est nuancée par le commentaire suivant : « risque de copier-coller d'un projet à l'autre différent d'une architecture contextualisée, réfléchie, qui répond aux besoins spécifiques de chaque projet ». On ressent également que la notion de créativité est perçue comme potentiellement aliénée par la fonctionnalité, notamment au travers de ce commentaire : « la recherche formelle doit découler d'un processus de réflexion, d'un contexte, de contraintes… pas d'outils. L'outil doit rester à sa place d'aide à la modélisation, à la rationalisation mais ne pas prendre le pas sur la conception. ».

Comme l'illustre schématiquement la figure 5, à l'issue de cette formation les participants perçoivent et défendent toujours l'approche créative procurée par la modélisation paramétrique, vue comme un atout. Les aspects techniques sont discutés aussi bien comme un intérêt qu'une difficulté du logiciel pratiqué. Les fonctionnalités sont quant à elles peu évoquées et uniquement plutôt de manière attrayante.

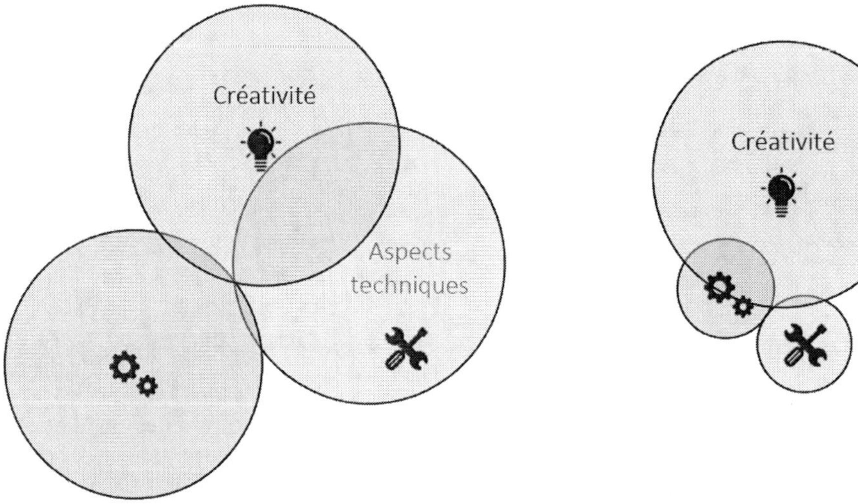

Figure 5. Comparaison des intérêts (à gauche) et difficultés (à droite) perçus en fin de formation.

Au-delà du questionnement sur les intérêts et difficultés des logiciels paramétriques, les architectes présents ont été questionnés quant à la pertinence de l'application de la modélisation paramétrique dans de plus petits bureaux d'architecture.

Au premier abord, les architectes sont partagés. Certains évoquent l'usage de ces outils pour modéliser des *« projets complexes »*, de *« grands projets »*, comme des *« bâtiments publics »*. D'autres les envisagent plutôt pour des *« objets de design »* ou des *« éléments du second œuvre »* comme un *« bardage, des garde-corps »*. Au-delà de cette notion d'échelle, leur application est également controversée. Certains interrogés estiment qu'ils sont pertinents pour des *« éléments variables »* tandis que d'autres les imaginent pour des *« séries »*, des *« auditoires »*, des *« éléments de répétition »*. Ce type de logiciels serait, selon ces participants, davantage utile pour les *« éléments en série »*.

Enfin, des questions ont été posées quant à la pertinence de l'usage de tels outils dans de petits bureaux d'architecture. Certains soulignent le fait que l'usage de ces logiciels est pertinent pour des « questions d'expérimentation », « ceux qui sont à la recherche d'une conception assistée par logiciel mais pour des petits bureaux cela est rare » ou encore pour des « projets dont certaines contraintes sont inconnues ». En début de session, la pertinence et les applications des logiciels sont envisagées en majorité sous l'angle de la créativité.

A l'issue d'une journée de formation, treize architectes sur seize considèrent les outils paramétriques comme pertinents dans des bureaux d'architecture de moins de dix personnes. Ils sont également neuf à l'envisager dans la pratique quotidienne de leur métier. Cependant, les interrogés entrevoient toujours plus de pertinence pour les grands projets. Seuls trois participants estiment qu'il y a un intérêt pour des projets de plus petite échelle.

On retrouve notamment des réflexions se référant à la complexité de l'ouvrage. Un participant argumente: « certains projets plus traditionnels n'ont pas d'utilité à travailler avec ces logiciels ». Les logiciels sont pertinents pour tout le projet « si celui-ci est complexe ». Ils le sont également uniquement dans certains éléments du projet « si cela concerne des éléments complexes (garde-corps) ». L'échelle du projet semble avoir moins d'importance en comparaison de sa technicité. La créativité est également impactée : « ça peut servir des bureaux axés sur la recherche formelle complexe comme des tours où la plus-value esthétique est réelle », « les projets dont les contraintes ou volontés initiales risquent de changer et sont facilement paramétrables ». La pertinence de l'usage de ces outils paramétriques reste donc un aspect ouvert à débat.

6. Discussion et conclusion

Cette étude a été mise en place dans le cadre d'une formation continue sur le processus BIM. Dès lors, les participants présents à ces deux journées de formation sont a priori des acteurs présentant un intérêt pour l'intégration du numérique dans le processus de projet. Bien que nous ayons pu interroger leur niveau de connaissance concernant la modélisation paramétrique, leur ouverture au numérique de manière générale influence leur réaction face à la prise en main de nouveaux outils et, dans ce cas d'étude spécifique, leur réaction face à la modélisation paramétrique.

A l'issue de cette analyse comparative des intérêts et difficultés avant/après la journée de formation, nous constatons que les avis quant aux trois attributs sont davantage tranchés en début de journée et plus nuancés en fin de journée, un propos faisant alors plus souvent appel à deux attributs dans l'argumentaire. Ce chevauchement est visible sur la figure 6, *via* l'intersection importante des attributs en fin de journée.

L'aspect fonctionnel est un attribut largement évoqué en début de journée comme un atout des logiciels paramétriques. Il apparait également de manière prépondérante dans les dénominatifs choisis par les participants pour décrire le logiciel utilisé et de manière positive dans les réflexions finales des participants. Les participants s'y réfèrent de manière similaire au long de la journée : beaucoup discuté comme positif en début et fin de formation, peu discuté comme difficulté en début et fin de formation. Contrairement à cela, l'aspect technique, qui semblait être entièrement une contrainte au premier abord, s'atténue largement dans ses aspects négatifs et est finalement décrit d'un point de vue plus positif en fin de journée.

Concernant la créativité, c'est un attribut qui est largement discuté tout au long des commentaires aussi bien de manière positive que négative et ce quel que soit le moment de la journée. En effet, les craintes pressenties en début de formation sont toujours discutées mais colorées d'un point de vue sur les fonctionnalités. Par ailleurs, la créativité est toujours autant discutée de manière positive et ce, en regard de la constructibilité des éléments notamment. En effet, d'une manière globale la technicité informatique de la modélisation paramétrique a fortement impacté la perception sur la créativité une fois les logiciels pris en main.

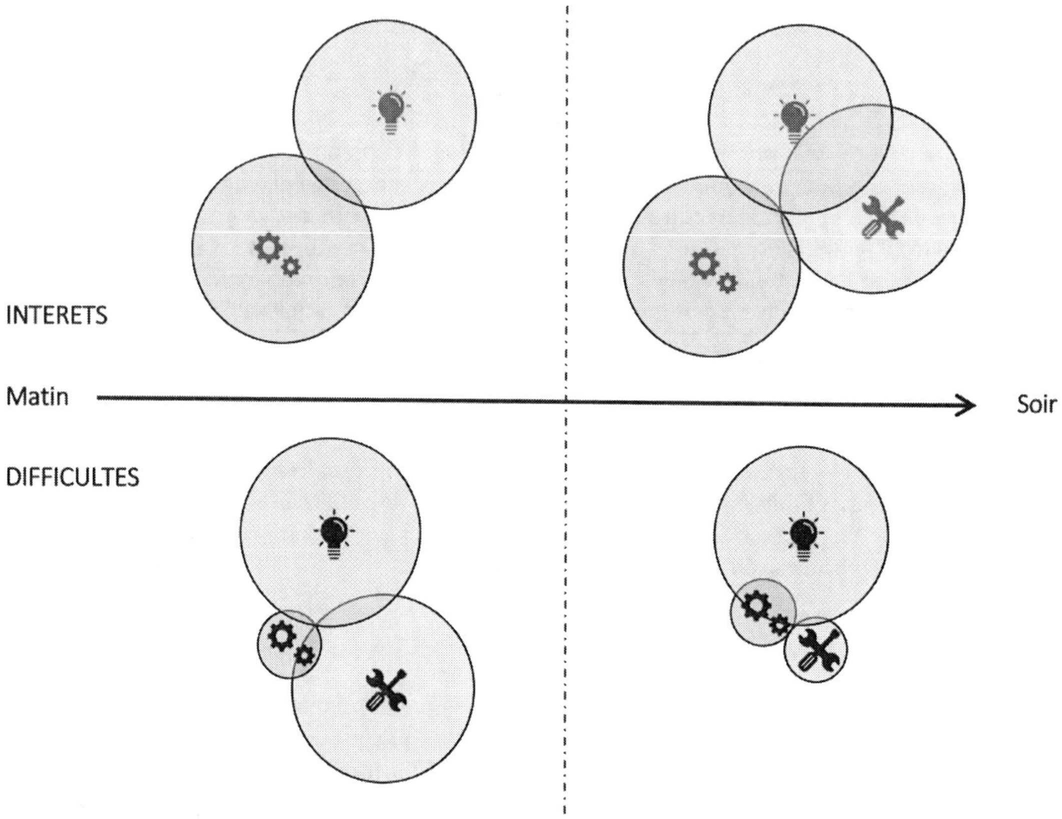

Figure 6. Evolution de la représentativité des attributs pour les intérêts et difficultés avant/après une journée de formation.

Par ailleurs, revenant sur les trois caractéristiques du processus de conception paramétrique énoncées par Woodbury (2010), les participants considèrent la première caractéristique, soit la définition des relations logiques pour la création du modèle 3D, comme un frein technique car la *« programmation n'est pas à la portée de tous »*. Les modifications permanentes et les alternatives de conception développables à n'importe quelle étape sont par contre des atouts perçus par les participants. En effet, la diversité de variantes testables grâce à la flexibilité du logiciel est ressentie positivement par les participants en début de séance et se maintient telle quelle à l'issue de la formation.

Nous pouvons également conclure qu'une journée d'immersion dans la pratique d'outils de modélisation paramétrique en conception architecturale ne permet pas d'établir de manière tranchée des typologies de projets spécifiquement adéquates, ni si une diversité morphologique est réellement favorisée par l'usage de ces outils. Cependant la prise en main des outils semble avoir été considérée de manière positive. Les participants font dès lors des liens entre possibilités créatives et potentialités techniques et sont majoritairement favorables à l'idée de s'essayer à l'usage de ces logiciels, en particulier par l'intermédiaire d'un stagiaire qui en aurait la maitrise. Au terme de cette journée d'immersion, il subsiste donc davantage le sentiment d'une complexité cognitive plutôt qu'une complète non-adéquation en regard de la pratique architecturale des petits bureaux d'architecture.

Cette expérimentation sera réitérée lors des prochaines séances de formation afin de compléter l'échantillon et ainsi valider ou non les tendances observées.

Bibliographie

Architects' Council of Europe. (2015). La Profession d'architecte en Europe 2014 : une étude du secteur. *Etude réalisée par Mirza & Nacey Research*.

de Boissieu, A. (2013). Modélisation paramétrique en conception architecturale : Caractérisation des opérations cognitives de conception pour une pédagogie. *PhD Thesis, ENSA Paris la Villette*.

Cichocka, J. M., Browne, W. N., & Rodriguez, E. (2017). Optimization in the architectural practice - An International Survey. *Protocols, Flows and Glitches, Proceedings of the 22nd International Conference of the Association for Computer-Aided Architectural Design Research in Asia (CAADRIA) 2017*, 387–397.

Davis, D., Burry, J., & Burry, M. (2011). Untangling Parametric Schemata: Enhancing Collaboration through Modular Programming Introduction: Why parametric modelling can be difficult. *CAAD Futures 2011*, 55–68.

Dokonal, W., & Knight, M. W. (2008). What is the state of digital architectural design? *SIGraDI 2008. Grafica Digital - Integración y Desarrolo. 12th Iberoamerican Congress of Digital Graphics*, 1–6.

Janssen, P. (2015). Parametric BIM workflows. *CAADRIA 2015 - 20th International Conference on Computer-Aided Architectural Design Research in Asia: Emerging Experiences in the Past, Present and Future of Digital Architecture*, 437–446.

Janssen, P., & Stouffs, R. (2015). Types of parametric modelling. *International Conference of Association for Computer-Aided Architectural Design Research CAADRIA*, 157–166.

Leach, N. (2014). Parametrics Explained. *Next Generation Building*, *1*(University of Southern California, Harvard GSD), 1–10.

Sanguinetti, P., & Abdelmohsen, S. (2007). On the Strategic Integration of Sketching And Parametric Modeling in Conceptual Design. *ACADIA*, 242–249.

Shelden, D. R. (2002). *Digital Surface Representation and the Constructability of Gehry's Architecture*. Masachusetts Institute of Technology.

Stals, A., Elsen, C., & Jancart, S. (2017). Practical Trajectories of Parametric Tools in Small and Medium Architectural Firms. *CAAD Futures*.

Woodbury, R. (2010). *Elements of Parametric Design* (Routledge.). New York.

Woodbury, R., & Burrow, A. (2006). Whither design space? *Artificial Intelligence for Engineering Design, Analysis and Manufacturing - Special Issue: Design Spaces: The Explicit Representation of Spaces of Alternatives*, *20*(2), 63–82.

Yu, R., Gero, J., & Gu, N. (2015). Architects' Cognitive Behaviour in Parametric Design. *International Journal of Architectural Computing*, *13*(1), 83–101.

SHS Web of Conferences **47**, 01011 (2018) https://doi.org/10.1051/shsconf/20184701011
SCAN'18

Mesure et représentation cartographique de l'impression de confinement d'un piéton immergé dans la ville

Houda Belgacem[1,3], *Thomas* Leduc[1,3], et *Marjorie* Musy[2,3]

[1] UMR AAU/CRENAU, CNRS, Nantes, France
[2] Cerema, Nantes, France
[3] IRSTV - FR CNRS 2488 - Nantes, France

Résumé. Nous présentons dans cet article un essai de quantification de l'impression de confinement d'un piéton immergé dans la ville. Cette quantification repose sur un ensemble de qualités perceptuelles évoquées par (Ewing *et al.*, 2006) ou (Dupagne *et al.*, 1999) telles la mesure de l'« enfermement urbain », la « cohérence formelle », la « profondeur urbaine » ou le « rapport d'échelle ». Nous y associons des indicateurs provenant de la littérature scientifique comme le facteur de vue du ciel et la longueur de vue maximale et proposons de nouveaux indicateurs tels un ratio d'aspect moyen de l'espace ouvert immédiatement environnant, une hauteur moyenne du déroulé de façades environnant, une complexité formelle et un angle solide de vision (une déclinaison de la carte de vue du ciel pour une ouverture d'angle verticale préfixée). La cartographie qui résulte de cette quantification met en évidence une grande variété d'espaces.

Mots-clés. Perception visuelle, ouverture, perméabilité, confinement, vide urbain, SVF.

Abstract. In this article, we present an attempt to quantify the impression of confinement of a pedestrian immersed in the city. This quantification is based on a set of perceptual qualities induced by (Ewing et al., 2006) or (Dupagne et *al.*, 1999), like the measures of "urban confinement", "coherence", "urban depth" or the "human scale". We combine indicators from the scientific literature, such as the sky view factor and the maximum view length, and propose new indicators like an average aspect ratio of the immediately surrounding open space, an average height of the surrounding façades, a geometrical complexity and a solid angle of vision (a variation of the sky map for a prefixed vertical angle aperture). The mapping that results from this quantification highlights a wide variety of spaces.

Keywords. Visual perception, Aperture, Permeability, Confinement, Urban void, SVF.

1. Introduction

Dans sa communication de 2006, dans le colloque intitulé « la densité peut-elle enrayer l'étalement urbain », Marc Wiel met en évidence la polysémie de la densité (Wiel, 2006). Il « rappelle que le sentiment d'entassement n'est pas proportionnel à la densité objective d'occupation du sol », évoque une densité « vécue » ou facette « psychosociologique » du terme, qu'il complète d'une dimension « économique ». L'auteur suggère également que la densité pourrait mesurer « une sorte de pression urbaine » et qu'elle serait assimilable à un processus (« Elle ne mesure plus seulement un niveau instantané d'entassement ou de pression urbaine en un lieu, elle est un repère dans une évolution continue du profil des densités » (*ibid.*)). Weil complète son propos en arguant « que la façon d'agréger et de disposer les diverses formes d'occupation du sol permet d'obtenir une bonne rentabilisation de l'occupation du sol sans donner le sentiment d'entassement, au contraire en donnant un surcroît de satisfaction ». Il n'est pas le seul auteur à distinguer une densité objective, supervisée, extérieure, comme en surplomb, d'une densité vécue, ressentie, en immersion dans la ville. L'Atelier d'Urbanisme Parisien dans son rapport sur les densités vécues appliquées à quatre quartiers parisiens (APUR, 2003), met ainsi en évidence qu'une forme dense et compacte n'est pas antinomique d'une satisfaction résidentielle. « A l'opposé, le quartier Falguière-15e, le moins densément bâti des quatre est celui avec Jeanne d'Arc-13e, où les habitants estiment majoritairement qu'il y a trop de constructions. L'idée d'une influence de la forme urbaine sur la perception de la densité semble trouver ici des arguments » (*ibid.,* p. 64). La configuration spatiale semble « déterminante puisque le nombre même de logements à l'adresse de l'enquêté est corrélé au sentiment d'entassement » (*ibid.*, p. 63).

Par ailleurs, (Takei *et al.,* 1978) ont montré que la configuration d'une zone urbaine est le facteur le plus influent sur le sentiment d'oppression. Les dimensions plastiques et l'esthétique des lieux, leur accessibilité, l'agencement des bâtiments et leur nombre constituent un ensemble « de signaux sensoriels » captés par l'individu (APUR, 2003). Ils renvoient un vécu positif ou négatif, un sentiment de sécurité ou de crainte, de confinement ou de promiscuité. (Leroux *et al.,* 2013, p. 108) évoquent des phénomènes de compression ou de propulsion pour décrire l'espace enveloppant par articulation entre les espaces bâtis et non bâtis. La compression ou rétrécissement de l'espace vécu est associée à un sentiment de repli sur soi tandis que la propulsion provoque au contraire un sentiment de dilatation, projection, impulsion à aller de l'avant. (Ewing *et al.*, 2006) proposent une liste de qualités perceptuelles susceptibles d'être utilisées pour la qualification d'un milieu urbain en relation à cette notion de densité ressentie. Nous les présentons ici comme des variables et distinguons *enclosure, human scale* et *coherence* qui semblent plus immédiatement liées au sentiment de confinement. (Ewing *et al.*, 2006) évoquent d'autres variables de mesure de l'environnement à l'échelle de la rue telles que *imageability, legibility* ou *linkage*. Ces dernières sont plus liées à la création d'une carte mentale chez le piéton et servent à l'orientation ou à la description des milieux déjà traversés. *Transparency* fait aussi partie de la liste et est associable au sentiment de confinement, mais pour des raisons de granularité des données à disposition (utilisation des référentiels géographiques nationaux dépourvus de toute référence à la texture des bâtiments), nous l'éliminons de notre sélection.

Dans le cadre de cette recherche, notre objectif est de proposer et de mettre en œuvre une implémentation de trois variables choisies par (Ewing *et al.*, 2006) auxquelles nous ajoutons une quatrième évoquée par (Dupagne and Teller, 1999). Notre but est de rendre compte de l'expérience corporelle du piéton se déplaçant dans un environnement urbain. Pour ce faire nous exploitons des indicateurs à portée locale (tableau 1), en fonction des positions successives du piéton. Dans la partie méthodologique, nous commençons par présenter le principe de chaque indicateur et son implémentation. Nous appliquons ensuite nos calculs d'indicateurs sur un cas d'étude urbain à Nantes. Les résultats sont analysés dans la dernière partie.

Tableau 1. Présentation des 4 variables et des 6 indicateurs associés.

Variables urbaines	Indicateurs associés
Enclosure (Enfermement)	1/ Ouverture de ciel (SVF) (Oke 1988) : décrit l'occlusion urbaine. 2/ Ratio d'aspect moyen : généralisation de l'indicateur habituellement calculé dans le cadre d'un modèle de rue canyon (hauteur du bâti rapporté à la largeur de la voie correspondante)
Profondeur	3/ Percée visuelle ou plus grande longueur de vue (Dupagne and Teller, 1999)
Cohérence	4/ Mesure de la circularité de l'isovist : l'isovist est un polygone du plan horizontal composé de l'ensemble des points visibles dans toutes les directions de l'espace depuis une position donnée (Stamps III, 2005)
Human Scale (Rapport d'échelle)	5/ Angle solide de vision 6/ Hauteur moyenne des bâtiments

2. Méthodologie et implémentation

Dans le tableau 2, nous exposons la méthode de calcul pour chaque indicateur. Tous les indicateurs caractérisent le paysage urbain dans une approche panoptique (traitement homogène dans toutes les directions d'un plan horizontal, sur 360°). Ils reposent tous, en termes d'implémentation informatique, sur le mécanisme du lancer de rayons (figure 1). Les formules présentées dans le tableau 2 sont adaptées pour être utilisées dans le contexte d'un SIG 2D (avec des jeux de données vectorielles classiques telles celles issues des référentiels géographiques nationaux).

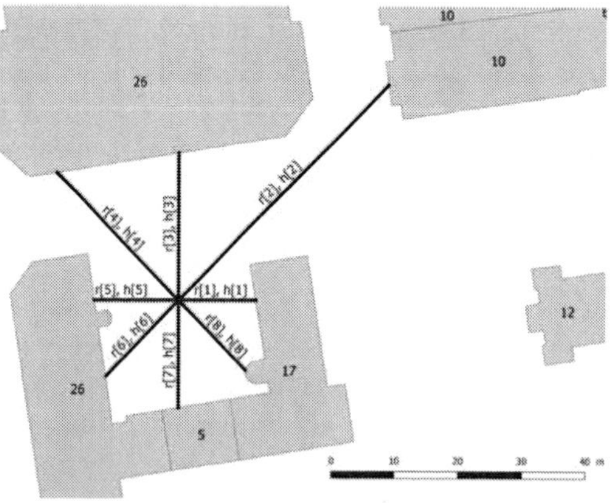

Figure 1. Ensemble de rayons lancés à partir d'une position donnée avec les attributs r_k (longueur de rayon) et θ_k (azimut) correspondants. Les élévations des bâtiments sont inscrites dans les emprein-tes de bâtiment correspondant.

2.1 Enfermement urbain : SVF et ratio d'aspect moyen

Le SVF correspond au pourcentage de ciel vu (c'est-à-dire à la portion de ciel qui est visible à partir du point de vue, au sens où il n'est pas obstrué par un masque bâti environnant, figure 2). Il est étroitement lié à la largeur de l'espace ouvert et aux hauteurs et largeurs des diverses obstructions (figure 3). Dans notre étude de cas, l'obstruction se limite aux seuls bâtiments et n'intègre par exemple ni la végétation ni le mobilier urbain.

Pour compléter ce ratio de ciel vu et en référence aux travaux de (Stamps III, 2005) qui propose un raffinement de la définition de l'enfermement par des formules mathématiques liées aux propriétés de l'isovist (élongation, surface, concavité, etc.), nous proposons d'implémenter une généralisation du ratio d'aspect ou ratio d'aspect moyen. Le ratio d'aspect est un indicateur qui, dans l'état de l'art, s'applique aux seules rues canyons (Oke, 1988). Il consiste en un rapport de hauteur des bâtiments environnants rapportée à la largeur de la voie. Notre généralisation consiste en une version panoptique de ce rapport de hauteur sur largeur (figure 4). Dans cette version et, par application du lancer de rayons (figure 1), nous rapportons chaque hauteur de bâtiment interceptant un rayon par la longueur de ce même rayon avant de calculer la moyenne des rapports (figure 5).

2.2 Profondeur : percée visuelle ou plus grande longueur de vue

On appelle longueur de vue (dans une direction donnée), la distance qui sépare l'observateur de la première face de bâtiment rencontrée dans cette même direction. Dans le cadre de notre étude nous nous intéressons à la plus grande longueur de vue associée à une position de l'observateur. En effet, d'après (Natapov *et al.*, 2016), au cours de leurs trajets, les piétons choisissent, les routes les plus droites possible (profondeur du champ de vision longue) par opposition aux routes les plus sinueuses disponibles (profondeur du champ de vision courte). Dans notre étude, nous nous focalisons sur la profondeur maximale du champ de vision (figure 6) et, pour ce faire, nous cherchons le maximum des longueurs des rayons à l'aide de l'algorithme de lancer de rayons.

2.3 Cohérence urbaine : circularité de l'isovist

Nous cherchons ici à qualifier le « désordre formel urbain » lié à l'arrangement des bâtiments. Pour mesurer cette grandeur, nous identifions un ensemble de points de l'espace ouvert puis, en chacun de ces points, nous calculons l'isovist correspondant et l'écart type des longueurs des rayons associés. Plus l'écart type est élevé, plus le contour de la zone est complexe (figure 7) rendant ainsi l'environnement moins cohérent en apparence.

2.4 Échelle humaine : angle solide de vision

Les indicateurs que nous avons présentés sont nos outils pour décrire la relation entre l'espace construit et l'espace non construit que nous appelons aussi espace ouvert. En vue de profil, et en focalisant sur la section de la rue, le SVF et le ratio d'aspect informent sur la géométrie de vide interstitiel. La distance de visibilité maximale définit l'étendue de l'espace vide rapportée au point de vue correspondant. Et finalement la cohérence détermine le degré d'imbrication du bâti par rapport au non bâti.

Tableau 2. Présentation des six indicateurs mis en œuvre dans le cadre de notre étude. Tous quantifient le vide urbain.

Indicateurs			**Zone explorée**
Principe d'implémentation : lancer de rayons			
Equation	*Vu en plan*	*Vu en élévation*	
Facteur de vue du ciel $1-\frac{1}{n}\sum_{k=1}^{n}\sin\left(\tan^{-1}\left(\frac{h_k}{r_k}\right)\right)$	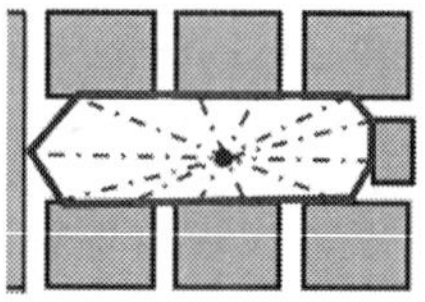 **Figure 2.**	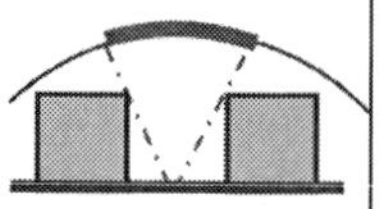 **Figure 3.**	- Indicateur 3D - Panoptique - Champ d'isovist (son périmètre est le déroulé de façade immédiatement environnant)
Ratio d'aspect $\frac{1}{2n}\sum_{k=1}^{n}\frac{h_k}{r_k}$	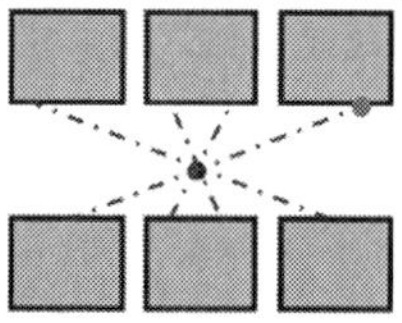 **Figure 4.**	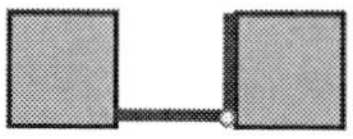 **Figure 5.**	
Longueur de vue maximale Max (longueur des rayons)	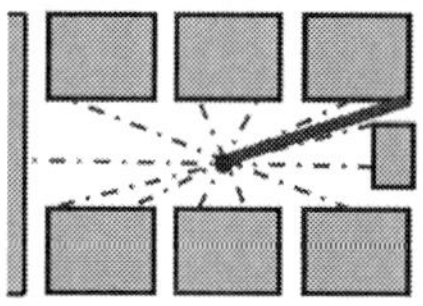 **Figure 6.**		
Circularité de l'isovist Écart-type des longueurs des rayons	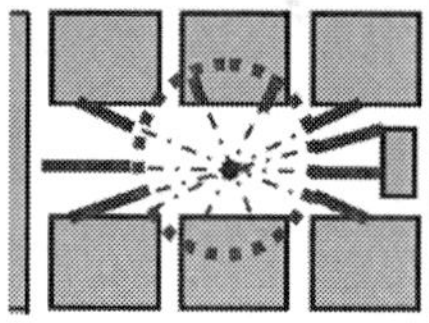 **Figure 7.**		
Angle solide de vision	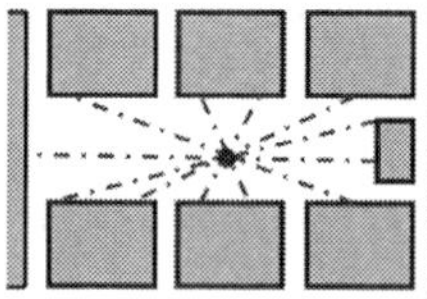 **Figure 8.**	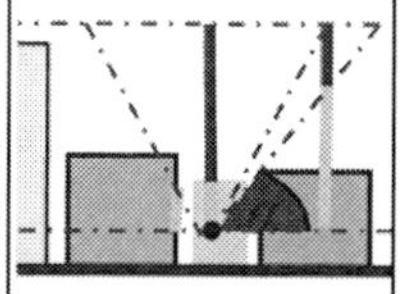 **Figure 9.**	- Indicateur 3D - Panoptique - La dimension verticale du champ de vision (angle de vision α)
Hauteur moyenne des bâtiments			

Légende des figures :
- ·-·-· rayon
- ▬ distance prise en compte
- ▬ partie opaque vue
- ■■■■■ moyenne des longueurs des rayons
- • observateur - piéton

Pour approcher au mieux la perception visuelle du piéton, on ajoute un cinquième indicateur, appelé « angle solide de vision ». L'objectif est ici d'évaluer le ratio de vide et de plein pour un secteur angulaire (vertical) donné (une ouverture égale à l'angle visuel de 30° (Robert, 2013) (figure 9)), et pour une ouverture horizontale panoptique (360°, figure 8). Notre choix d'étudier le secteur de l'angle solide de vision est lié aux travaux de (Asgarzadeh et *al.*, 2012) qui l'exploite comme outil d'analyse pour mesurer le sentiment d'oppression d'un sujet exposé à un environnement urbain dense. Dans notre étude, cet indicateur sert à évaluer le degré de perméabilité visuelle du milieu. Le caractère panoptique de cet indicateur le démarque de l'étude de (Robert, 2013) qui fixe l'ouverture du champ de vision à 150°. Comme nous n'analysons pas des trajets mais plutôt un ensemble de positions hors de toute considération d'orientation, toutes les directions du champ de vision sont prises en compte de manière équivalente. Notre sixième et dernier indicateur procède de la même manière et s'attache à mesurer la hauteur moyenne des bâtiments dont les façades bornent le champ de vision du piéton

3. Résultats et discussion

On a choisi comme cas d'étude une rue piétonne dans le quartier Bouffay au centre de la ville de Nantes. L'intérêt est de pouvoir traiter la densité sensible sur toute la surface intercalée entre les bâtiments (cela traduit l'emplacement du piéton près du bâtiment, un peu loin et du côté opposé de la rue). Pour ce faire, on a visé une rue piétonne qui est connue pour une fréquentation importante par la population. Les positions depuis lesquelles on a lancé le calcul de la liste des indicateurs traduisent en quelque sorte les positions probables du piéton lors de son passage. Elles sont placées selon une grille de dimensions de 1 x 1m.

Les figures 10a (ratio d'aspect moyen) et 10b (SVF) permettent de constater que ces deux indicateurs sont globalement inversement proportionnels. Plus le ratio d'aspect est grand, plus les masques bâtis sont élevés et l'espace ouvert resserré et plus le ciel est masqué (*i.e.* plus le SVF tend vers 0). Ce ratio est ainsi plus faible aux intersections, endroits où la pression de l'environnement construit se « relâche ».

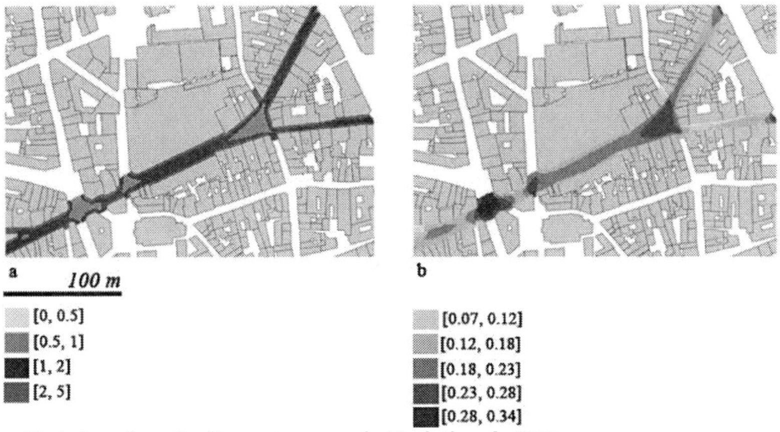

Figure 10. a. Variation du ratio d'aspect moyen, b. Variation du SVF.

Sur la figure 11a on note que les valeurs de l'indicateur de l'angle solide de vision augmentent aux intersections. Les croisements des rues et les places avec des échappées visuelles coïncident aussi avec des valeurs importantes. Par contre dans les impasses où le milieu est étroit, l'angle solide de vision est faible. Cet indicateur est aussi faible à proximité des enveloppes de bâtiments.

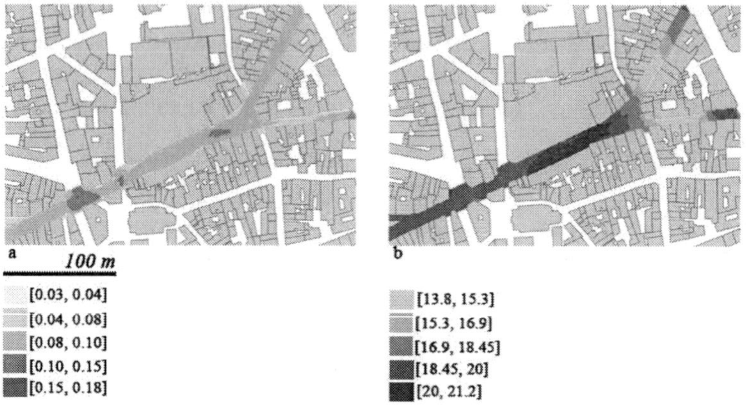

Figure 11. a. Variation de l'angle solide de vision, b. Variation de la hauteur moyenne.

Le SVF et le ratio d'aspect panoptique H/W présentent une relation de proportionnalité (figure 10), l'un est donc réductible à l'autre. Cette corrélation justifie que l'on ne retienne, pour la suite de ce document, que le SVF. On a éliminé aussi le paramètre de la cohérence urbaine pour se concentrer sur le pourcentage du vide par rapport au plein et sur la profondeur de vision. Par une approche empirique, nous choisissons de combiner les quatre indicateurs que sont l'angle solide de vision, la hauteur moyenne, la distance de visibilité maximale et le SVF (équation 1). La carte de la figure 12 est le produit de cette démarche empirique qui vise à représenter la sensation de confinement du piéton en milieu urbain. L'indicateur composite associé est formulé de la manière suivante :

(1/4)(Angle solide de vision+ (Hauteur moyenne/maximum(Hauteur moyenne)) + (Longueur de vue maximale/(maximum(Longueur de vue maximale)))+ SVF)* (éq. 1)

Sur la figure 12 les intervalles des valeurs varient entre 0 et 0.60. Les valeurs sont normalisées et permettent de mettre successivement en évidence : entre 0 et 0.40 des espaces clos accompagnés d'une sensation de « resserrement » ; entre 0.45 et 0.50 des espaces « modérés » avec une sensation d'équilibre ; au-delà de 0.50 des espaces très ouverts accompagnés d'un sentiment d'exposition. Ces seuils restent à valider par un recueil de perceptions situées.

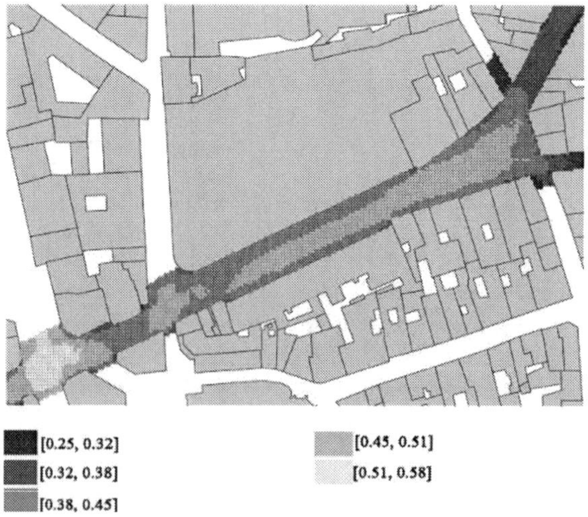

Figure 12. Cartographie de l'indicateur composite.

 https://doi.org/10.1051/shsconf/20184701011

Dans le but de rendre la formulation (équation 1) plus simple et de la « consolider », nous avons cherché à réduire le nombre des indicateurs en jeu. Pour commencer, nous avons normalisé tous les paramètres pour harmoniser l'équation, puis, constatant son très faible impact, nous avons éliminé la hauteur moyenne. Restent alors dans l'équation, l'angle solide de vision, le SVF et la longueur maximale, tous normalisés. La figure 13 compare l'angle solide de vision au SVF. Les deux restituent deux informations urbaines différentes, l'angle solide ne présentant en effet qu'une partie de la vue du ciel (celle qui se limite à une bande horizontale adaptée au champ de vision et sur 360°). C'est une forme de rétrécissement du SVF à l'échelle de l'observateur.

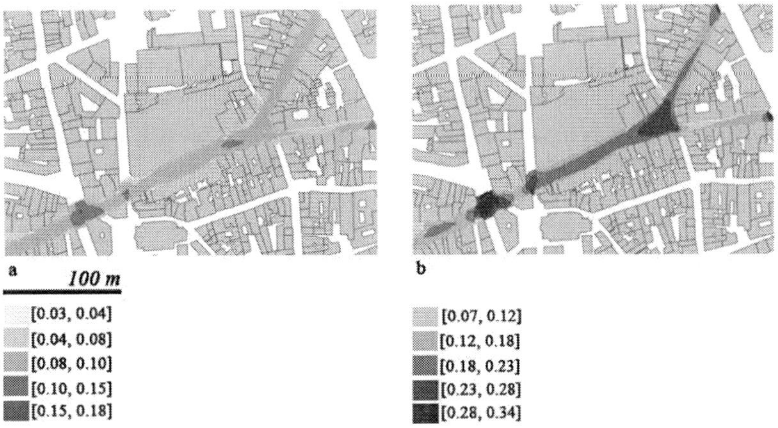

Figure 13. a. Variation de l'angle solide de vision, b. Variation du SVF.

Une dernière modification a consisté en l'élimination complète du SVF pour ne garder que l'angle solide et éviter ainsi la redondance d'information. Les résultats correspondants sont cartographiés sur la figure 14.

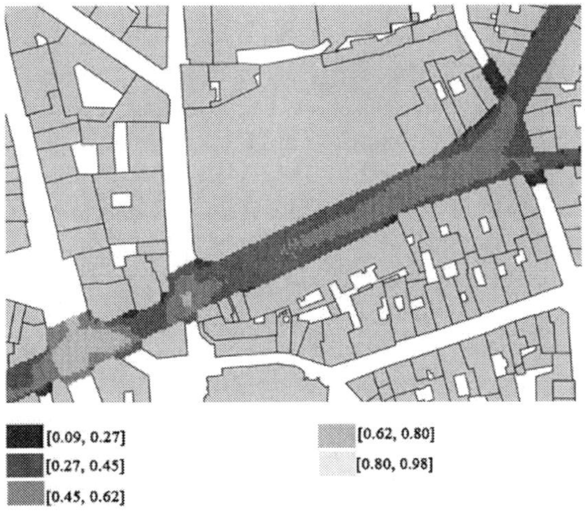

Figure 14. Cartographie de l'indicateur composite sur la zone d'étude sélectionnée.

La figure 14 montre un résultat semblable à celui de la figure 13. Les limites des intervalles sont différentes, mais les valeurs seuils déduites dans le paragraphe précédent restent à peu près semblables. Notre indicateur composite de confinement peut ainsi être simplifié pour ne garder que deux paramètres : l'angle solide et la longueur maximale (équation 2).

(1/2) ((Angle solide de vision / maximum (Angle solide de vision)) +(Longueur de vue maximale/(maximum(Longueur de vue maximale))))* (équation 2)

4. Conclusion

Nous avons proposé dans cet article un nouvel indicateur, appelé « angle solide de vision », qui est une déclinaison du classique facteur de vue du ciel adapté à la perception visuelle d'un citadin en environnement urbain, un ratio d'aspect moyen panoptique et une hauteur moyenne panoptique sur la zone visible par le piéton. En outre, nous avons cherché à cartographier la sensation de confinement. Nous avons ainsi présenté une première étape d'une proposition d'analyse de l'espace pour évaluer l'impression du piéton en réaction à certaines caractéristiques spatiales dans un contexte urbain défini. Le travail sera poursuivi dans le cadre d'un stage par des enquêtes de terrain qui permettront, par des observations *in situ*, de mesurer la validité de notre proposition. Il s'agira de comparer les résultats aux perceptions réelles et de calibrer les formules empiriques des indicateurs ou d'ajouter d'autres facteurs à l'indicateur composite.

Bibliographie

APUR. 2003. Densité vécue et formes urbaines, étude de quartiers parisiens.

Asgarzadeh, M., Lusk, A., Koga, T., and Hirate, K. (2012). Measuring Oppressiveness of Streetscapes. Landscape and Urban Planning 107(1) : 1-11.

Dupagne, A., et Teller, J. (1997). *Représentation de l'espace ouvert dans un système d'information de projet urbain* (version 2).

Ewing, R., Handy, S., Brownson, R., Clemente, O., and Winston, E. (2006. Identifying and Measuring Urban Design Qualities Related to Walkability. *Journal of Physical Activity and Health* 3(Suppl 1) : 223-40.

Leroux, M., Thibaud, J.-P., Balez, S., Bardyn, J.-L., et Fiori, S. (2000). *Composition sensibles de la ville*. Ed. Ministère de l'équipement, des transports et du logement, Direction de l'habitat et de la construction, Recherche F97-97.

Natapov, A., et Fisher-Gewirtzman, D. (2016). Visibility of Urban Activities and Pedestrian Routes : An Experiment in a Virtual Environment. *Computers, Environment and Urban Systems* 58 : 60–70.

Oke, T. R. (1988). Street Design and Urban Canopy Layer Climate. *Energy and Buildings* 11(1–3) : 103-13.

Robert, J.-M. (2013). Les Angles Visuels. 15.

Stamps III, Arthur E. 2005. Isovists, Enclosure, and Permeability Theory. *Environment and Planning B: Planning and Design* 32(5):735-62.

Takei, M., et Oohara, M. (1978). Experimental study on measurement of the sense of oppression by a building : (Part 3) consideration of the distance to a building, and relation between color effect of exterior wall and the sense of oppression. Transactions of the Architectural Institute of Japan, (No. 263), 71-80 (Japanese)

Wiel, M. (2006). Polysémie de La Densité: Comment Vivre Avec… in *UrbaPlus, Le Réseau de l'Institut d'Urbanisme de Paris. Colloque 2006 - Denses Cités : La densité peut-elle enrayer l'étalement urbain ?* Paris la Défense, France.

Caractérisation et restitution vidéographique des ambiances urbaines

Gabriel Giraldo[1,*], *Myriam* Servières[1*], *Vincent* Tourre[1*], *Valerio* Signorelli[2], et *Aurore* Bonnet[3]

[1] (AAU) Ambiances, Architectures, Urbanités, Équipe CRENAU ENSA Nantes 6 Quai François Mitterrand Nantes CEDEX 2, France - Équipe CRESSON ENSA Grenoble 60 Avenue de Constantine Grenoble CEDEX 2, France
[2] (CASA) Centre for Advanced Spatial Analysis, University College London, Gower Street, London, WC1E 6BT, Royaume-Uni
[3] Chercheuse indépendante

Résumé. À la suite d'une immersion dans un espace public pour avoir notre propre perception du lieu et analyser les comportements des usagers, nous avons procédé à une simulation de phénomènes physiques pour mieux comprendre la nature des phénomènes remarqués par les usagers. Le ressenti des usagers a été ensuite restitué dans une vidéo descriptive dans le but de transmettre les éléments d'ambiance qui caractérisent l'espace étudié. Les réactions des spectateurs de la vidéo, usagers ou non-usagers de l'espace, montrent la pertinence des effets visuels choisis pour restituer les phénomènes physiques.

Mots-clés. Ambiances urbaines, Écologie humaine, Espace public, Simulation numérique, Rendu vidéo.

Abstract. After being immersed in a public space, in order to have our own perception of the place itself and to analyze users' behavior, we ran simulations of physical phenomena to better understand the nature and magnitude of the ones noticed by the users. Finally, a descriptive video has been used as a way to reveal the variety of users' experiences and to convey the peculiarities of the atmospheres of the chosen area. The feedback from spectators, users or non-users of the space shows the relevance of chosen visual effects to convey the physical phenomena.

Keywords. Urban Atmospheres, Human Ecology, Public Space, Digital Simulation, Video Rendering.

* Corresponding author: gabriel.giraldo@crenau.archi.fr

1. Introduction

L'étude d'ambiances urbaines vise à grouper des approches d'ordre quantitatif (régies par les lois de la physique) et qualitatif (venant du vécu des espaces) (Péneau, 1990) pour la compréhension et l'analyse des facteurs climatiques, environnementaux et comportementaux qui sont générés dans et par l'espace. Cela intègre des considérations liées au confort spatial des usagers dans la ville et aux phénomènes physiques qui nourrissent la perception de l'individu qui est protagoniste et spectateur dans le déroulement quotidien de la vie urbaine (Lerner et Gehl, 2014). La réalité complexe des ambiances urbaines a son origine dans l'ensemble des facteurs physiques et environnementaux, le sujet singulier qui sent, ressent ou perçoit et l'interaction des sujets inclus dans l'espace (Augoyard, 2011; Thomas et *al.*, 2014).

Nous nous sommes intéressés à l'étude des ambiances urbaines d'un lieu en partant d'une analyse parallèle de données recueillies avec des méthodes tant qualitatives que quantitatives, pour essayer d'identifier et de représenter les ambiances urbaines ressenties et les modes d'habiter des usagers de l'espace public étudié.

Au niveau de la restitution des expériences, nous nous appuyons sur la technique de la rotoscopie (Achemchame, 2013). Il s'agit donc de fusionner, selon l'optique du transect urbain (Tixier, 2011) les éléments observables et audibles capturés par la caméra avec ceux qui ne le sont pas.

2. Description générale de la méthode

La figure 1 décrit d'un point de vue global le processus suivi sur site et hors-site et ses différentes étapes. La première partie « caractérisation » (section 2.1) permet de déterminer et de qualifier les marqueurs d'ambiance de la zone étudiée, la deuxième partie « restitution » (section 2.2) permet de fusionner les deux types de caractérisations par le biais d'une vidéo et d'analyser les réactions des spectateurs.

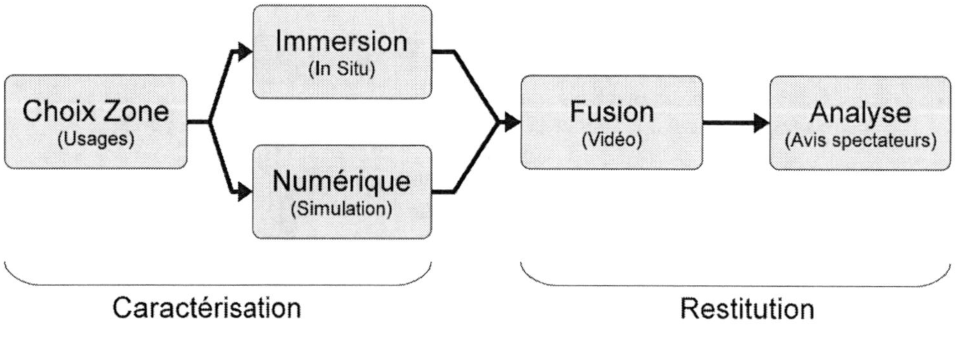

Figure 1. Processus de l'application de la méthode sur site et hors site.

2.1 Méthode de caractérisation des marqueurs d'ambiances, à la fois qualitatifs et quantitatifs

Cette première étape consiste à répertorier les effets des phénomènes physiques sur la perception sensible produits dans l'espace. Il s'agit de faire ressortir l'essence même des sensations vécues par les usagers, pour comprendre et caractériser l'espace d'étude. Cette étape s'est basée sur les méthodes des parcours commentés (Thibaud, 2001), l'éthologie des espaces publics (Cosnier, 2001), l'observation récurrente (Amphoux, 2001) et les méthodes de *mapping*, *tracing* et *tracking* (Gehl et Svarre, 2013). Elle s'est déroulée en cinq temps.

D'abord, nous avons cherché la zone d'étude sur la base de son potentiel à accueillir divers usagers et de permettre le développement de leurs activités pendant différentes temporalités. Nous nous sommes intéressés à une zone qui peut offrir une diversité spatiale, sociale et fonctionnelle, et en même temps qui est soumise à l'incidence directe des phénomènes physiques qui peuvent influencer et caractériser les comportements des utilisateurs dans des zones spécifiques du même espace. Nous avions l'intention de trouver un lien entre ces phénomènes, les formes urbaines, et leurs répercussions dans les comportements et perceptions résultantes des usagers.

En second lieu, nous avons effectué une captation sensible/multisensorielle. C'est une approche d'immersion *in situ* pour découvrir l'espace et faire réagir nos sens aux différents évènements. Ainsi nous avons pu distinguer à chaque nouvelle visite les dynamiques réitératives qui ont pu donner des signes des origines d'un tel comportement (Thomas et *al.*, 2014). En parallèle, notre attention s'est focalisée sur l'observation des usagers avec un regard d'ordre étho-antropologique (Cosnier, 2001) qui consiste à observer tous les comportements « naturels » des utilisateurs dans leur environnement quotidien en perturbant le moins possible ces comportements.

En troisième lieu, nous avons construit des expériences collectives partagées avec des usagers. La méthode du parcours commenté (Thibaud, 2001) a été mise en œuvre pour accompagner les usagers de l'espace dans une déambulation afin de découvrir leurs expériences au fur et à mesure qu'ils parcouraient l'espace.

La quatrième partie a consisté en une caractérisation de l'objet à capturer. Cela a été une étape d'analyse de chaque expérience individuelle pour découvrir les situations répétitives évoquées par les usagers, notamment les modes d'appropriation de l'espace en fonction des phénomènes physiques et sensibles existants.

Finalement, nous avons terminé par une étape de capture instrumentée des ambiances. Le moment de l'enregistrement avec un regard « orienté » où « le rapport entre observation et description s'inverse : il ne s'agit plus de décrire ce que l'on perçoit mais de rapporter les descriptions à ce qui est observable sur place » (Thibaud, 2001, p. 88). Nous avons classifié l'information en catégories selon le phénomène physique sur lequel elle attirait l'attention. L'ensemble de ces données a été analysé conjointement avec les résultats des simulations numériques des phénomènes physiques observés (aéraulique, ensoleillement). Ces simulations ont révélé les liens entre les phénomènes microclimatiques et la morphologie urbaine (Athamena, 2012) et ont ainsi quantifié objectivement les expériences des usagers *in situ*.

2.2 Restitution des ambiances et analyse des effets transmis

Notre parti pris est de produire une restitution des données acquises sur site et simulées numériquement *via* un rendu audio-visuel. Nous avons réassemblé l'information capturée en un seul élément structuré de telle façon qu'il puisse transmettre et mettre en évidence certains marqueurs à l'aide des techniques d'édition des vidéos telles que le *compositing* (Meigneux, 2012) et la rotoscopie (Achemchame, 2013). Elles nous ont permis de grouper les comportements réitératifs développés sur différentes temporalités et les communiquer sur une même scène ; et d'associer des objets numériques résultants des simulations sur des images réelles enregistrées du site, cela afin de restituer un ensemble cohérent de marqueurs d'ambiance.

Pour évaluer la restitution nous avons fait visionner la vidéo à deux groupes de personnes. L'un des groupes ne connaissait pas le lieu et a donné son avis sur les ambiances traduites par la vidéo ; le deuxième groupe était usager de l'espace et devait faire un retour sur le fait qu'il identifiait ou non son expérience vécue.

3. Caractérisation de l'espace

3.1 Choix de la zone d'étude

Nous avons choisi l'île Gloriette de Nantes car elle est soumise à l'incidence directe de phénomènes physiques prégnants qui peuvent caractériser les comportements des utilisateurs, par exemple : les courants du vent provenant de la Loire, les sons de l'hélicoptère et les ambulances du CHU, et les masques solaires des bâtiments sur l'espace public. Cet espace se localise à l'ouest du CHU de Nantes (figure 2). L'espace public est divisé en deux zones, le passage de la rue Bias et une « place » située devant la bibliothèque universitaire (BU). Après avoir été une voie de desserte, la rue Bias a été aménagée en passage piétonnier et sert de connexion entre le CHU et la BU. Dans son prolongement cet espace aménagé débouche sur un espace dégagé qui a un aspect brut, une « place » sans nom et sans signes d'aménagement récents (graviers, blocs de béton).

Figure 2. Zone d'étude (sources *Google Earth* et *Google Maps*). À l'intérieur de l'îlot quelques constructions récentes (l'amphithéâtre Kerneis (1), un logement étudiant (2) et la BU (3)), coexistent avec des constructions plus anciennes et détériorées (un parking (4) et un logement collectif (5)).

3.2 Approche immersive

Cette étape s'est déroulée lors de visites sur la zone d'étude le 26 avril et le 27 mai 2016. Lors des premières visites, nous avons vécu l'espace en immersion, en usager. Dans le même temps, nous avons observé et relevé les comportements habituels des usagers tout au long de la journée. Les visites suivantes ont été destinées à échanger avec les usagers et à l'enregistrement des situations réitératives.

3.2.1 Observations

Les journées ont été contrastées au niveau météorologique et dans le comportement des usagers. La première journée (26 avril) a été caractérisée par un ciel couvert et un vent fort. La « place » est restée presque déserte pendant la matinée. La rue Bias est utilisée comme une zone de transit pour arriver à la BU, néanmoins personne ne reste sur ses bancs. Les courants provenant de la Loire ont une forte incidence dans le comportement aéraulique du passage. Un premier endroit de rassemblement est identifié : la porte de la BU, où les étudiants sortent pour la pause-café. Après avoir suivi quelques usagers qui marchaient vers la rue Professeur Yves Boquien, un deuxième lieu est identifié : l'entrée du parking de la BU ; cet espace, interdit aux piétons, est néanmoins utilisé car protégé du vent. Dans la rue Bias, la plupart des gens marchent du côté ensoleillé du passage malgré la cohabitation avec les voitures (figure 3, à gauche), alors que le côté exclusivement piétonnier non-ensoleillé reste moins fréquenté. Dans la deuxième journée (27 mai), où la présence du soleil a été beaucoup plus forte, les usagers s'éloignent de l'entrée de la BU pour leurs pauses et la « place » devient l'espace préféré pour s'installer (figure 3, à droite).

Figure 3. Incidence du vent et du soleil, observés sur les comportements des usagers.

3.2.2 Paroles d'usagers

Les interviews préliminaires des usagers installés dans l'espace public relatives à leur perception de l'espace affinent les observations faites précédemment. De plus, ils étaient conscients de leur appropriation de l'espace en fonction des conditions climatiques : *« Quand il fait beau on se pose sur les bancs [de la place] pour...pour manger....- Pour jouer....- Profiter du soleil un peu », « ici [la porte de la BU] à l'abri du vent, quand il fait froid, qu'il n'y a pas de rayons de soleil on se met là, et quand il y a un peu de rayons de soleil on se met là ou là-bas [la place] » « Le vent ? Là-bas il y a le petit garage [l'entrée du parking] (...) ça coupe du vent - ça pue bien, mais au moins c'est à l'abri du vent ».*

Ensuite, nous avons appliqué la méthode des parcours commentés (Thibaud, 2001) avec les usagers tout au long de la rue Bias et le passage Jean-Pierre Kernéis. Les principales remarques ont été liées au contraste de l'environnement bâti, le fait de partager le chemin avec les voitures, les sons des oiseaux, la faible taille des arbres, les tonalités neutres, le flux du vent et le manque d'abri : « *il y a des voitures qui passent souvent, c'est dangereux pour les passants (...), parce qu'il y a des confrontations parfois* », « *lorsqu'il fait beau, on entend souvent le bruit des oiseaux qui arrivent très souvent à côté du fleuve* », « *les pins sont vraiment tous petits petits, donc, c'est un peu moche, quand ils seront un peu plus grands ça sera plus joli* », « *il y a un jeu de contraposition entre des bâtiments, (...) tu vois un bâtiment qui est délabré d'un côté et de l'autre un qui est un peu plus neuf, et celui qui est plus neuf s'oppose aussi à la BU qui a un côté beaucoup plus statutaire, il s'impose notamment pour le nombre d'étages* », « *C'est vrai que le passage là, même quand il y a du soleil, il est plus sombre...- Et [il y a] du vent...- Alors que là [la place], quand il y a du soleil ça passe bien, voilà* », sont quelques exemples des remarques des usagers. En conclusion de cette étape, nous pouvons distinguer des espaces destinés au rassemblement et d'autres destinés au passage, en fonction des conditions climatiques. Avec un ciel couvert, la porte de la BU et l'entrée au parking deviennent plus utilisés, tandis que dans une situation ensoleillée, la « place » offre les conditions plus favorables.

3.3 Approche numérique

Suite aux expériences vécues dans le site, nous avons construit une maquette numérique 3D afin d'analyser les effets principalement décrits dans le lieu : le vent et le soleil (figure 4). Les phénomènes sonores ont été peu abordés lors des discussions certainement en raison de l'accoutumance des usagers, et donc n'ont pas été retenus pour effectuer des simulations. Nous avons simulé le comportement du vent sur l'extension de *Code_Saturne* pour *SOLENE* [1] selon sa direction prédominante nord-ouest et de l'ouest. Nous constatons des effets de décélération du vent à la porte d'entrée de la BU dus à l'addition du volume cylindrique (figure 4, gauche, (1)), qui protège les usagers du vent. De même, il y a une réduction de la vitesse du vent dans l'entrée du parking (figure 4, gauche, (2)), due à la confrontation des courants d'air provenant de la rue Professeur Yves Boquien et de la rue Bias. Nous avons effectué des simulations de l'ensoleillement de l'espace sur *SOLENE* pour recréer le comportement du 27 mai (figure 4, droite). Nous trouvons que le pourcentage moyen d'ensoleillement pendant les heures d'exposition est de 75,21 % pour la « place » tandis qu'il n'est que de 56,82 % pour la rue Bias. Ce faible ensoleillement ajouté à la haute incidence du vent permet une corrélation des résultats de simulation avec les expériences des usagers *in situ*.

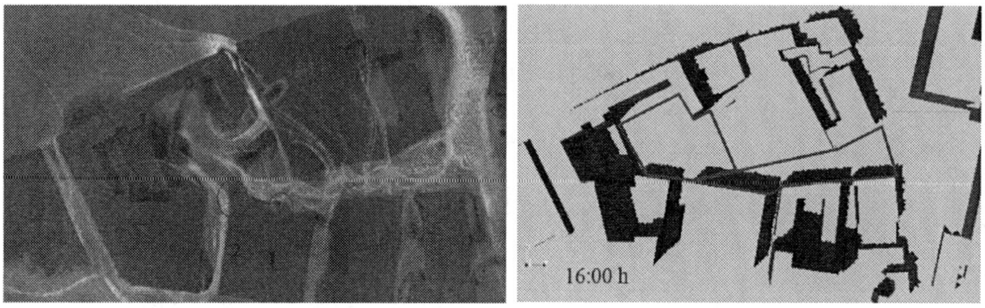

Figure 4. Simulation aéraulique avec *Code_Saturne* (à gauche), solaire avec *SOLENE* (à droite).

4. Restitution et analyse

4.1 Restitution des marqueurs d'ambiances par la vidéo

La vidéo[2], comme moyen de restitution d'expériences *in situ*, nous permet de mettre en évidence quelques phénomènes sensibles et physiques qui influencent les modes d'occupation de l'espace étudié. Elle nous permet aussi de faire une association entre les données résultantes des observations, des interviews et des simulations numériques. Nous avons organisé ce rendu en cinq temps qui groupent les éléments sonores et visuels qui caractérisent l'espace :

- *L'espace où l'on doit être* : nous proposons une vue parallèle du même espace sous des conditions climatiques opposées (figure 5). Nous manipulons la coloration des photographies afin de mettre en relief l'effet climatique cherché. Après, une première matérialisation du vent, en indiquant sa présence et direction, nous captons l'attention

[1] « Ensemble d'outils logiciels de simulation du microclimat urbain (…) » *SOLENE* | Équipe CRENEAU. Consulté le 4 janvier 2018, à l'adresse http://aau.archi.fr/crenau/solene/

[2] Un espace habité, vidéo consultée sur https://www.youtube.com/watch?v=chVIHBOyZkE

du spectateur sur un espace de faible fréquentation piétonne à cause de sa basse exposition solaire.

- *Un espace plus abrité* : nous présentons un passage de transition, où il y a une haute incidence aéraulique. Nous exposons l'effet du vent en ajoutant les résultats des simulations aérauliques aux images réelles du site (figure 6, gauche), en cherchant ainsi à exposer le comportement du vent ressenti dans l'espace.

- *On suit le soleil* : avec l'apparition du soleil les usagers se déplacent vers la tache lumineuse. L'entrée de la BU, présentée simultanément pendant différents moments de la journée, montre ses flux de déplacement naturels par *compositing*.

- *C'est moche…mais…* : nous montrons à la façon d'un dessin animé la perception d'un espace qui, malgré son apparence visuelle, devient le plus utilisé. Nous profitons de cette représentation pour mettre en évidence les endroits détériorés par le passage du temps avec la coloration sépia.

- *Traversées* : nous mettons l'accent sur le fait que les usagers n'utilisent pas l'un des passages aménagés et ils traversent la « place » en fonction de leurs besoins.

Figure 5. Même espace sous deux différentes conditions climatiques.

Figure 6. Résultats des simulations numériques surimposées aux images réelles ; aérauliques à gauche, solaires à droite.

4.2 Analyse des réactions des spectateurs

4.2.1 Spectateurs qui n'habitent pas l'espace

Nous avons fait évaluer la restitution vidéo des ambiances par sept personnes. Après leur avoir montré la vidéo, nous leur avons demandé leurs perceptions de l'espace en ayant des images de la vidéo imprimées comme support visuel lors de la discussion.

Globalement, les éléments les plus évoqués sont la façon dont le concepteur a conçu l'espace et la manière dont les usagers l'habitent, qui semblent contradictoires. À savoir, au lieu d'offrir des zones attractives ou des zones pour profiter du beau temps à l'extérieur, l'espace devient un endroit où les gens « survivent ». Ensuite, ils ont évoqué l'intention de montrer la pluralité de cet espace soumis à différents temporalités et conditions climatologiques. Ils ont repéré les vêtements des usagers et les ont associés à une saison.

Chaque séquence a ses aspects saillants. Dans *l'espace où on doit être*, les spectateurs ont principalement évoqué l'intention de présenter l'espace ensoleillé ou ombragé, qui a été renforcé lorsque l'ombre est matérialisée par le suivi du parcours d'un usager. Ensuite, ils notent la caractéristique de l'espace à être très exposé au niveau aéraulique et les bâtiments qui masquent le soleil. Dans la séquence *Un espace plus abrité*, toutes les personnes interviewées ont bien reçu le message de la forte influence du vent dans l'espace et ont aimé le fait de croiser les résultats de simulations avec les images de l'espace et les discours des usagers. Elles ont aussi remarqué et manifesté un sentiment d'étonnement quand elles se sont rendues compte que les étudiants se mettent dans un parking pour se protéger du vent. Dans *On suit le soleil*, les spectateurs ont bien remarqué les moments où les gens se placent juste dans la limite ombre/lumière, pour profiter du soleil. Les mouvements cumulatifs de l'entrée de la BU ont bien été mentionnés. *C'est moche...mais...* est la séquence où les opinions ont été les plus contrastées. Deux personnes parmi les interviewés ont mentionné que la coloration sépia utilisée rendait plus agréable l'espace et que cela contrastait avec le récit de l'étudiant. Les autres ont estimé que l'effet correspondait bien à l'idée que l'espace était moche et qu'il ne donne pas envie d'y rester. Enfin, dans la séquence *Traversées*, ils ont évoqué le fait que les gens préfèrent éviter le chemin conçu par l'urbaniste et en prendre un autre pour gagner quelques secondes dans leur parcours vers la BU.

4.2.2 Spectateurs qui habitent l'espace

Pour connaître les réactions des usagers qui habitent l'espace nous leur avons diffusé la vidéo des expériences par des réseaux sociaux et avec des nouvelles visites sur site. Ils ont remarqué le fait que les endroits et les phénomènes exprimés dans la vidéo correspondaient à leur expérience quotidienne, en mettant l'accent principalement sur l'influence du vent, et l'appropriation de la « place ». Bien que, de façon très générale, les spectateurs aient évoqué avoir identifié leurs comportements et perceptions de l'espace, nous regrettons de n'avoir pu obtenir des réponses plus spécifiques et différenciées par séquences qui auraient pu être très enrichissantes pour l'étude.

5. Discussion et conclusions

5.1 Discussion

Nous avons pu vivre, et puis nous avons tenté de recréer les états changeants des ambiances urbaines de l'Île Gloriette, à savoir un phénomène résultant de l'addition de différents facteurs sensibles et physiques qui mettent en évidence la complexité des ambiances urbaines. Cependant ces résultats peuvent aussi être affectés par des facteurs saisonniers, il serait donc nécessaire reproduire ces expériences pendant des périodes variées, d'autres saisons ou des situations nocturnes. Ce type d'approches croisées, qui s'intéressent à la compréhension des phénomènes d'ambiance, peuvent beaucoup apporter à la conception architecturale et urbaine pour améliorer l'expérience vécue des usagers.

De façon générale, le moyen de restitution choisi a permis de transmettre correctement l'ensemble des perceptions des usagers. Le fait de rendre visibles les éléments cachés comme le vent ou de mettre en évidence les attitudes des usagers permet de mieux comprendre les dynamiques qui se déroulent dans un environnement inconnu. Ainsi des personnes qui n'habitent pas l'espace, après avoir vu la vidéo, ont partagé les perceptions des personnes qui l'expérimentent dans leur quotidien. Certains choix de représentation se sont révélés particulièrement pertinents, en particulier la surimposition de résultats de simulation aéraulique sur une prise de vue réelle pour traduire une exposition au vent. Néanmoins, la représentation des divers phénomènes sur la vidéo est le résultat des références culturelles et personnelles des auteurs, ce qui n'assure pas la compréhension universelle des éléments transmis. Ces choix introduisent deux biais : la compréhension du phénomène exprimé et la compréhension des effets produits par le phénomène sur le spectateur. Par exemple l'effet sépia qui a été compris comme donnant un effet agréable à la perception du lieu pour certains spectateurs alors que l'effet recherché était contraire.

Enfin, cette recherche montre qu'il est nécessaire de revenir à l'échelle de l'utilisateur qui devra affronter et assumer le résultat des choix des architectes ou urbanistes, qui eux se déplacent constamment parmi les différentes échelles de la ville.

5.2 Conclusions

Globalement, nos intentions initiales ont été bien reçues par les spectateurs qui n'habitent pas l'espace, sauf pour l'effet de coloration sépia qui a généré des divergences dans la réception du message. Nous avons pu mettre en pratique et en évaluation divers éléments tels que les approches sensibles, les approches numériques, la captation et ensuite la restitution vidéographique. Nous sommes conscients qu'il ne s'agit que de l'un des moyens de restitution possibles. Cette démarche montre l'intérêt de rendre visibles les éléments cachés dans un environnement urbain pour traduire des marqueurs d'ambiance urbaine. Cette représentation pourrait être aussi abordée avec les méthodes d'affichage utilisant la réalité mixte qui permettent d'afficher des objets virtuels dans un environnement réel et offrent la possibilité d'une interaction observateur/environ-nement. De tels outils pourraient croiser un ressenti sur le site et un affichage d'indicateurs d'ambiances issus d'enquêtes ou de simulations.

Bibliographie

Achemchame, J. (2013). Quand le cinéma ne suffit pas, la rotoscopie au service d'une adaptation cinématographique. À Scanner Darkly par Richard Linklater, d'après Philip K. Dick. *Miranda. Revue pluridisciplinaire du monde anglophone / Multidisciplinary peer-reviewed journal on the English-speaking world*, (8). https://doi.org/10.4000/miranda.3344

Amphoux, P. (2001). L'observation récurrente. In *L'espace urbain en méthodes* (pp. 153- 169). Marseille : Parenthèses.

Athamena, K. (2012, octobre 11). *Modélisation et simulation des microclimats urbains : Étude de l'impact de la morphologie urbaine sur le confort dans les espaces extérieurs - Cas des éco-quartiers*. Thèse ECN.

Augoyard, J.-F. (2011). *Faire une ambiance*. Bernin : À la croisée.

Cosnier, J. (2001). L'éthologie des espaces publics. In *L'espace urbain en méthodes* (pp. 13- 28). Marseille : Parenthèses.

Gehl, J., et Svarre, B. (2013). *How to Study Public Life*. Washington : Island press.

Lerner, J., et Gehl, J. (2014). *Urban acupuncture : celebrating pinpricks of change that enrich city life*. Washington: Island press.

Meigneux, G. (2012). Le compositing : l'expérience de la durée et l'émancipation de l'observateur. In *Ambiances in action* (pp. 105- 110). Grenoble : Réseau international Ambiances : École d'architecture de Grenoble.

Peneau, J. P. (1990). Modélisation numérique des ambiances urbaines. In *IMARA 1990 : Image Animée et Représentation Architecturale* (pp. 31- 37). Bordeaux: École d'architecture de Bordeaux.

Thibaud, J.-P. (2001). La méthode des parcours commentés. In *L'espace urbain en méthodes* (pp. 79- 99). Marseille: Parenthèses.

Thomas, R., et *al.* (2014). MUSE – Les énigmes sensibles des mobilités urbaines contemporaines. (Report, Recherche ANR, Programme « Espace et Territoire » ANR-10-ESVS-013-01). Grenoble, Centre de recherche sur l'espace sonore et l'environnement urbain.

Tixier, N. (2011). *L'ambiance est dans l'air : la dimension atmosphérique des ambiances architecturales et urbaines dans les approches environnementales*. Grenoble : CRESSON.

Émergence de morphologies pour l'acoustique des espaces de performance

Antoine Gros[1]
[1] MAP-ARIA, UMR CNRS-MCC 3495, 3 Rue Maurice Audin, 69120 Vaulx-en-Velin

Résumé. L'acoustique est un vecteur important de qualité de l'ambiance architecturale dans un espace. Elle est aussi une contrainte forte pour le volume correspondant, dont la maîtrise des altérations pour améliorer la perception sonore n'est pas triviale. Nous proposons un outil d'aide à la décision a priori de la forme architecturale, utilisant un algorithme génétique multicritère couplé à un système de simulation acoustique et de calcul des mesures ISO. Son utilisation permet au concepteur l'émersion de morphologies innovantes et qualitatives, aptes à mettre en espace les visions contemporaines des espaces de performance.

Mots-clés. Aide à la décision, ambiance sonore, acoustique analytique, algorithme génétique multicritère.

Abstract. Acoustics is an important vector of quality for the architectural ambiance presented in a space. It is also a strong constraint to the corresponding volume, whose control of alterations to improve sound perception is not trivial. We propose an a priori decision support tool for architectural form, using a multi-criteria genetic algorithm coupled to an acoustic simulation and ISO measurement calculation system. Its use allows the designer the emergence of innovative and qualitative morphologies, able to put into space contemporary visions of performance spaces.

Keywords. Decision-making tool, multi-criteria genetic algorithm, architectural ambiance, analytical acoustics.

1. Introduction

En dépit du primat de la perception visuelle sur l'ensemble des sens dans les processus de conception architecturale (Pallasmaa, 2010), il est des espaces tels ceux de spectacle et de performance qui polarisent un intérêt évident pour leur qualité acoustique. La bonne perception des sons et la qualité de l'ambiance sonore y sont des exigences programmatiques.

[1] Corresponding author: ant.gros@gmail.com

Au vu de la contingence forte de la forme architecturale sur la conception d'ambiances sonores (Barron, 2009), il est nécessaire d'intégrer les exigences acoustiques au plus tôt dans le processus de conception d'espaces. Son intégration se fait principalement a posteriori de la forme, déjà instanciée en une maquette physique ou numérique (Rindel, 2002 ; 2011) permettant d'évaluer l'acoustique puis d'altérer la forme pour améliorer la qualité d'écoute.

Un nombre limité de formes et volumes sont aujourd'hui identifiés comme fonctionnels et de qualité, ils se perpétuent tout du long de l'histoire de l'acoustique (Beranek, 2003), s'affinent et se maîtrisent au rythme des avancées de cette science succédant ainsi aux démarches pleinement empiriques (Collectif et Mercier, 2002). La réutilisation d'une de ces morphologies apporte une sécurité relative lors de la construction d'un tel espace, l'exemple en est la quantité de salles de concert de type shoebox2 qui sont répertoriées (Beranek, 2003).

La maîtrise des ambiances architecturales est à la croisée de disciplines, l'enjeu est la capacité du concepteur à proposer une expérience *ad hoc* à un individu dans un milieu conçu. Soit, dans le cas des espaces de performance, de lui permettre d'assister à l'événement dans des conditions de visibilité et d'audition optimales en fonction de sa position dans la salle.

Nous proposons une aide à la conception a priori de la forme architecturale afin d'accompagner l'émergence de nouvelles morphologies pour les espaces de performance. Elles peuvent ainsi être au plus proche des visions, des demandes, des usages contemporains et futurs. Elle consiste en l'optimisation d'une morphologie paramétrée décrite par le concepteur au moyen d'un algorithme génétique multicritère dont la fonction d'évaluation dépend des optimums sur les critères *ISO* de quantification d'une ambiance sonore (BSI, 2009). Notre étude concernera l'acoustique des lieux de performance pour deux types de sources : la voix, son intelligibilité et la musique, l'estimation de sa qualité.

L'utilisation d'un algorithme génétique multicritère est une solution commune et identifiée pour la résolution des problématiques complexes et interdisciplinaires que suggère la pratique de l'architecture (voir section 3.1.). Cette méthode d'optimisation fournit un corpus d'optimums qui sont autant de suggestions de morphologies adéquates aux demandes du concepteur. De plus, la perception du son étant un phénomène multidimensionnel, il est adéquat d'y faire correspondre une optimisation multicritère.

De tels algorithmes sont mis en place comme aide à la conception et assistance à la prise de décision architecturale et créative (Marin et *al.*, 2009) ; aux problématiques thermiques et d'ensoleillement que ce soit pour l'éco-conception en phase amont (Marsault et Lequay, 2016) ou la conception orientée performance (Turrin et *al.*, 2011) ; à l'optimisation de structure acier (Preisinger, 2013).

Dans le cas de l'acoustique architecturale des salles de concert, l'optimisation d'une forme par un algorithme génétique monocritère a été effectuée en usant de la théorie de la préférence subjective en maximisant un indice composé de la somme des 4 facteurs orthogonaux (Sato et *al.*, 2004 ; Ando, 2009) et par la maximisation de la puissance sonore (Palma et al., 2014). Un algorithme génétique multicritère a été utilisé pour l'optimisation d'une *shoebox* selon les indices acoustiques *G*, *EDT* et *C80* [3] estimés d'après simulation, sans considération pour les critères de spatialité (Echenagucia et *al.*, 2014). Nous nous situons dans la continuité de cette étude par l'utilisation classique du mode opératoire proposé par Barron pour l'emploi de la norme *ISO3382-1* (Barron, 2005).

[2] Salles rectangulaires comme le *Vienna Musikverein* en Autriche ou le *Berlin Konzerthaus* en Allemagne.

[3] *G*, la puissance sonore ; *EDT*, le temps de réverbération du son et *C80* l'indice de clarté.

À l'échelle du détail pour l'acoustique architecturale, il faut noter les multiples utilisations de solutions algorithmiques pour l'optimisation de panneaux acoustiques diffuseurs ou absorbants (Rycke et *al.*, 2017 ; Studio, 2013).

Figure 1. Diffuseurs acoustiques optimisés par algorithme génétique, pour l'Elbphilarmonie, Herzog & De Meuron.

Pour modéliser la salle en 3D nous utilisons le logiciel de CAO *Rhinocéros*, le programme est écrit dans son environnement de programmation visuelle *Grasshopper*. Le plugin *Pachyderm* (vd Harten, 2013) calcule la réponse impulsionnelle en fréquence, la décroissance d'une impulsion sonore en fonction du temps, en modélisant la propagation du son par diffusion de rayons. Les itérations de l'algorithme génétique sont calculées via le plugin *Octopus*. L'utilisation de *Grasshopper* est un choix effectué au détriment de la vitesse de calcul, au profit d'une proximité avec les utilisateurs.

2. Évaluer l'acoustique d'un espace par la mesure

La branche analytique de l'acoustique architecturale est une science au développement tardif dont l'objectif est de faire le pont entre la perception sonore d'un espace et sa quantification en un ensemble d'indices (Addis, 2009). Le premier critère quantitatif défini par Wallace C. Sabine est le Temps de Réverbération *TR*, comme durée nécessaire à la décroissance d'un son dans l'espace.

La mesure des indices acoustiques des espaces de performance est standardisée par la norme *ISO 3382-1*. Le *TR* y est reconnu comme fondamental mais insuffisant à la description de l'ambiance sonore ; pour pallier à cela l'annexe I de la norme ajoute 7 critères.

La propagation de la voix et celle de la musique sont similaires, les sons émis concernent les mêmes bandes de fréquence. Des descripteurs analogues sont utilisés pour définir ces sources, la plupart basés sur le rapport entre le carré de la pression sonore reçue sur deux intervalles définis arbitrairement. Nous déclinerons notre approche en deux temps, selon la source, en suivant les recommandations *ISO* complétées par celles de (Barron, 2009) pour le choix des descripteurs et des objectifs correspondants.

Pour chaque critère, l'objectif est soit une valeur maximale, soit un intervalle. Dans le cas d'un intervalle, nous minimisons l'écart entre la valeur de l'indice et celle de l'intervalle-objectif pour tout récepteur.

Les indices sont estimés sur les bandes d'octaves normalisées entre 62,5Hz et 8kHz. Nous avons ajouté le calcul des critères de spatialité *ASW* et *LEV* depuis les formules *ISO* selon l'approximation de $IACC_{late,mid}$ par LF_{late} proposée par (Beranek, 2003), à la bibliothèque *Pachyderm* par un nouveau module que nous avons codé en *C#*.

La scène est modélisée sous *Rhinocéros* où sont disposés source et récepteurs, morphologie paramétrée et statique ; à chaque surface sont attachées les caractéristiques acoustiques du matériau envisagé.

2.1 Indices acoustiques pour l'intelligibilité des voix

Outre la puissance sonore, il faut privilégier le son direct et ses premières réflexions pour un temps de réverbération avoisinant 1s, suffisant pour une bonne intelligibilité et un son *« vivant »*. La *définition* – ou *Deutlichkeit* – est le rapport du carré de la pression sonore reçue 50ms après l'arrivée du son direct à la pression totale reçue. Le critère *STI* quantifie l'intelligibilité selon le bruit ambiant, c'est un critère normalisé sur l'intervalle [0;1] avec 1 l'indice d'une communication parfaitement intelligible.

Tableau 1. Indices acoustiques optimaux pour une parfaite intelligibilité de la voix.

Nature	*Quantité*	*Objectif*
Puissance sonore	Loudness, G	$G_{min} > 0$ dB
Réverbération	Temps de réverbération, TR	0,8s < TR < 1,2s
Clarté	Définition, D_{50}	$\max(D_{50})$
Intelligibilité	Speech Transmission Index, STI	STI > 0.8 pour NR25 bonne, excellente

2.2 Indices acoustiques pour la perception musicale

Les qualités acoustiques attendues d'une salle de concert dépendent du type de musique interprétée. Nous suivrons les recommandations faites pour les grandes salles de concert et d'opéra, à destination de musiques symphoniques. Le *TR* est plus élevé, la clarté *C80* est le rapport de la pression sonore reçue 80ms après l'arrivée directe du son à la pression reçue ultérieurement. Le *Listener Envelopment LEV* indique si le son parait focalisé ou non.

Tableau 2. Indices acoustiques optimaux pour la perception musicale.

Nature	*Quantité*	*Objectif*
Puissance sonore	Puissance sonore, G	Gmin > 0 dB
Réverbération	Temps de Réverbération, TR	1,8s < TR < 2,2s
Réverbération	Durée de Réverbération Initiale, EDT	1,8s < EDT < 2,2s
Clarté	Clarté, C80	-5 dB < C80 < 5 dB
Spatialité	Listener Envelopment, LEV	Opt :-2,6 dB < LEV < 2,6 dB ISO : -14 dB < LEV < 1 dB

3. Optimisation multi-objectifs de morphologies paramétrées

3.1 Algorithme génétique

Un algorithme génétique est un algorithme d'optimisation dont la stratégie est basée sur l'évolution d'une population de solutions vers un optimum théorique. Le processus itératif qui génère les populations est analogue aux mécanismes de la sélection naturelle, où survivent les individus les plus adaptés à l'environnement de solutions.

C'est un processus itératif, chaque itération contenant une population de solutions où chaque individu se différencie par ses variables, composant son génotype.

Le principe général de fonctionnement se décline en 3 étapes : 1) génération aléatoire de la population initiale ; 2) évaluation et sélection d'individus selon leur *fitness* (déterminée par la fonction d'évaluation, définie en 3.2.) ; 3) mutation et reproduction des individus sélectionnés pour constituer la population de la génération suivante.

3.2 Optimisation

Les gènes de chaque individu sont les paramètres de la morphologie à optimiser. La *fitness* pour chaque critère est la somme des distances entre l'intervalle-objectif et la valeur mesurée à chaque microphone pour les bandes de fréquences définies en annexe I de la norme *ISO*.

Le solveur multi-objectif utilisé est basé sur les algorithmes *Strength Pareto Evolutionnary Algorithm-II* (Zitzler et al., 2001) et *HypE* (Bader et Zitzler, 2011). Ils sont tous deux orientés vers la recherche et l'approximation d'ensembles Pareto-optimaux sur plusieurs critères. Ils conservent les individus générés dans un *pool* de réserve, où ils se répartissent selon leur *fitness* et leur rapport de domination vis-à-vis des autres individus selon chaque critère. La sélection se fait sous forme de tournois inter-génération, élites et outsiders mêlés afin de compléter le front de Pareto par une variété d'optimums.

Au terme des générations, les individus sont présentés dans *Octopus* selon 3 catégories : *Pareto*, *Élite*, *History* au sein d'une représentation de l'espace de solutions dans un repère orthonormé. Les caractéristiques des populations sont exportées sur tableur, nous proposons d'y adjoindre une visualisation en ligne sur la plateforme *Design Explorer* où chaque solution est présentée par une image, un modèle 3d et ses caractéristiques acoustiques moyennes (cf. figure 2).

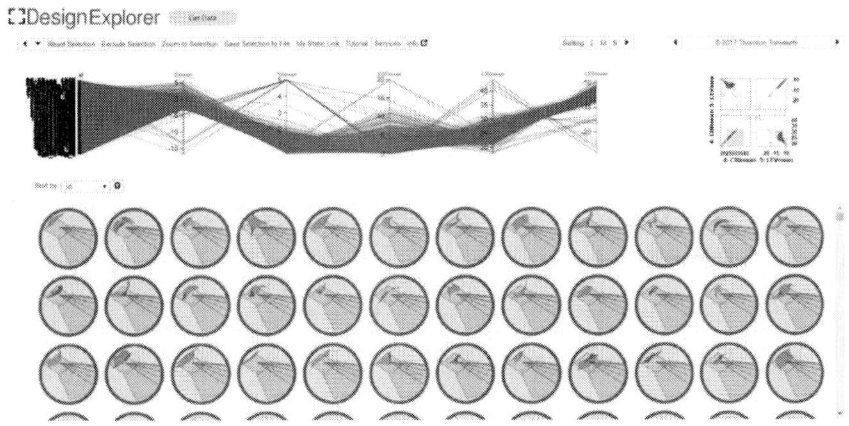

Figure 2. Interface *Design Explorer*, plateforme de présentation des formes obtenues en fin de processus, ordonnées selon leur performance pour chaque critère.

4. Application : Une coque acoustique en béton

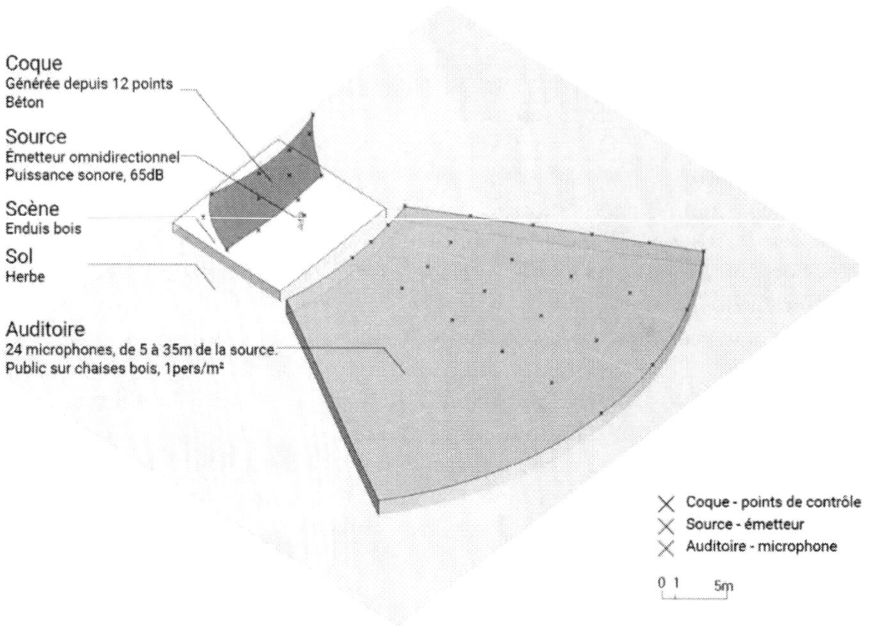

Figure 3. Source et ensemble de microphones.

La forme projetée est une coque en béton à double courbure que nous optimiserons pour la voix puis pour la musique (cf. figure 3), nous présenterons 3 alternatives et leurs valeurs moyennées sur l'ensemble des récepteurs, avec pour référence les valeurs des indices acoustiques pour une surface verticale.

La scène se situe en extérieur, les données acoustiques des matériaux sont définies par (Vorländer, 2007). La coque en béton est symétrique, les 24 microphones sont disposés sur une moitié de l'auditoire pour que chacun ait une valeur unique. Un émetteur omnidirectionnel d'une puissance sonore de 65dB est placé sur la scène, surélevée de 1m par rapport à l'auditoire. A chaque simulation 15000 rayons acoustiques sont lancés depuis cet émetteur. Chaque individu est évalué par une simulation, l'algorithme génétique itère sur 20 générations de 60 individus.

La coque est une surface *NURBS* décrite par la position de ses 4 sommets et 8 points de contrôle uniformément répartis. Les gènes sont les positions en X et Z de ces points.

4.1 Optimisation pour la voix

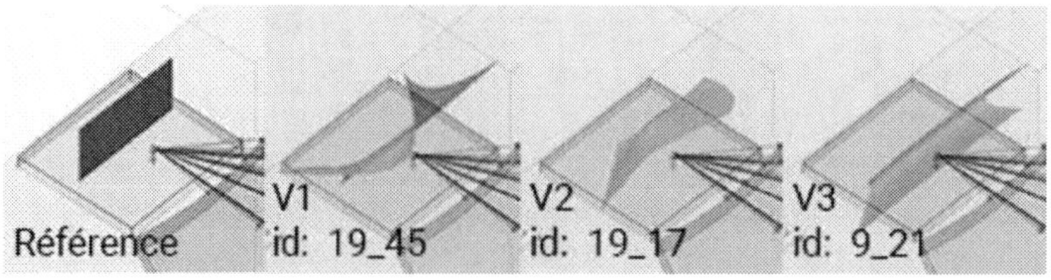

Figure 4. La surface de référence, optimisée pour l'intelligibilité ; l'intégralité des résultats sur *Design Explorer*, https://goo.gl/BtcoMc

Tableau 3. Valeurs moyennes des critères acoustiques pour la voix.

ID	*Objectif*	*Référence*	*V1*	*V2*	*V3*
G (dB)	*Gmin > 0 dB*	-1.33	2.90	2.85	1.02
TR (s)	*0,8s < TR < 1,2s*	1.03	0.94	0.91	0.96
D50 (dB)	*max(D50)*	99.17	99.42	99.49	99.58
STI (S.U)	*max(STI)*	0.77	0.89	0.86	0.87

Pour la surface référence, l'indice G indique une propagation de la voix insuffisante. Le temps de réverbération est adapté, mais la voix trop peu puissante est moyennement intelligible (STI < 0.8).

Les trois alternatives présentées sont plus performantes sur tous les critères : la voix se propage mieux, plus clairement, l'indice STI indique une intelligibilité importante.

4.2 Optimisation pour la musique

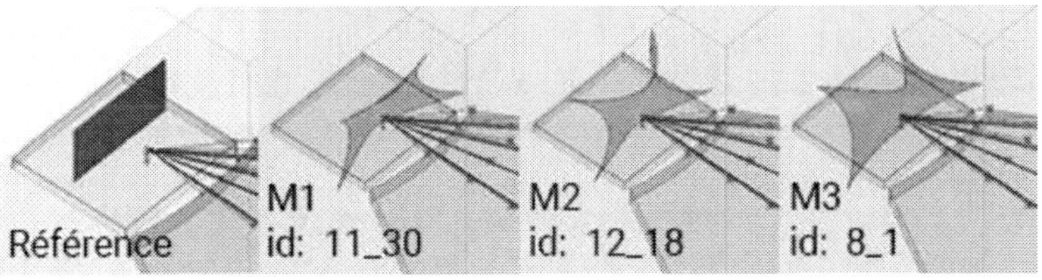

Figure 5. La surface de référence, optimisée pour la perception musicale ; l'intégralité des résultats sur *Design Explorer*, https://goo.gl/qQJg84

Tableau 4. Valeurs moyennes des critères acoustiques pour la musique.

ID	*Objectif*	*Référence*	*M1*	*M2*	*M3*
G (dB)	*Gmin > 0 dB*	-1.33	5.82	1.50	0.86
TR (s)	*1,8s < TR < 2,2s*	1.03	1.93	2.12	1.95
EDT (s)	*1,8s < EDT < 2,2s*	4.46	0.33	0.37	0.25
C80 (dB)	*-5 dB < C80 < 5 dB*	24.36	31.20	28.32	27.32
LEV (dB)	*2,6 dB < LEV < 2,6 dB*	-12.60	-11.8	-13.047	-12.98

Pour la surface référence, l'indice *G* indique une propagation de la musique insuffisante, le *TR* est trop bas, le son peu clair et trop dirigé.

Les trois alternatives présentées permettent une propagation de la musique correcte ainsi qu'un *TR* cohérent aux objectifs. Il y a néanmoins un manque de clarté et un son trop dirigé. Cela est dû à la morphologie envisagée et à l'absence de réflecteurs acoustiques au-dessus ou sur les côtés de l'auditoire.

5. Conclusion

Nous avons présenté une stratégie d'aide à la décision, proposant un ensemble de formes optimales pour une ambiance acoustique prédéterminée, à partir d'une morphologie paramétrée par le concepteur. Nous l'avons illustrée de deux cas d'application, l'une pour l'intelligibilité de la voix et l'autre pour la qualité de l'ambiance musicale.

Les études subséquentes devraient intégrer des notions de propagation sonore dans le solveur afin qu'il soit plus rapide, converge plus rapidement vers les formes selon les critères prédéfinis et évite la production d'individus *outliers*. D'autre part, il faudrait utiliser un moteur de simulation plus rapide que Pachyderm (Vorländer, 2007).

Bibliographie

Addis, B., (2009). A brief history of design methods for building acoustics. In : *Proc. Third Intern. Conf. Construction History, Cottbus*. S.l. : s.n. 2009.

Ando, Y., (2009). *Auditory and Visual Sensations*. 2010 edition. New York, NY : Springer. ISBN 978-1-4419-0171-2.

Bader, J. et Zitzler, E., (2011). HypE: An algorithm for fast hypervolume-based many-objective optimization. In : *Evolutionary computation*. 2011. Vol. 19, n° 1, pp. 45–76.

Barron, M., (2009). *Auditorium Acoustics and Architectural Design*. 2. London : Spon Press. ISBN 978-0-419-24510-0.

Barron, M., (2005). Using the standard on objective measures for concert auditoria, ISO 3382, to give reliable results. In : *Acoustical Science and Technology*. 2005. Vol. 26, n° 2, pp. 162–169.

Beranek, L., (2003). *Concert Halls and Opera Houses: Music, Acoustics, and Architecture*. 2nd ed. 2004. New York : Springer-Verlag New York Inc. ISBN 978-0-387-95524-7.

BSI, 2009. *BS EN ISO 3382-1-2009 Acoustics. Measurement of room acoustic parameters ; Part I Performance spaces*. S.l. BSI. ISO 3382.1

Collectif et Mercier, D., (2002). *Le livre des techniques du son, tome 1 : Notions fondamentales*. 3e. Paris : Dunod. ISBN 978-2-10-006304-8.

Echenagucia, T. M., Sassone, M., Astolfi, A., Shtrepi, L. et Van der Harten, A., (2014). EDT, C80 and G driven auditorium design. In : *Building Acoustics*. 2014. Vol. 21, n° 1, p. 43–54.

Marin, P., Lequay, H. et Bignon, J.-C., (2009). Outil évolutionnaire d'aide à la conception architecturale créative. Mise en oeuvre d'un algorithme génétique et prise en compte des paramètres environnementaux. In : S.l. : CAAD futures. 2009.

Marsault, X. et Lequay, H., (2016). Éco-conception pré-architecturale générative: jusqu'où peut-on aller ? In : *SCAN'16*. 2016. p. 12.

Pallasmaa, J., (2010). *Le regard des sens*. Paris : Editions du Linteau. ISBN 978-2-910342-68-5.

Palma, M., Sarotto, M., Echenagucia, T., Sassone, M. et Astolfi, A., (2014). Sound-Strength Driven Parametric Design of an Acoustic Shell in a Free Field Environment. In : *Building Acoustics*. 1 mars 2014. Vol. 21, p. 31 - 42. DOI 10.1260/1351-010X.21.1.31.

Preisinger, C., (2013). Linking structure and parametric geometry. In : *Architectural Design*.2013. Vol. 83, n° 2, p. 110–113.

Rindel, J. H., (2002). Modelling in auditorium acoustics. From ripple tank and scale models to computer simulations. In : *Revista de Acústica*. 2002. Vol. 33, n° 3 - 4, p. 31–35.

Rindel, J. H., (2011). Room acoustic modelling techniques : A comparison of a scale model and a computer model for a new opera theatre. In : *Building Acoustics*. 2011. Vol. 18, n° 3 - 4, p. 259–280.

de Rycke, K., Gengnagel, C., Baverel, O., Burry, J., Mueller, C., Nguyen, M. M., Rahm, P. et Thomsen, M. R. (éd.) (2017). *Humanizing Digital Reality : Design Modelling Symposium Paris 2017*. 1st ed. 2018 edition. S.l. : Springer. ISBN 978-981-10-6610-8.

Sato, S., Hayashi, T., Takizawa, A., Tani, A., Kawamura, H. et Ando, Y., (2004). Acoustic design of theatres applying genetic algorithms. In : *Journal of temporal design in Architecture and the environment*. 2004. Vol. 4, n° 1, p. 41–51.

Studio, LMN Tech, 2013. *Acoustic Form Finding with Grasshopper* [en ligne]. 4 février 2013. Disponible à l'adresse : https://vimeo.com/58870158.

Turrin, M., Von Buelow, P. et Stouffs, R., (2011). Design explorations of performance driven geometry in architectural design using parametric modeling and genetic algorithms. In : *Advanced Engineering Informatics*. 2011. Vol. 25, n° 4, p. 656–675.

Van der Harten, A., (2013). Pachyderm acoustical simulation : an open source geometrical acoustics laboratory. In : *Architectural Design*. 2013. Vol. 83, n° 2, p. 138- 139.

Vorländer, M., (2007). *Auralization : fundamentals of acoustics, modelling, simulation, lgorithms and acoustic virtual reality*. S.l. : Springer Science & Business Media.

Zitzler, E., Laumanns, M. et Thiele, L., (2001). SPEA2: Improving the strength Pareto evolutionary algorithm.

Stratégies de prospect du droit solaire par l'immersion

Laila Koubaa Turki[1, [1]], *Khaoula* Raboudi[1], et *Abdelkader* Ben Saci[2]

[1]Univ. Carthage, ENAU, Equipe de recherche M2A, Sidi Bou Saïd, Tunisie
[2]Univ. Grenoble Alpes, CNRS, ENSAG, AAU-CRESSON, 38000 Grenoble, France

Résumé. Cet article propose des stratégies du droit solaire basées sur l'optimisation du temps de coupure d'ombrage et des clôtures d'ombres. Il vise à minimiser l'empreinte carbone des bâtiments en exploitant au mieux les ressources utiles du contexte, notamment le parcellaire. Il propose la notion du retrait propre pour restreindre l'ombre à l'intérieur de la parcelle pendant le temps de coupure d'ombrage. Le retrait propre mutualisé par la négociation entre voisins optimise le potentiel solaire et la densité urbaine. Il sert à établir une réglementation urbaine dynamique qui se base sur l'immersion via une maquette numérique paramétrique. Celle-ci permet de définir des nouvelles stratégies de droit solaire favorisant à la fois la densification urbaine et une meilleure exploitation des ressources utiles de l'environnement.

Mots-clés. Droit solaire par l'immersion, modélisation paramétrique, prospect, réglementation morphologique urbaine, stratégies, négociation.

Abstract. This article proposes strategies of solar right based on the optimization of the shading cut-off time and shadow fences. It aims to minimize the carbon footprint of buildings by making the most of the useful resources of the context, particularly the plot. It proposes the concept of proper withdrawal to restrict the shade within the parcel during a shade cut-off time. The proper withdrawal mutualized by negotiation between neighbors optimizes solar potential and density. It is used to establish a dynamic urban regulation based on immersion via a parametric numerical model. This allows to define new strategies of solar right that promote both urban densification and a better exploitation of the useful resources of the environment.

Keywords. Solar right by immersion, parametric modeling, prospect, urban morphological regulation, strategies, negotiation.

1. Introduction

La règle du prospect de la limite mitoyenne définit l'implantation des constructions par rapport aux limites séparatives des parcelles. Elle détermine la distance minimale d'une

[1] Corresponding author : *koubaa.leila@yahoo.fr*

construction par rapport à la limite mitoyenne en fonction de sa hauteur. L'objectif de cette règle est de garantir l'accès à l'ensoleillement et une bonne aération (Belkaid, 2014). L'accès à l'ensoleillement est une préoccupation ancienne qu'on trouve dans plusieurs cultures. Dans l'architecture vernaculaire maghrébine, une attention particulière était portée à l'ombrage et l'ensoleillement. Celui-ci fût l'objet d'intérêt des hygiénistes (Harzallah, 2007) et considéré comme facteur de santé de l'architecture du XXème siècle (Hobday et Dancer, 2013). L'accès à l'ensoleillement est de plus en plus formalisé et pris en charge par des modèles et des outils informatiques (Siret, 1997). La modélisation paramétrique et la maquette numérique facilitent actuellement la génération de morphologie urbaine sous contrainte d'ensoleillement à l'échelle du quartier (Vartholomaios, 2015) et de l'ilot (De Luca, 2017). La détermination de règles urbaines d'ensoleillement qui tiennent compte des attentes des habitants nécessite la recherche de nouveaux dispositifs numériques dynamiques et interactifs.

En Tunisie, le prospect par rapport à la limite mitoyenne est calculé selon un rapport de proportion en fonction de la hauteur de façade. Le rapport recommandé par la réglementation urbaine en vigueur est de H/2 (P.A.C.T, 2016). La règle de prospect, telle que formulée actuellement, limite l'accès à l'ensoleillement en hiver, entraine des problèmes de surchauffe en été et freine la densification urbaine alors qu'il y a un besoin grandissant de terrains dans les agglomérations (Raboudi *et al.*, 2011 ; Chabbi, 2004). Nous nous demandons alors s'il est possible de proposer, à l'aide des techniques numériques actuelles, des stratégies de réglementation de prospect assurant un accès solaire optimal à plusieurs bâtisses implantées sur des parcelles voisines ?

Nous proposons de répondre à cette question à l'aide du concept de l'enveloppe solaire. En effet, ce dernier vise à préserver le droit solaire[2] en milieu urbain. Il contraint l'enveloppe constructible de manière à assurer l'accès direct du soleil des bâtiments voisins pendant des périodes remarquables d'ensoleillement (Knowles, 1981). L'enveloppe solaire est définie par les données de la clôture d'ombre et du temps de coupure. Ce dernier désigné d'ombrage par Raboudi et Ben Saci (2014) est la période de temps d'accès solaire des bâtiments voisins. Il correspond à des périodes d'irradiation solaire maximale en hiver. La clôture d'ombre est une limite restrictive de projection d'ombre. Elle est définie actuellement aux pieds des constructions voisines en considérant un contexte urbain « statique » parce que prédéfini par le prospect réglementaire.

Cet article vise à améliorer la détermination des contraintes du temps de coupure d'ombrage et des clôtures d'ombre. Nous proposons de définir le temps de coupure d'ombrage par une étude de l'irradiation solaire avec la loi de Pareto[3]. Nous proposons cette loi pour définir le seuil des heures les plus pertinentes du point de vue du captage de l'irradiation solaire directe. Nous proposons également la notion de retrait propre pour délimiter la clôture d'ombre. Cette notion permet de considérer l'environnement urbain dynamique et d'envisager des modalités de mutualisation. Elle offre une nouvelle approche de morphologie qui intègre le potentiel d'ensoleillement. Elle permet de formaliser des stratégies de réglementation urbaine de prospect en vue d'une meilleure gouvernance de l'espace urbain à l'ère de la ville intelligente. Elle offre un instrument de décision pour l'établissement de règles urbaines respectant le droit solaire et impliquant les habitants.

[2] Le droit solaire définit les conditions d'accès au soleil dans le bâtiment. Il désigne l'aptitude d'une construction à recevoir la lumière du soleil dans les limites de la propriété, sans obstruction de la propriété voisine (Knowles, 1981).

[3] La loi de Pareto décrit un phénomène empirique constaté dans certains domaines : environ 80 % des effets sont le produit de 20 % des causes (Pareto, 1965).

2. Détermination des contraintes de l'enveloppe solaire

2.1 Détermination du temps de coupure d'ombrage

Pour définir le temps de coupure d'ombrage, noté T_o, nous calculons l'irradiation solaire directe, notée Rd, reçue par heure pour différentes orientations de façades au solstice d'hiver. Nous nous intéressons dans cet article à l'étude de l'éclairement solaire directe hivernal sans tenir compte des apports solaires diffus et des inter-réflexions. L'objectif est de définir les heures de captage optimal. Le calcul est effectué sur un mètre carré de façade avec le plugin Ladybug[4].

Nous présentons dans ce qui suit le cas d'étude d'une parcelle d'habitat isolé située à la Goulette de Tunis à la station GPS 147017 (latitude 36.78, longitude 10.25). Nous calculons l'irradiation solaire directe de 8h à 16h pour différentes orientations de façades avec un pas de rotation des orientations des façades de 22.5°. La position 0° indique la façade Nord et la position 180° indique la façade Sud. Nous calculons également la somme des irradiations et le taux d'irradiation par heure (Tableau 1).

Tableau 1. Irradiation directe Rd (en W/m²) calculée le 21 décembre pour différentes orientations de façades avec un pas de 22.5°à la station GPS 147017 (Goulette de Tunis : lat 36.78, long10.25).

Heure / Façade	8h	9h	10h	11h	12h	13h	14h	15h	16h
0° Nord	0,00	0,00	0,00	0,00	0,00	0,00	0,00	0,00	0,00
22,5°	0,00	0,00	0,00	0,00	0,00	0,00	0,00	0,00	0,00
45°	0,97	2,69	0,00	0,00	0,00	0,00	0,00	0,00	0,00
67,5°	4,25	68,84	37,37	0,00	0,00	0,00	0,00	0,00	0,00
90° Est	6,88	150,71	173,90	100,49	$9{,}79^{E-13}$	0,00	0,00	0,00	0,00
112,5°	8,46	209,63	290,29	260,61	167,44	46,75	0,00	0,00	0,00
135°	8,75	236,64	362,47	381,05	326,81	217,15	90,49	15,17	0,00
157,5	7,71	227,62	379,48	443,48	436,43	366,68	251,01	134,09	34,01
180° Sud	5,50	183,95	338,71	438,40	479,61	460,39	373,32	245,67	93,96
202,5°	2,44	112,27	246,37	366,57	449,77	484,00	438,80	319,85	139,60
225°	0,00	26,19	116,53	238,93	351,45	433,93	437,47	345,33	163,99
247,5°	0,00	0,00	6,32	74,92	199,63	317,80	369,54	318,24	163,42
270° Ouest	0,00	0,00	0,00	$1{,}24^{E-13}$	17,42	153,28	245,35	242,70	137,96
292,5°	0,00	0,00	0,00	0,00	0,00	12,18	83,80	130,21	91,50
315°	0,00	0,00	0,00	0,00	0,00	0	$1{,}29^{E-13}$	13,07	31,11
337,5°	0,00	0,00	0,00	0,00	0,00	0,00	0,00	0,00	0,00
Σ	45,00	1218,60	1951,47	2304,48	2428,59	2492,21	2289,81	1764,37	855,59
Σ totale	15350,1485								
%	0,29%	7,93%	12,71%	15,01%	15,82%	16,23%	14,91%	11,49%	5,57%

[4] Ladybug est un composant développé par Sadeghipour Roudsari *et al.* (2013) pour le plugin de conception paramétrique et de programmation visuelle Dynamo et Grasshopper. Il utilise les moteurs de simulation EnergyPlus (US Department of Energy), RADIANCE (Ward, 1994), et Daysim (Reinhart et Walkenhorst, 2001). Le composant Ladybug utilise le modèle révisé ASHRAE (2009) et Clear Sky (modèle Tau).

Nous constatons alors que, pour 8h, 9h et 16h, le pourcentage de la somme des irradiations solaires directes de toutes les orientations est inférieur à 10% par rapport à l'irradiation totale. Nous retenons les heures les plus pertinentes de captage d'irradiation directe. Le pourcentage cumulé de l'irradiation de 10h à 15h est de 86,194%. En se basant sur le principe de Pareto, nous retenons la période de temps qui permet un captage d'au moins 80% de l'irradiation totale. Ce qui nous amène à fixer le temps de coupure d'ombrage T_o = [10h, 15h]. Nous constatons que cette durée représente 20% des 24h de la journée.

2.2 Détermination de la clôture d'ombre à partir du retrait propre en fonction du temps et de l'orientation

La notion de retrait propre, notée Rp, correspond au recul du bâtiment par rapport aux limites de la parcelle de telle manière que l'ombre soit restreinte à l'intérieur de la parcelle pendant le temps de coupure. Elle sert à définir les limites des clôtures d'ombre (figure 1). Le retrait propre varie en fonction de la date, de l'orientation et de la hauteur de la façade. Il est calculé par la formule suivante (1) :

$$\text{Rp} = h * \cos\beta / tg\,\alpha \quad \text{(mètre)} \qquad (1)$$

Avec :
h la hauteur du bâtiment (en mètre).
α l'angle de la hauteur solaire[5] (en degré). α exprime le temps.
β l'angle entre la normale de la façade et la projection du vecteur solaire au sol (en degré). β exprime l'orientation.

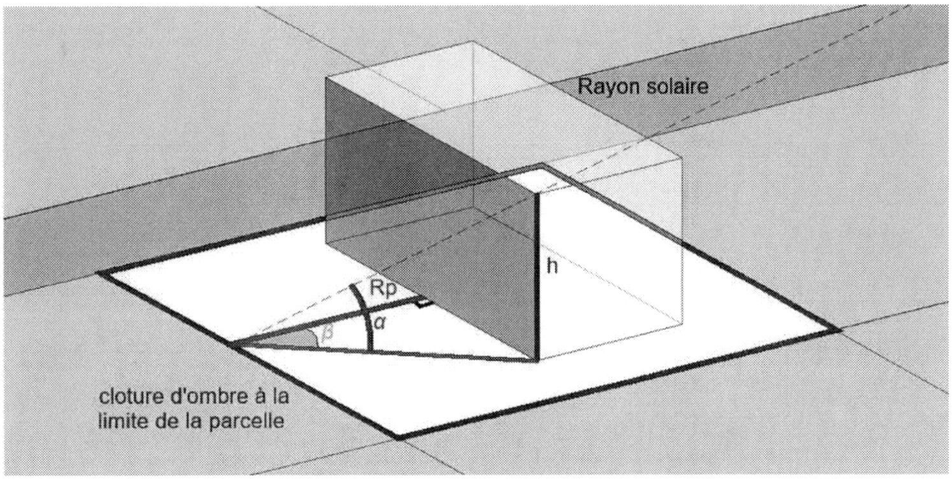

Figure 1. Composantes géométriques du retrait propre

Nous avons développé un composant paramétrique pour le calcul du retrait propre avec l'outil de conception paramétrique Dynamo. Les variables d'entrée sont : l'orientation de la façade, la hauteur de la façade, l'azimut et la hauteur du soleil. La sortie du composant est la valeur du retrait propre (figure 2).

[5] La hauteur solaire est l'angle formé par le rayon solaire et le plan horizontal.

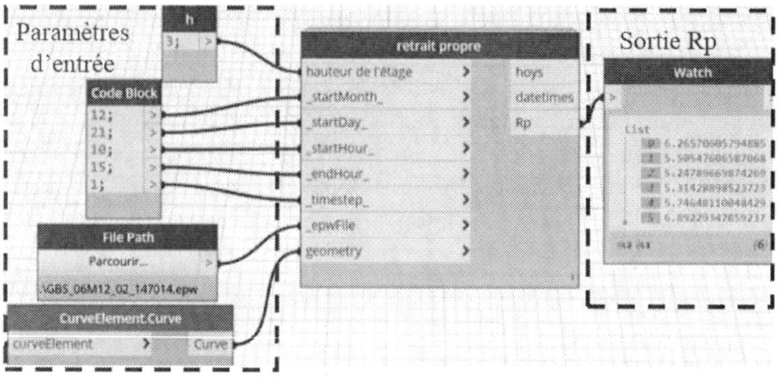

Figure 2. Module de calcul du retrait propre sur Dynamo.

Nous fixons à trois mètres la hauteur d'étage. Nous calculons le retrait propre pour différentes orientations de la façade avec un pas de rotation de 22.5°. La position 0° indique le Nord. Nous limitons le calcul du retrait propre à la période du temps de coupure [10h, 15h] déterminée plus haut. Nous obtenons ainsi seize orientations à étudier. Les valeurs du retrait propre Rp calculées par heure et selon les seize orientations étudiées sont exposées dans le tableau 2.

Tableau 2. Retrait propre Rp (en mètre) le 21 décembre à Tunis pour seize orientations.

Heure / Façade	8h	9h	10h	11h	12h	13h	14h	15h	16h	Rp max [10h,15h]
0° Nord	20,48	8,39	6,27	5,51	5,25	5,32	5,75	6,91	10,73	6,91
22,5°	7,30	4,46	4,19	4,33	4,69	5,32	6,39	8,55	14,87	8,55
45°	-6,97	-0,15	1,47	2,49	3,42	4,51	6,06	8,88	16,75	8,88
67,5°	-20,20	-4,74	-1,46	0,27	1,63	3,01	4,81	7,85	16,08	7,85
90° Est	-30,35	-8,61	-4,18	-1,98	-0,41	1,06	2,82	5,64	12,96	5,64
112,5°	-35,87	-11,17	-6,27	-3,94	-2,38	-1,05	0,40	2,56	7,87	2,56
135°	-35,94	-12,02	-7,39	-5,30	-4,00	-3,01	-2,07	-0,90	1,58	0
157,5	-30,53	-11,05	-7,39	-5,85	-5,01	-4,50	-4,23	-4,23	-4,95	0
180°	-20,48	-8,39	-6,27	-5,51	-5,25	-5,32	-5,75	-6,91	-10,7	0
202,5°	-7,30	-4,46	-4,19	-4,33	-4,69	-5,32	-6,39	-8,55	-14,87	0
225°	6,97	0,15	-1,47	-2,49	-3,42	-4,51	-6,06	-8,88	-16,75	0
247,5°	20,20	4,74	1,46	-0,27	-1,63	-3,01	-4,81	-7,85	-16,08	1,46
270°	30,35	8,61	4,18	1,98	0,41	-1,06	-2,82	-5,64	-12,96	4,18
292,5°	35,87	11,17	6,27	3,94	2,38	1,05	-0,40	-2,56	-7,87	6,27
315°	35,94	12,02	7,39	5,30	4,00	3,01	2,07	0,90	-1,58	7,39
337,5°	30,53	11,05	7,39	5,85	5,01	4,50	4,23	4,23	4,95	7,39

Nous remarquons d'après les calculs effectués, que certaines valeurs de Rp sont négatives. Les ombres projetées sont du côté de l'emprise du bâtiment et non du côté de la parcelle voisine. Il n'y a pas donc de retrait propre pour les valeurs négatives. Nous substituons 0 aux valeurs négatives.

3. Stratégies de prospect du droit solaire

L'étude du retrait propre confirme que la règle de prospect doit tenir compte de l'orientation de la façade. Cependant, la mise en œuvre tel quel de ce constat complique substantiellement la lecture des règlements d'urbanisme. C'est pourquoi nous proposons des stratégies qui intègrent les orientations et les heures de références d'irradiation solaire. Nous développons dans cet article la notion de mutualisation des retraits propres entre deux ou plusieurs bâtiments appartenant à deux ou plusieurs parcelles voisines. Chaque parcelle accepte de recevoir une partie de l'ombre projetée par le bâtiment voisin. Les bâtiments s'implantent alors sur les limites des ombres réciproques.

Nous distinguons deux classes de stratégies de prospect du droit solaire. La première classe ne mutualise pas le retrait propre, définit le prospect par la variation du retrait propre et restreint la projection de l'ombrage aux limites de la parcelle. La deuxième classe définit le prospect par un retrait mutualisé, accepte la projection de l'ombrage au-delà de la limite de la parcelle et se base sur la négociation. Chaque classe comprend trois modalités de retrait : (1) retrait sur-mesure qui calcule le retrait spécifique à chaque orientation de façade, (2) retrait prés-sur-mesure qui calcule le retrait par groupe d'orientations, et (3) retrait commun qui admet un retrait unique garantissant le respect du droit solaire en hiver quelle que soit l'orientation de la façade.

3.1 Modalités de retrait propre

3.1.1 Retrait propre sur-mesure

Il calcule le retrait propre spécifique à chaque orientation durant les heures du temps de coupure d'ombrage. La valeur du retrait propre retenue est la valeur maximale pour chaque orientation durant le temps de coupure d'ombrage [10h, 15h]. Les valeurs sur-mesure sont indiquées dans le tableau 2 selon l'orientation de la façade.

3.1.2 Retrait propre prés-sur-mesure

Nous constatons une corrélation entre la variation des valeurs de retrait propre et celles de l'irradiation directe par groupe d'orientation de façades. Ce constat nous amène à proposer la modalité de retrait prés-sur-mesure regroupant les orientations ayant un même sens de variation des retraits propres et des irradiations directes. Nous obtenons cinq groupes d'orientations avec une variation spécifique de Rp et de Rd (figure 3). Nous admettons la valeur maximale de Rp de chaque groupe garantissant le droit solaire à toutes les façades du groupe. Les groupes d'orientations et les retraits propres retenus sont exposés dans le tableau 3.

Tableau 3. Calcul du retrait propre par groupe d'orientation

Groupe d'orientations	Variation de Rd et Rp	Rp max à [10h, 15h]
]45°, 112.5°]	Rd augmente et Rp diminue	7,8 m
]112.5°, 202.5°]	Rd augmente et Rp est nul	0,0 m
]202.5°, 247.5°[	Rd diminue et Rp est nul	0,0 m
[247.5°, 315°]	Rd diminue et Rp augmente	7,4 m
]315°, 45°]	Rd est nul et Rp augmente	8,8 m

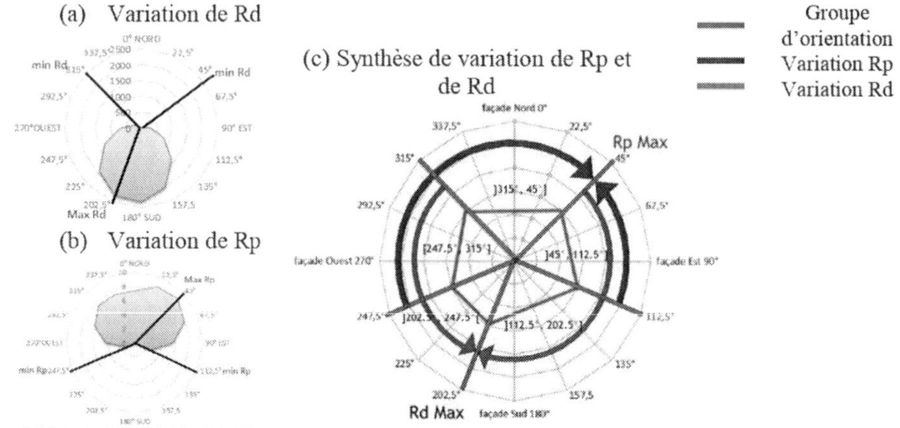

Figure 3. Groupes d'orientations selon la variation de retrait propre et de l'irradiation directe

3.1.3 Retrait propre commun

Il est possible de proposer une modalité de retrait propre commun à toutes les orientations de façades. Il s'agit d'admettre un retrait propre unique garantissant le respect du droit solaire en hiver quelle que soit l'orientation de la façade. Il s'agit du retrait propre maximal pour toutes les heures considérées et toutes les orientations. L'avantage de cette modalité est la simplification de l'application de la règle de prospect. Elle présente en contrepartie l'inconvénient d'être excessive pour certaines orientations. Par exemple, elle fixe la valeur de Rp à 8.8m pour toutes les orientations. Cette valeur est excessive par rapport à la modalité sur-mesure qui attribue un retrait propre de 2.5m pour la façade d'orientation de 112.5°.

3.2 Stratégies du retrait mutualisé

Nous détaillons ici la classe de stratégie de droit solaire qui définit le prospect par la mutualisation des retraits propres et qui accepte la projection de l'ombrage au-delà de la limite de la parcelle. La mutualisation considère l'environnement urbain dynamique et se base sur la négociation entre les voisins. L'immersion dans une maquette numérique paramétrique offre alors un support interactif de négociation.

3.2.1 Définition du retrait mutualisé

Le retrait mutualisé restreint la projection de l'ombrage aux pieds des constructions voisines en se basant sur la négociation.

En partant d'une situation initiale d'implantation des bâtiments selon le retrait propre (figure 4-a), nous distinguons trois cas de mutualisation. Dans le premier cas, nous admettons un retrait mutualisé maximal, noté Rm max, qui est égal à la somme des retraits propres des bâtiments A et B. Ce qui permet d'augmenter la hauteur des bâtiments A et B (figure 4-b). Dans le deuxième cas, nous admettons un retrait mutualisé minimal, noté Rm min, qui est égal à la valeur maximale des deux retraits propres des deux bâtiments. Ce qui permet d'augmenter la hauteur pour le bâtiment ayant un retrait propre minimal (figure 4-c). Pour le troisième cas, nous admettons une valeur comprise entre le retrait mutualisé minimal et le retrait mutualisé maximal. Ce qui permet d'augmenter la hauteur des bâtiments A et B (figure 4-d) selon l'accord des deux voisins.

Ces trois cas de détermination du retrait mutualisé (figure 4) permettent une négociation de la hauteur des constructions et de l'implémentation des bâtiments par rapport à la limite séparative. Dans le cas d'un retrait propre nul, exemple de la façade sud, les trois cas ci-dessus se réduisent à une seule variante.

L'implantation des deux bâtiments selon la distance Rm qui les sépare est un objet de négociation. L'implantation peut être d'une manière symétrique par rapport à la limite séparative de la parcelle ou asymétrique selon le critère de négociation et l'accord entre voisins.

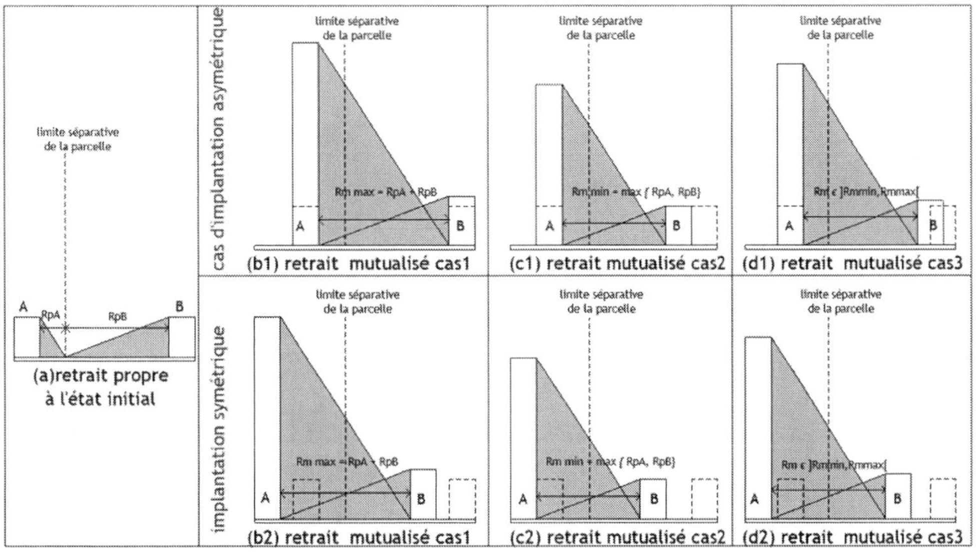

Figure 4. Stratégies de calcul du retrait mutualisé entre deux parcelles A et B. (variante d'implantation symétrique et variante d'implantation asymétrique)

3.2.2 Application de la stratégie de retrait mutualisé

Nous avons explicité ci-dessus trois modalités de retrait : sur-mesure, prés-sur-mesure et commun. Le cas le plus précis est la modalité de retrait mutualisé sur-mesure qui tient compte de l'orientation de chaque façade. Pour cette modalité, le retrait mutualisé et la hauteur fluctuent selon l'orientation de la façade. La modalité de retrait mutualisé prés-sur-mesure propose une mesure de retrait mutualisé par groupe d'orientations. Pour cette modalité, le retrait mutualisé et la hauteur fluctuent selon le groupe d'orientation. La modalité de retrait mutualisé commun admet une mesure unique du retrait mutualisé et de la hauteur.

Nous développons dans ce qui suit (tableau 4) le cas d'un retrait mutualisé sur-mesure pour le cas d'implantation symétrique par rapport à la limite séparative. Nous considérons l'exemple de deux façades A et B orientées respectivement à 247.5° et 67.5°. Le retrait propre de la façade A est de 1.4m et celui de la façade B est de 7.8m. Trois cas se présentent alors : (1) Rm max= 9.2m et il est possible d'augmenter la hauteur de A et B, (2) le retrait minimal est de 7.8m et il est possible d'augmenter la hauteur pour la façade dont le Rp< 7.8m, (3) choisir une valeur intermédiaire de Rp dans l'intervalle]7.8m, 9.2m[et il est possible d'augmenter la hauteur de A et B.

Tableau 4. Illustration du retrait propre mutualisé avec implantation symétrique après mutualisation. Cas de façades orientées 67.5° et 247.5° pendant le temps de coupure [10h, 15h].

Retrait propre initial	Façade A	Orientation / Rp	**247,5°**	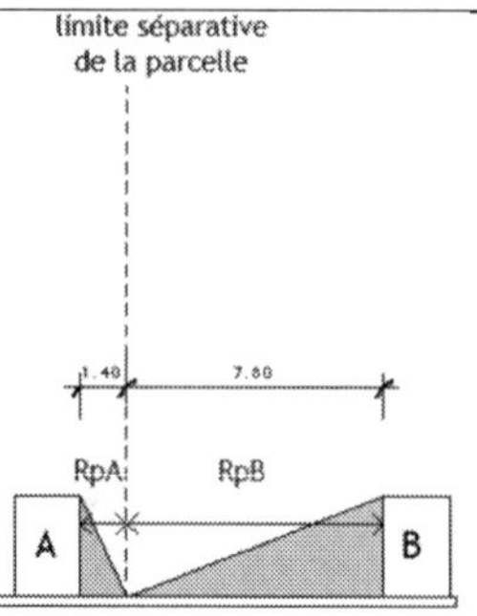 (a) Retrait propre
		RP A	1,4 m	
	Façade B	Orientation / Rp	**67,5°**	
		RP B	7,8 m	
Retrait mutualisé	CAS 1	Rm max = RpA + RpB	9,2 m	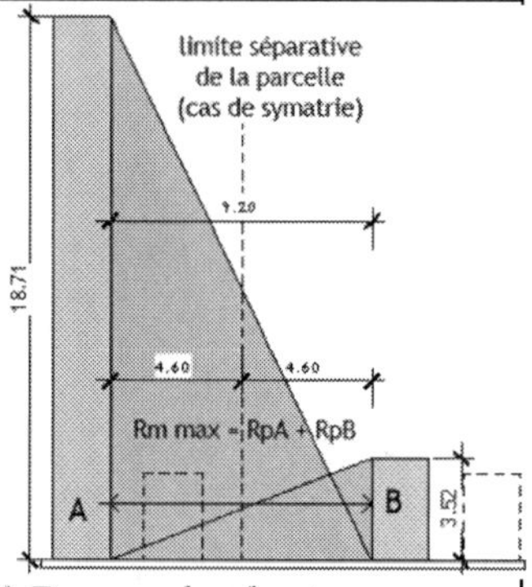 (b) Rm maximal retenu. Cas de symétrie.
		Façade A	**247,5°**	
		Hauteur	18.71 m	
		Nombre d'étages	5	
		Façade B	**67,5°**	
		Hauteur	3,52 m	
		Nombre d'étages	1	
	CAS 2	Rm min = max {RpA, RpB}	7,8 m	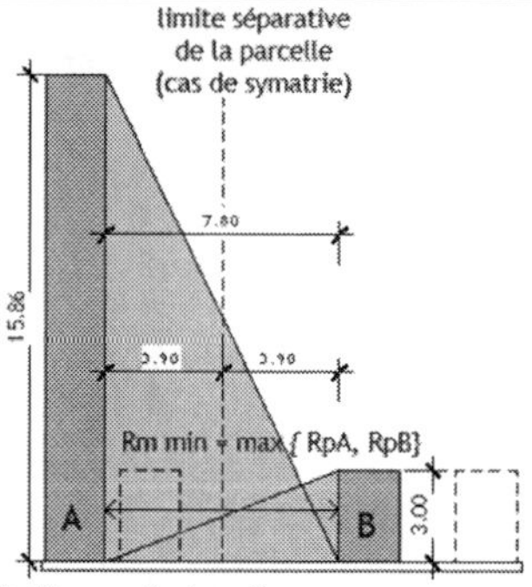 (c) Rm minimal retenu. Cas de symétrie.
		Façade A	**247,5°**	
		Hauteur	15,86 m	
		Nombre d'étages	5	
		Façade B	**67,5°**	
		Hauteur	3 m	
		Nombre d'étages	1	
	CAS 3	Rm ϵ]Rm min, Rm max[	8,5 m	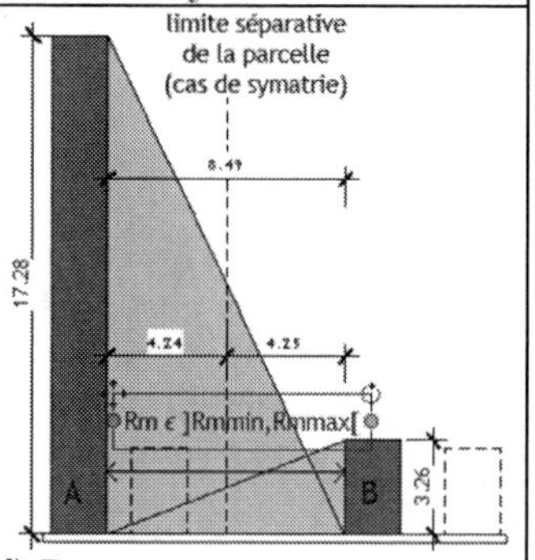 (d) Rm moyen retenu. Cas de symétrie.
		Façade A	**247,5°**	
		Hauteur	17.28 m	
		Nombre d'étages	5	
		Façade B	**67,5°**	
		Hauteur	3,26 m	
		Nombre d'étages	1	

4. Discussion

Chaque cas de négociation et de mutualisation traduit une vision du processus de densification. Dans le cas de retrait mutualisé maximal, nous avons des valeurs maximales de retraits et de hauteurs qui traduisent une densification verticale. Dans le cas de retrait mutualisé minimal, nous avons des valeurs minimales de retraits et de hauteurs qui traduisent une densification horizontale. Dans le troisième cas, plus la valeur choisie de l'intervalle s'approche du retrait mutualisé maximal, plus la solution tend vers une densification verticale, et plus elle s'approche du retrait mutualisé minimal, plus elle tend vers une densification horizontale. Nous avons donc ici, en plus du modèle de contrôle solaire, un instrument de planification urbaine.

Ce travail se limite à étudier les différentes stratégies et modalités qui préservent le droit solaire en milieu urbain. Cependant, dans un pays où les mois chauds durent plus que les mois froids, il est important d'étudier des stratégies et des modalités pour préserver le droit d'ombrage. Cette notion a été proposée par Raboudi (2017). Le droit d'ombrage définit les conditions d'ombrage entre bâtiments. Il désigne l'aptitude d'une construction à projeter son ombre pour protéger les bâtiments voisins du rayonnement solaire direct indésirable en été. Raboudi (2017) propose l'enveloppe d'ombrage comme dispositif géométrique permettant de préserver le droit d'ombrage. Nous proposons en continuité de ce travail d'étudier l'application des stratégies et des modalités de prospect pour l'ombrage. Il serait aussi intéressant d'utiliser les techniques d'optimisation multi objectifs pour trouver un optimum global entre les stratégies et les modalités d'accès solaire en hiver et celles d'ombrage en été.

Dans cet article, nous avons étudié seulement l'aspect énergétique de l'accès solaire. Il serait aussi important d'inclure d'autres aspects tels que les apports solaires diffus et les inter-réflexions, d'étudier d'autres facteurs tels que l'éclairage et le confort physique. D'autre part, nous avons calculé l'irradiation solaire au solstice d'hiver. Une étude plus étalée sur les mois les plus froids permettrait d'optimiser le potentiel de captage énergétique et de donner des résultats plus fins pour délimiter le temps de coupure d'ombrage. Il serait également important de déterminer le temps de coupure d'ombrage selon la consommation énergétique des constructions (chauffage et climatisation). Par exemple, dans l'hypothèse d'installation de dispositifs de captage énergétique, si l'intervalle du temps de coupure permet d'atteindre des valeurs d'énergie qui excèdent les besoins d'une construction, le temps de coupure pourrait être réduit au profit du voisin.

La notion de retrait mutualisé pourrait intégrer d'autres critères d'optimisation, tels que la densification urbaine, les besoins énergétiques des bâtiments et le confort physique des occupants.

5. Conclusion

Cet article présente un modèle de stratégies de prospect dotées de modalités préservant le droit solaire. Il propose la notion de retrait propre et de retrait mutualisé. La stratégie présentée sert à l'établissement d'une réglementation urbaine interactive respectant le contexte géo-climatique et intégrant l'avis des acteurs (voisins). Nous pouvons alors passer d'un cahier des charges statiques à un modèle paramétrique dynamique et immersif via une maquette numérique. Ce qui permet une plus grande flexibilité et interactivité. Les résultats de cette recherche s'appliquent aussi bien pour la conception de bâtiments dans de nouveaux tissus urbains que pour l'intervention dans des anciens tissus. Ils peuvent également fournir une base pour définir des orientations pertinentes pour la génération de parcellaires et de nouveaux tracés urbains.

Bibliographie

American Society of Heating, Refrigerating and Air-Conditioning Engineers. (2009) ASHRAE Handbook: Fundamentals. Volume 10 de 2009 Ashrae Handbook - Fundamentals. *ASHRAE Handbook Fundamentals Systems-International Metric System.*

Belkaid, A. (2014). *Morphose du volume englobant réglementaire*. Université de Carthage.

Chabbi, M. (2004). L'urbanisation en Tunisie, transformations et tendances d'évolution. Dans *Villes réelles villes projetées, villes maghrébines en fabrication*. Paris : Maisonneuve et Larose - Paris.

De Luca, F. (2017). From Envelope to Layout. Buildings Massing and Layout Generation for Solar Access in Urban. *ShoCK Sharing Computational Knowledge. In Proceedings of the 35th eCAADe Conference* - Volume 2. pp. 431-440. Rome.

Harzallah, A. (2007). *Emergence et évolution des préconisations solaires dans les théories architecturales et urbaines en France, de la seconde moitié du XIXème siècle à la deuxième guerre mondiale*. Université de Nantes.

Hobday RA., & Dancer SJ. (2013). Roles of sunlight and natural ventilation for controlling infection: historical and curret perspectives, Journal of Hospital Infection 2013. http://dx.doi.org/10.1016/j.jhin.2013.04.011

Knowles, R. (1981). Sun Rhythm Form. Cambridge, Massachusetts and London, England, MIT Press, 1981.

Pareto, V. (1965) « Essai sur la courbe de la répartition de la richesses », dans *Recueil publié par la faculté de droit à l'occasion de l'exposition nationale suisse*, Genève, Université de Lausanne, 1896 ; réédité dans Vilfredo Pareto, *Écrits sur la courbe de répartition de la richesses*, Genève, Droz, 1965

Plan d'aménagement urbain de la commune de Tunis, (2016).

Raboudi, K., Belkaïd, A., & Ben Saci, A. (2011). Système multi agents pour la modélisation du volume englobant solaire. *In Proceedings of the Biskra Architecture and Sustainability International Conference* (BASC'2011). Biskra.

Raboudi, K., & Ben Saci, A. (2014). Génération de volumes de contrôle solaire. In J.-C. J.-C. Bignon, G. Halin, & S. Kubicki (Eds.), Interaction(s) des maquettes numériques : *Acte du 6ème Séminaire de Conception Architecturale Numérique* (SCAN'14) (pp. 221–231). Luxembourg: Presses universitaires de Nancy.

Raboudi, K. (2017). *Générateur morphologique de règles urbaines de contrôle solaire*. Université de Carthage.

Reinhart, C. F., Walkenhorst, O., 2001, "Dynamic RADIANCE-based daylight simulations for a full-scale test office with outer venetian blinds." *Energy & Buildings*, 33:7 pp. 683697.

Sadeghipour Roudsari, M., Pak, M., & Smith, A. (2013). Ladybug: a Parametric Environmental Plugin for Grasshopper To Help Designers Create an Environmentally-Conscious Design. *In Proceedings of 13th Conference of International Building Performance Simulation Association*, 3129–3135.

Siret, D. (1997). *Propositions pour une approche déclarative des ambiances dans le projet architectural : Application à l'ensoleillement*. Université de Nantes.

Vartholomaios, A. (2015) 'The residential solar block envelope: A method for enabling the development of compact urban blocks with high passive solar potential', *Energy and Buildings*. Elsevier B.V., 99, pp. 303–312. doi: 10.1016/j.enbuild.2015.04.046.

Ward, G.J. 1994. The RADIANCE Lighting Simulation and Rendering System. *In Proceedings of the 21st Annual Conference on Computer graphics and interactive techniques*, Orlando.

Les dimensions de la perspective, quand les modes de représentations européennes et chinoises rencontrent l'image numérique

Laurent Lescop[1,*], et *Yang* Lu[1,2]

[1] AAU-CRENAU, UMR-CNRS 1563, ENSA Nantes, 6 Quai F. Mitterrand, 44262 Nantes, France
[2] Hochschule Anhalt, Seminarplatz 2a Postfach 2215 06846 Dessau, Allemagne

Résumé. Les codes de représentation pour la 3D utilisée pour les visites virtuelles s'appuient sur ceux de la perspective classique telle que décrite par Brunelleschi. Est-il possible dès lors de concevoir une visite virtuelle en utilisant les codes de la perspective chinoise ? La perspective traditionnelle chinoise organise l'espace selon trois valeurs qui organisent les objets dans l'espace et le temps. La compréhension de ces différences doit permettre de construire un espace de représentation immersif dont l'expérience sera fort différente de celles proposées généralement.

Mots-clés. Représentation, perspective, immersion, perception, 3D, scénologie, ambiances.

Abstract. The representation codes used for 3D virtual tours are based on the classical perspective described by Brunelleschi. Is it possible to design a virtual tour by using the codes of the Chinese perspective? The traditional Chinese perspective organises space according to "three distances" to place objects in space and time. The understanding of the "three distances" should allow the building of an immersive represented space in which the experience will be very different from that being usually proposed.

Keywords. Representation, perspective, immersion, perception, 3D, scenology, ambiances.

1. Rendez-vous à Derwentwater

Dans son célèbre ouvrage *L'art et l'illusion*, l'historien de l'art Ernst Gombrich (Gombrich, 1971) met en parallèle deux illustrations réalisées l'une par un artiste chinois, Chiang Yee (figure 1), l'autre par un anglais resté anonyme (figure 2). L'aquarelle rehaussée d'encre de Chiang Yee donne à voir un lac avec au premier plan quatre vaches qui paissent à l'ombre de deux arbres noueux. Par-delà l'étendue d'eau, des montagnes émergent de la brume. Le lac n'a que très peu de présence, à peine fait-il quelques clapots.

---

* Corresponding author: laurent.lescop@crenau.archi.fr

L'anglais compose autour du même thème, il donne cependant plus de précisions, des haies rythment le paysage et induisent des distances, les montagnes se reflètent dans les eaux du lac, une barque semble intriguer les vaches également présentes. Prises indépendamment, ces deux illustrations évoqueraient sans hésitation aucune, l'une un paysage chinois, l'autre un site anglais, il s'agit pourtant du même endroit. Les deux artistes ont représenté une vue de Derwentwater, l'un des lacs de ce comté de Cumbria dans le nord-ouest de l'Angleterre.

Figure 1. Chiang Yee 'Cows in Derwentwater', 1937, ink on paper, reproduced in 'The Silent Traveller: A Chinese Artist in Lakeland' (1937).

Figure 2. Anonymous, Derwentwater, looking toward Borrowdale, 1826, Lithograph, Crown Copyright Victoria and Albert Museum, London.

Cette différence d'expression que l'on perçoit parfaitement dans la juxtaposition de ces deux images ne traduit pas seulement ce que Zola appelait déjà *« un coin de la création vu à travers un tempérament »* (Zola, 1866) selon la formule mainte fois reprise, mais également le déterminisme culturel qui traduit graphiquement une conception de l'espace. La question que nous nous posons ici est de savoir si, après avoir saisi l'armature de ces différences, il est possible de composer des mondes numériques immersifs avec un dialogue culturel tel que celui proposé par Gombrich avec le paysage de Derwentwater.

2. Mathématiser la ressemblance

L'obsession du détail, du recueil intégral de chaque brin d'herbe tel que le souhaite le peintre Gerhard Richter, caractérise ce qui est décrit dans le monde occidental comme la ressemblance au sujet représenté. La ressemblance fait référence à la *mimesis* aristotélicienne que l'on associe à l'imitation de la nature. Le terme *mimesis* a été traduit à partir de la renaissance italienne par *représentation* sans pour autant résoudre la question de la relation entre représentant et représenté. Ainsi, l'imitation peut soit capturer tout ce qui caractérise le sujet ou bien se garder une distance qui en permet le contrôle. Au XVIIIe siècle, Diderot défend la distance représentative qui permet d'en contrôler la production, Rousseau récuse la césure de la représentation qu'il considère aliénante (Gilbert, 2013). Jean-Jacques Rousseau, dans la *Lettre sur les spectacles* (Rousseau, 1758), s'insurgeait contre le clivage de la représentation qui séparait l'activité de l'acteur de la passivité du spectateur y trouvant la métaphore d'une domination politique. Rousseau préférait qu'on se trouve immergé dans une fête ou un carnaval, à la fois spectacle et spectateur. Si le déploiement de ce paradigme dans le domaine de l'esthétique est connu et bien référencé, il doit également être observé dans le domaine de la physique et de la compréhension des phénomènes de la nature. L'imitation de la nature passe par la conception de modèles dont la qualité dénote également la distance qu'ils entretiennent avec ce qu'ils sont censés imiter. Ainsi, la représentation du système stellaire relève pour Galilée d'une substitution d'un visible immédiat par une *visibilité calculée*. A l'heure de l'image numérique, les questions se posent en des termes exactement identiques, avec des modèles cherchant à imiter totalement un phénomène comme celui de la lumière par exemple, et des modèles proposant ce que l'on pourrait qualifier d'expression métaphorique des phénomènes.

A l'origine de ces questionnements, se trouvent ceux du mécanisme de la vision. Hans Belting (Belting, 2012), rappelle que la culture occidentale associe, culture visuelle et production d'images. Le grec antique Empédocle spéculait au Vème siècle avant notre ère que des rayons lumineux sortaient de nos yeux formant ainsi les objets visibles (Maitte, 2015). Ces rayons ne pouvaient être que rectilignes comme le prouvent les règles de proportionnalité des objets selon la distance. On peut d'ailleurs noter que si la théorie d'Empédocle peut nous sembler amusante, c'est pourtant exactement ce principe qui a été développé pour la simulation de la lumière en informatique par la méthode du lancer de rayon. Cette dernière repose sur le calcul des trajectoires des rayons lumineux à partir de l'œil. Comprendre la vision a donc été à la source de la géométrie euclidienne, puis deux chemins se sont dessinés. D'un côté en Orient, inspirées des sources grecques, les recherches du célèbre savant du Xème-XIème siècle Alhazen, aboutissent sur les fondements théoriques de l'optique et de la lumière tandis qu'en Occident, se fonderont les règles de la perspective. La perspective est en effet, la mathématisation rigoureuse des lois de réduction des objets en fonction de la distance selon des principes progressivement mis au point par Brunelleschi, Alberti et Masaccio à partir du XVème siècle.

Cette construction du monde en est cependant une interprétation et se construit comme une croyance, ce que montre Dominique Raynaud en disséquant scrupuleusement les œuvres et écrits de Brunelleschi, Alberti et Masaccio. Il en arrive à la conclusion qu'il existe au-dessus de la composante géométrique de la création de la perspective en occident, la construction d'une croyance, celle « *d'une révolution renaissante des méthodes de représentation de l'espace* » (Raynaud, 2005). Les œuvres écrites ou peintes de ces trois peintres étudiés ne mobilisent pas assez rigoureusement les principes qui leur sont attribués par les autres les commentant. La technique de la perspective est le fruit d'une évolution alimentée par la mise à disposition de sources indisponibles jusqu'alors, puis par la codification académique. Raynaud conclu dès lors qu'il est « *improbable que la perspective soit à l'origine de notre conception de l'espace infini, homogène et isotrope* ». De fait, c'est ce modèle occidental académique qui sera ensuite utilisé dans les images numériques cherchant à imiter un réel comme étant considéré le plus proche de la vision naturelle. Les rendus 3D favorisent la perspective linéaire avec le rabattement des points en profondeur sur un plan de projection, ensuite un algorithme calcule ceux qui sont visibles ou masqués.

3. La perspective chinoise

En occident, si la représentation de l'espace dans une perspective linéaire peut être caractérisée par le concept abstrait de la description géométrique de l'espace physique, la perspective chinoise est basée sur l'expérience et donc sur la description de l'espace mental de perception. Ce qui différencie fondamentalement les approches occidentales et chinoises du monde est que l'occident se concentre sur les objets, tandis que les chinois décrivent l'espace entre ces objets. Cela permet d'introduire ici la notion de distance. Dans la Chine ancienne, la façon de représenter l'espace tridimensionnel n'a pas de nom précis. On retrouve cependant la dénomination projection parallèle oblique (Wu, 2004), mais il existe une position plus explicite avec l'utilisation du terme distance dans l'ouvrage Hua Shan Shui Xu (*l'Introduction à la peinture de paysage*) du peintre théoricien du Vème siècle de notre ère, Zong Bing (宗炳, 375-444). De fait, le terme distance, devient un puissant descripteur qui n'est pas sans rappeler les interrogations de Aristote et Rousseau telles que décrites précédemment. La première distance selon Zong Bing serait celle du point de vue. S'il est à l'intérieur du paysage dans le monde occidental, pour le théoricien chinois la scène paysagère est vue par les yeux et traduite par l'esprit. L'artiste après avoir observé le paysage se retire et va peindre selon sa mémoire, ce n'est donc pas un paysage décrit selon l'observation mais selon la subjectivité du souvenir.

La seconde distance proposée par Zong Bing vient pour la première fois proposer le principe de raccourcissement dans la représentation de la profondeur spatiale dans la peinture de paysage. Cependant, la taille réelle et la taille visuelle des objets n'ont pas de relation proportionnelle stricte, mais reflètent la « *disposition de la nature* » (自然之势) à travers cette comparaison de tailles. Ainsi, cette représentation bidimensionnelle de l'espace tridimensionnel n'est pas une description objective de l'espace physique, mais plutôt la description de l'expérience subjective de l'espace mental. Guo Si (郭思, fils de Guo Xi) dans son livre Lin Quan Gao Zhi (林泉高致, *L'Ambition lointaine dans les forêts et les ruisseaux*) a enregistré la pensée de son père Guo Xi (郭熙, 1023-1085), qui était artiste et théoricien. On y trouve une définition de ce qui est une structure en trois distances. Guo Xi indique ainsi que : « *Une montagne a trois dimensions (distances) : regarder de bas en haut donne la dimension appelée **hauteur** ; regarder d'avant en arrière donne la dimension appelée **profondeur** ; regarder en face d'une montagne à partir d'une hauteur opposée donne la dimension horizontale, le **niveau**. Le ton de la distance de hauteur est clair et lumineux ; celle de la profondeur, lourde et sombre ; celle du plan horizontal est quelque chose de clair et parfois sombre. La hauteur est obtenue en exprimant une force ascendante. La profondeur est obtenue en empilant couche après couche. L'effet de la distance est obtenu par l'utilisation de lignes brumeuses qui disparaissent progressivement.*

En peignant des figures humaines dans ces trois dimensions, celles des hauteurs doivent être claires et distinctes ; ceux dans les profondeurs détaillées et fines ; ceux dans le lointain rêveur et tranquille. Des chiffres clairs et distincts ne devraient pas être courts ; ceux qui sont fins et détaillés ne sont pas trop grands ; doux et rêveurs pas trop grands. Ce sont les lois des trois dimensions (distance). » (Sakanishi, 1935) (figure 3).

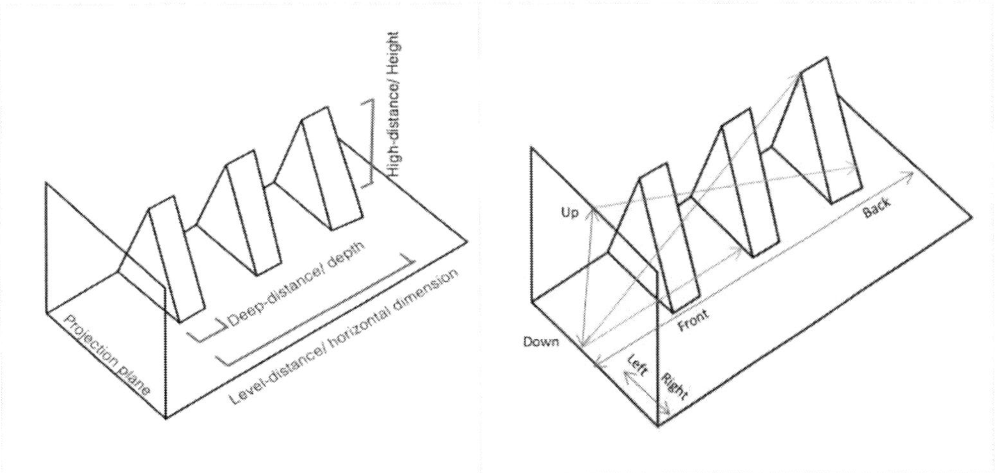

Figure 3. Schématisation des trois distances de Guo Xi dans la peinture du paysage (crédit J. Xiao (2013) et Y. Lu).

Il apparaît donc que les directions des trois distances ne décrivent que deux dimensions de l'espace, haut-bas et avant-arrière, il manque la description d'une troisième dimension latérale gauche-droite. Cela est compensé par une disposition de plans dans la profondeur avec une résolution par chevauchement et occlusion (Fong, 2003). Il n'y a donc pas de continuité entre les motifs. Les transitions entre les plans sont généralement traitées avec un nuage ou du brouillard. Finalement, ce mode de construction correspond à l'expérience du paysage (Feng, 2005) : la falaise verticale va susciter un sentiment de sublime et de magnificence, la profondeur exprime le mystère et l'incertitude, l'ampleur renvoie davantage à des ressentis de placidité et d'apaisement. Dans son livre, *Shan Shui Chun Quan Ji* (山水纯全集, 1121), Han Zhuo (韩拙) complète les trois distances de Guo avec six distances, pour une description plus complète de l'espace. Les trois ajouts sont la **distance large** (阔远), généralement une étendue d'eau avec une rive dans le premier plan et un balayage spacieux aux montagnes lointaines, ce qui correspond bien au paysage de Derwentwater ; la **distance brumeuse** (迷远), avec d'épais brouillards qui interrompent les cours d'eau et les plaines et les font disparaître ; et enfin la **distance obscure** (悠远), paysage oblitéré dans l'imprécision et la brume.

Un siècle plus tard, le peintre Huang Gongwang (黄公望, 1269-1354) reprendra la catégorisation en trois distances mais avec les nuances suivantes : « *(si) elle continue sans interruption depuis le fond, on l'appelle distance de niveau, quand elle est vue de près par des divisions et des ouvertures alignées, elle est appelée distance éloignée. Une vue lointaine au-delà de la montagne s'appelle haute distance* ». (Cahill, 1976). La différence entre Guo et Huang est que pour le premier, les objets sont disposés en fonction d'un point de vue tandis que, pour le second, comme un groupe unitaire cohérent dans lequel il introduit une notion de durée. Gou conçoit le paysage couche par couche, Huang commence lui à accrocher les montagnes aux berges ou les arbres aux collines ce qui induit une continuité de l'espace (figure 4).

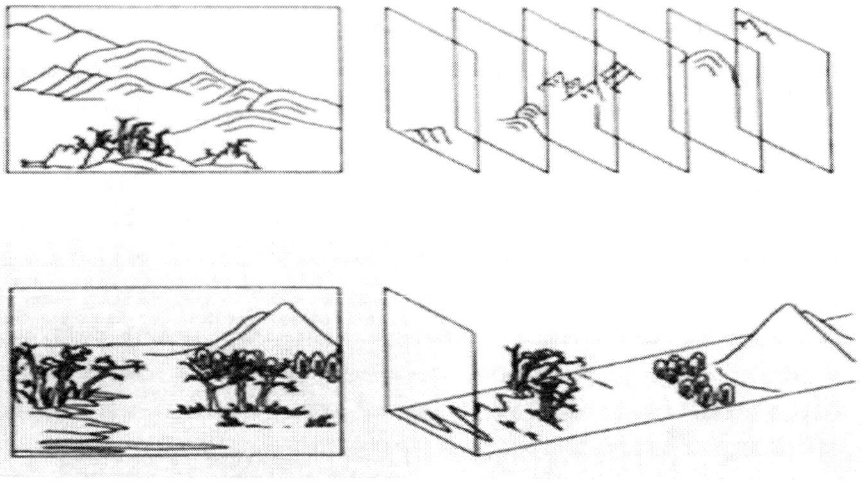

Figure 4. Schématisation des plans séquentiels (crédit WF).

4. Traductions numériques

Est-il dès lors possible de traduire, avec les outils numériques dont nous disposons, les dimensions occidentales et chinoises et de produire des images qui traduisent les dimensions de l'univers orthonormé de la peinture européenne et l'organisation des espaces inspirée de Guo ou Huang. Comme pour la construction de toutes images numériques, la première étape est celle de la modélisation où les éléments de l'univers décrit sont sculptés. Puis le rendu passe par une mise en scène de ces éléments en fonction du point de vue. Le passage à une visite immersive induit la possibilité de mettre en mouvement le point de vue et de pouvoir regarder dans toutes les directions (ce que Guo ne pouvait envisager). Le British Museum a promu fin 2017 un film présentant une visite immersive du mont Baiyue (aujourd'hui Qiyun) d'après un rouleau peint en 1623 par Xiang Shengmo. Dans cette animation, l'espace de la montagne est remonté en 3D (figure 5) permettant ainsi une exploration dynamique. De fait, la linéarité de la visite, le *continuum* spatio-temporel qu'induit la reconstruction proposée traduit bien le cheminement du souvenir mais propose également une trop formelle mensuration en l'espace.

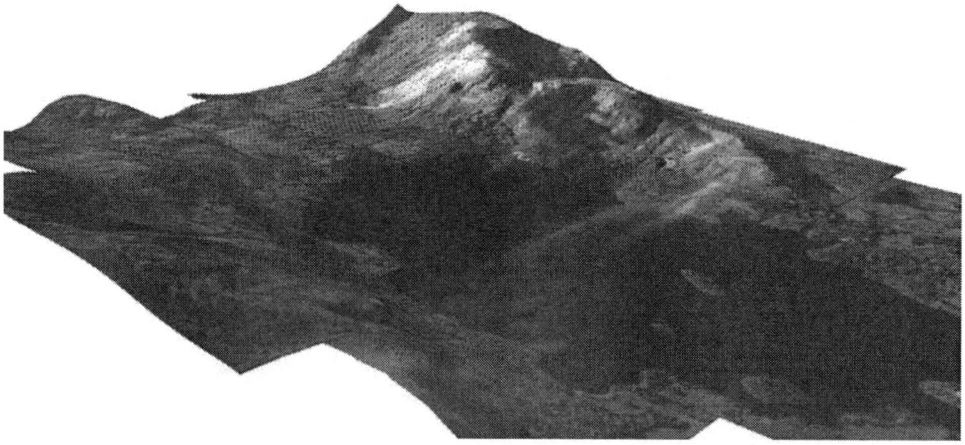

Figure 5. Modélisation du site réel de Derwent Water (crédit L. Lescop).

Reprenant les vues de Derwent Water, il est faisable de mettre en évidence les deux traitements tridimensionnels préparant la visite virtuelle. Très schématiquement, pour la version occidentale, le paysage est modélisé d'après le point de vue de départ et se présente comme une surface continue épousant les formes et reliefs et parsemée d'objets. Même si la peinture paysagère occidentale a joué des règles de la perspective, il est néanmoins assez aisé de repérer la ligne d'horizon et les lignes de fuites pour la version occidentale du paysage de la figure 2. En 3D, cela va impliquer la création d'une caméra qui va restituer la position du peintre et l'établissement d'une focale qui déterminera l'effet d'écrasement des plans, la déformation optique des objets et la correspondance du cadre du peintre et celui de la 3D. Il est important de choisir pour ce cadre les mêmes proportions que celles du peintre et de partir sur une focale correspondant plus ou moins à celle de la vision humaine, ce qui, généralement, convient. Si lors d'opérations similaires on trouve du bâti, les outils *Camera Match,* présents dans de nombreux logiciels 3D, permettent de construire les lignes de fuites à partir de l'image de référence et d'obtenir ainsi automatiquement la ligne d'horizon, la focale et la position de la caméra. Une des applications est la restitution des points de vue à partir d'anciennes photos (Lescop, 2016) (figure 6).

Figure 6. Modélisation du paysage version occidentale (crédit L. Lescop).

Une fois le cadre complet, il reste à compléter ce qui est hors-champ. Pour Derwent Water, nous disposons maintenant des modèles 3D du site, accessibles en ligne via les moteurs de recherche. A vrai dire, la partie la plus complexe consiste à retrouver la position du peintre quelque part autour d'un lac faisant plusieurs kilomètres de long.

Figure 7. Extrapolation séquentielle du paysage (crédit L. Lescop).

Pour la perspective chinoise, le paysage est saisi et décomposé en plans. La relation spatiale entre chaque plan est l'enjeu principal de la proposition car elle n'est pas commensurable mais séquentielle. Si la version occidentale du paysage a réclamé un volume tridimensionnel fait de continuités géométriques d'un plan à l'autre, le paysage « à la chinoise » est, lui, strictement décomposé en plans qui s'organisent dans la hauteur et dans la profondeur. Entre chaque plan, il n'est que du vide. Dans les premières versions, les premières tentatives, une caméra a été posée pour retrouver un point de vue (figures 7 et 8).

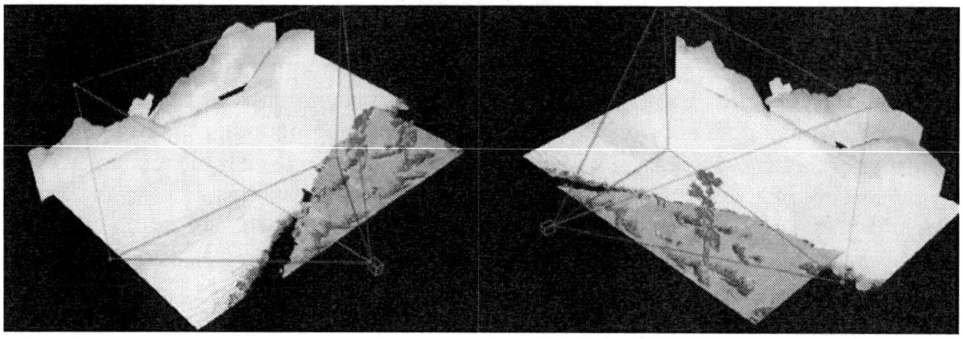

Figure 8. Construction des plans dans *After Effect* (crédit Y. Lu).

La décomposition en plans n'est pas sans conséquence en termes de perception de l'espace. Si le principe fonctionne bien pour une image fixe ou possédant peu de mouvements, il en est autrement pour des déplacements plus complexes. Au cinéma, la construction des décors en plans successifs associée à la technique du *Matte Painting* permet de décrire en profondeur des espaces complexes tels que des villes ou de vastes paysages. La technique autorise de petits mouvements de caméra faisant glisser les plans les uns par rapport aux autres sans qu'il ne soit possible de détecter l'astuce (Hamus-Vallée, 2016). Pour des mouvements plus complexes tels que des travellings, il faut procéder autrement. Lors d'un déplacement, les objets proches bougent plus rapidement tandis que les objets lointains restent pratiquement immobiles. Les objets proches sont sensibles aux changements d'échelles par la distance alors que les objets lointains le sont moins. Ainsi, un arbuste à proximité aura une grande dynamique, les montagnes en revanche et plus encore la lune, ne changeront pas de taille ni d'échelle alors que l'on s'en approche. Cette complexité a été très tôt repérée par Walt Disney à qui l'on attribue l'invention de la Caméra *Multiplane*. Ce dispositif, a en réalité été imaginé par Bill Garity en 1933 pour Disney mais avait déjà été utilisé par Lotte Reiniger pour son film *Les aventures du prince Aegmed* daté de 1923-1926 (Finch, 1999). Il s'agit de plateaux légèrement espacés recevant les cellulos, chaque plateau pouvant bouger latéralement, indépendamment, simulant ainsi de complexes mouvements de caméra. Le procédé a connu une spectaculaire notoriété grâce au film *Blanche Neige* réalisé en 1937.

Pour notre exemple, le paysage de Derwent Water se compose finalement de deux plans, celui des arbres et des vaches puis à distance, les montagnes. Entre les deux, le lac produit une mise à distance de la position du peintre à la montagne. La version anglaise contrairement à la version chinoise dispose des objets, arbres, balustrades, arbustes qui conduisent le regard vers la profondeur du tableau donnant par là même une idée précise des échelles de hauteur et de profondeur. Dans l'image de Chiang Yee, le lac impose la distance large (阔远) qui fait que la modélisation des montagnes imposera de les construire en dehors de toutes références géométriques autres que l'impression de hauteur et de distance. De fait, là où la non « géométrification » du paysage va être la plus visible est dans la préservation de la présence visuelle de la montagne avec une valeur identique quel que soit le déplacement. Pour ce faire, au minimum trois solutions : la première consiste à rejeter très loin les massifs et par conséquence à en augmenter considérablement l'échelle afin d'obtenir un effet visuel très éloigné du volume réel. La deuxième solution consiste à modifier constamment la focale de la caméra pour compenser la perception d'échelle des montagnes. La troisième solution réside dans l'adaptation de l'échelle des plans contenant les montagnes en fonction de la position de la caméra et de compenser dynamiquement afin qu'elles apparaissent toujours dans les mêmes proportions. Les objets des plans intermédiaires doivent subir les mêmes modifications dans des proportions relatives à leur distance du peintre virtuel. Dans tous les cas, on comprend que ces options ne permettent pas de retrouver les distances en profondeurs et la géométrie de l'espace comme on pourrait le faire à partir d'une perspective à la Brunelleschi.

Le premier plan en revanche peut être une surface modélisée de façon plus classique, mais le lac ne s'exprime plus que par le fait qu'il soutient la brume de laquelle émergent les montagnes. Dans la version anglaise, les eaux réfléchissent les objets environnants, de fines lignes expriment la brise. Dans la version chinoise, le lac met à distance mais n'interagit que très peu avec l'environnement. Il est pure distance (figure 9).

Figure 9. Capture écran de la version immersive chinoise (crédit L. Lescop).

5. Conclusion

La transcription numérique de la perspective chinoise demande une approche phénoménologique pour laquelle les outils ne sont pas conçus. Il faut retrouver les notions de dimensions qui traduisent la hauteur, la profondeur, le niveau dans une expérience immersive qui n'est pas sans rappeler ce qui a été conçu pour les panoramas du XIXème siècle avec un proche formé par le faux-terrain et la profondeur par la mise à distance de la toile tandis que la hauteur était donnée par les proportions de celle-là. Un des éléments caractéristiques également de la peinture chinoise est la présence du texte qui décrit et détermine. Cette piste sera à explorer dans la suite des développements en ce qu'elle est distinctive de la peinture occidentale. La position du texte dans un espace immersif est une question à part entière.

Il reste également à définir un protocole de déplacement dans cet espace immersif à la chinoise qui n'est peut-être pas celui du corps, mais celui de l'esprit cheminant en imagination à travers le paysage. Le cadre chinois n'est pas une fenêtre qui capture un point de vue et l'analogie à la fenêtre telle qu'utilisée en occident fonctionne autrement. La fenêtre chinoise ne fait qu'emprunter le paysage, elle ne le capture pas. Cela signifie que le cadre du tableau rassemble les sentiments et non un environnement, ce qui exclut la notion de hors-champ et par là, les tentatives d'immersion en ce qu'elles cherchent à outrepasser le cadre. C'est ce point qu'il s'agit maintenant de résoudre.

Remerciements aux professeurs Johannes Kalvelage, Claus Diessenbacher, Jasper Cepl, HochSchule Anhalt Dessau, Jacques Gilbert, Université de Nantes.

Bibliographie

Belting, H. (2012). *Contemporary art and the museum in the global age*.
Cahill, J F. (1976), *Hills Beyond a River: Chinese Painting of the Yuan Dynasty, 1279-1368* (His a History of Later Chinese Painting, 1279-1950; V. 1), WeatherhillClunas, Craig. 1997. Pictures and Visuality in Early Modern China. Reaktion Books.
Feng, W. (2005). *An Examination of Chinese Pre-Modern Visual Media, Its Influence on Landscape Ideology, Aesthetics and Relationship to Landscape Experience*. University of Sheffield.
Finch C. (1999). *L'Art de Walt Disney de Mickey à Mulan*, Editions de La Martinière.
Fong, Wen C. (2003). Why Chinese Painting Is History. *The Art Bulletin* 85 (2), 258–80.
Gilbert J .A. (2013). *Les variations de l'imitation*, Paris, le Cerf.
Gombrich, E. H. (2000) [1971], *Art and Illusion : A Study in the Psychology of Pictorial Representation*. Princeton University Press
Hamus-Vallée. R. (2016). *Peindre pour le cinéma : Une histoire du matte painting*. Presses Universitaires du Septentrion.
Lescop, L. (2016). *Ambiance et conception*, Livret 2, Mémoire HDR, Université de Nantes.
Raynaud, D. (2005). L'émergence de l'espace perspectif : effet de croyance et de connaissance. In A. Berthoz, R. Rech : *Les espaces de l'homme, Symposium annuel du Collège de France*, 2003, Paris, France. O. Jacob, pp.333-354.
Rousseau, J.-J. (1758). *Lettres à d'Alembert sur les spectacles*. (Édition Critique). Von Max Fuchs. Lille.
Sakanishi, S. (1935). *An Essay on Landscape Painting* (林泉高致, Lin Ch'üan Kao Chih written by Guo Xi, translated by Shio Sakanishi). John Murray.
Wu, C. (吴葱). (2004). *Beyond Perspectives: Architectural Graphics Study in Culture Perspective* (在投影之外: 文化视野下的建筑图学研究). Tianjin University Press (天津大学出版社).
Xiao, J. (2013). *Challenging Cavalier Perspective: An Iconological Study of Visual Perception of Depth in Chinese Representational Space.* University of Nottingham.
Zola, E. (1866). Mes haines. Collection des Œuvres complètes Emile Zola (Paris, n.d), XXIII, 176.

Mécanismes de Bricard : Quelles applications dans un système déployable ?

Chloé Lefeu[1,*], *Margaux* Gillet[1], et *Marc* Mimram[1]

[1] Ecole d'Architecture, de la Ville et des Territoires de Marne-la-Vallée, 77420 Champs-sur-Marne, France

Résumé. Les mécanismes de Bricard sont des mécanismes complexes et les recherches précédentes sur le sujet sont principalement basées sur leur compréhension mathématique et l'analyse de leur mouvement. La matérialisation physique du mécanisme de Bricard, ses applications et les connections possibles entre plusieurs mécanismes ne sont encore qu'à leurs débuts. Plusieurs utilisations de ces mécanismes sont étudiées dans le domaine des structures déployables à échelle humaine. Des choix de matériaux et de processus de fabrication sont discutés.

Mots-clés. Mécanisme de Bricard, structure déployable, mécanisme structurel, mécanisme reconfigurable, anneau de tétraèdres.

Abstract. Bricard linkages are complex mechanisms, and previous research on the subject was mainly based on the mathematical and kinetic analysis of its behavior. Thence, the physical materialization of Bricard linkages, its applications and the possible connections between several linkages are at an early stage. Several uses of such mechanisms are studied in the field of deployable structure at human scale. Choices of materials and fabrication process are discussed.

Keywords. Bricard linkages, deployable structure, structural mechanism, reconfigurable mechanism, ring of tetrahedra.

1. Introduction

En 1897, Raoul Bricard, ingénieur et mathématicien français, publie un article nommé « Mémoire sur la théorie de l'octaèdre articulé » dans le *Journal de mathématiques pures et appliquées 5e série* (Bricard, 1897). C'est dans cet essai que sont caractérisés, pour la première fois, les mécanismes qui prendront son nom par la suite. Les recherches qui y sont menées font suite à une problématique soulevée par M. C. Stephanos : « existe-t-il des polyèdres à faces invariables susceptibles d'une infinité de transformations avec altération seulement des angles solides et des dièdres ? ». Raoul Bricard propose alors une solution générale à ce problème dans le cas d'octaèdres à faces triangulaires. Il caractérise ainsi trois cas d'octaèdres déformables, puis trois cas de mécanismes surcontraints à six liaisons

* Corresponding author: chloe.lefeu@gmail.com

rotoïdes. De tels mécanismes sont définis par le critère de Kutzbach comme des structures rigides.

Cependant, les mécanismes de Bricard ont un degré de liberté. Cette mobilité leur donne le nom de mécanismes paradoxaux, ou surcontraints. Ce sont aussi les seuls mécanismes à six liaisons rotoïdes (6R) qui ne soient pas des modifications de 4R ou 5R. Ces propriétés les rendent intéressants à étudier pour les mathématiciens et ingénieurs. La surcontrainte des mécanismes de Bricard (6R) et de Bennet (4R) les rendent attrayants pour le développement de structures déployables. Une fois leur unique degré de liberté bloqué, ces mécanismes deviennent en effet des structures hyperstatiques. G.T. Bennett est le premier à étudier la géométrie des octaèdres déformables et leurs propriétés cinétiques (Bennett, 1903). En 1980, J.E. Baker donne les équations de fermeture des six mécanismes de Bricard (Baker, 1980).

Le travail présenté dans la section 4.2 a été réalisé en collaboration avec Valentin Batlle, Aurélien Beck, Julien Glath et Brieuc Graillot dans le cadre de notre thèse de Master à l'École d'Architecture de la Ville et des Territoires de Marne-la-Vallée.

2. Threefold-symmetric Bricard linkages

2.1 Histoire et définition

En 2003, W.W. Gan et S. Pellegrino (2003) ont présenté un nouveau type de structures déployables, qui forment une boucle fermée lorsqu'elles sont déployées et qui se regroupent en un paquet de barres lorsqu'elles sont repliées. Elles se composent de quatre ou six barres connectées les unes aux autres par des liaisons rotoïdes. De telles structures ont été précédemment présentées à la NASA par (Crawford *et al.*, 1973). Le système est adapté et utilisé pour la poutre de rive d'une antenne dépliable.

A la suite de leur article, Chen *et al.* (2005) ont investigué les utilisations possibles de ces mécanismes pour les structures déployables. En 2005, ils définissent un nouveau type de liaison Bricard, nommé « *threefold-symmetric Bricard linkages* », lien Bricard à triple symétrie.

Ce mécanisme possède deux caractéristiques principales : il a toujours trois plans de symétrie et les deux arêtes d'un tétraèdre qui le relie à ses voisins sont perpendiculaires. Ces propriétés en font un mécanisme de Bricard particulier, puisqu'il répond simultanément aux critères de définition d'un mécanisme de Bricard à symétrie axiale et à ceux d'un mécanisme orthogonal de Bricard. Si les angles de torsion ne sont pas égaux à $\pi/2$, le mécanisme est toujours mobile. Seule la condition de triple symétrie définit les *threefold-symmetric Bricard linkages* ; les angles perpendiculaires en font un cas particulier.

Il peut être défini par

$$a_{12} = a_{23} = a_{34} = a_{45} = a_{56} = a_{61} = 1 \qquad R_i = 0 \quad \text{pour tout } i$$

$$\alpha_{12} = \alpha_{34} = \alpha_{56} = \alpha \qquad \alpha_{23} = \alpha_{45} = \alpha_{61} = 360° - \alpha$$

avec :

a= longueur des barres reliant les liaisons rotoïdes

R= vecteur directeur des barres

α= angle de torsion entre les axes de deux liaisons consécutives

2.2 Cinématique

Parallèlement à la publication de Gan et Pellegrino (2003), Chen a publié sa thèse de doctorat (Chen, 2003 ; Chen *et al.*, 2005), où elle étudie la conception de mécanismes structurels. La première partie est consacrée aux mécanismes de Bennett, la seconde aux mécanismes de Bricard, et plus particulièrement au *threefold-symmetric Bricard linkage*. Elle y étudie les variations de φ et de θ en fonction d'α, c'est-à-dire la fluidité de rotation du mécanisme. Le même comportement est observé pour les angles α et π-α.

Nous observons que toutes les lignes passent par les points (0, 2π/3), (0, -2π/3), (2π/3, 0), (-2π/3, 0). Cela veut dire que tous les *threefold-symmetric Bricard linkages* peuvent être aplatis en un triangle équilatéral planaire. Lorsque $0 \leq \alpha < \pi/3$ ou $2\pi/3 < \alpha \leq \pi$, le mouvement n'est pas continu ; il est bloqué physiquement par l'intersection de trois liaisons. Le mécanisme forme une boucle fermée au mouvement fluide pour $\pi/3 < \alpha \leq 2\pi/3$. L'angle de torsion α doit donc être la conséquence d'un choix quant à l'usage du mécanisme : pour une structure déployable telle qu'une antenne spatiale, il est important de trouver une position finale bloquée au mouvement du mécanisme. Au contraire, pour certaines applications comme celles présentées ci-dessous, il est intéressant de garder cette continuité du mouvement.

Chen a pour sa part développé dans sa thèse le cas de $\alpha = \pi/3$ ou $\alpha = 2\pi/3$. Les angles φ et θ atteignent π ou -π simultanément, ce qui correspond à la position la plus compacte. Ce sont les seuls angles qui proposent cette position compacte.

3. Etat de l'art : une matérialisation à ses débuts

3.1 Construire des mécanismes de Bricard

Afin de tester ses hypothèses, Chen a réalisé plusieurs prototypes dans des matériaux divers. Ses expérimentations mettent en avant un point crucial de la matérialisation des mécanismes de Bricard : la rigidité relative des liaisons rotoïdes et des faces des tétraèdres. Les rotules doivent pouvoir subir une légère déformation plastique pour effectuer un mouvement fluide. Si les faces sont moins rigides que les liaisons, ils vont reprendre les charges exercées sur le mécanisme.

Luo *et al.* (2007) ont étudié les applications des *threefold symmetric Bricard linkages* dans le domaine des structures rétractables, pour un toit par exemple. Au contraire de Yan Chen, qui a matérialisé les éléments entre les rotules par des tubes à section triangulaires, Luo et ses collèges les ont réalisés sous la forme de tétraèdres. Cette conception apporte une notion d'opacité et d'étanchéité qui n'est pas présente dans les précédentes études. La fabrication des éléments sous forme de volumes leur donne en outre plus d'inertie. Le prototype qu'ils ont réalisé est composé de faces en plastique et de charnières métalliques installées entre les faces internes des tétraèdres. Les liaisons ont donc ici plus de rigidité que les faces, et ne risquent pas de subir des déformations.

3.2 Kinetogami

Un anneau de tétraèdres réguliers peut être réalisé à partir d'une feuille de papier. Concilier un pliage 3D avec un mode de fabrication 2D pour créer des mécanismes ayant plusieurs degrés de liberté et la capacité de se déployer est aujourd'hui un champ de recherches spécifiques, nommé *Kinetogami* par ses inventeurs, Gao *et al.* (2013). Cette dénomination regroupe le mot grec « Kinetikos » et le mot japonais « kami », signifiant littéralement que des mécanismes polyédraux et des structures en mouvements sont créés à partir d'une simple feuille de papier. Les liaisons pliées relient des volumes creux et non des tiges pleines. Cette cavité intérieure au mécanisme peut accueillir différentes fonctions, comme nous le verrons plus tard. Les auteurs proposent plusieurs configurations à partir de plusieurs tétraèdres. L'une d'elles, la « *Multi-Serial-Loops* » se présente sous la forme d'un hexagone en position fermée et sous celle d'un hexagramme évidé en position ouverte.

Ces recherches ont permis la fabrication d'un robot « HexaMorph » (Gao *et al.*, 2014) dont la structure est réalisée à partir d'une planche de carton, ce qui est à la fois léger et économique. Contrairement à d'autres systèmes robotiques modulaires, l'HexaMorph ne possède pas de plateforme centrale, et sa structure lui permet de bouger continuellement jusqu'à se retourner. Le robot peut être positionné selon différentes configurations sans avoir à le démonter. Il est aussi très facile à construire puisque l'assemblage et la fabrication sont réalisés en 2D, le pliage et la reconfiguration en 3D. L'intérieur des tétraèdres est utilisé pour stocker les composants électroniques provoquant son mouvement. Ils sont contrôlés à distance par un ordinateur. D'autres matériaux peuvent être utilisés, s'ils répondent à certains critères : les faces doivent être rigides et les liaisons flexibles. Les impressions 3D permettent aujourd'hui de répondre à de telles demandes. Les faces du prototype sont réalisées à partir de polypropylène.

4. Du modèle mathématique à sa réalisation physique

4.1 Définir les enjeux de la conception

4.1.1 Expérimentations manuelles

C'est à travers le modèle de chaîne de tétraèdres réguliers que nous avons approché en premier lieu les mécanismes de Bricard. Nous avons commencé à étudier empiriquement des chaînes de six tétraèdres, autrement qualifiées de kaléidocycles. Nous les avons réalisées par pliage d'une seule feuille de papier ; ces objets laissent voir alternativement les quatre faces des tétraèdres réguliers d'un même point de vue. Ils n'offraient cependant aucune position notable dans le cycle de rotation ; seules les couleurs des faces permettaient de les différencier.

Dans l'optique d'une utilisation en tant qu'élément architectural, le patron des tétraèdres a été modifié afin de présenter des variations dans l'ouverture du module. Les quatre faces en triangles isocèles sont remplacées par deux faces en triangles rectangles et deux faces en triangle isocèle (figure 1a). Cette modification apporte quatre phases notables lors de la rotation du mécanisme, représentées figure 1b : une position fermée, une position intermédiaire, une position ouverte et une deuxième position intermédiaire qui permet de boucler jusqu'à la position fermée.

Figure 1. (a) Premier prototype de kaléidocycle, (b) Phases de la rotation.

Les utilisations possibles d'un tel dispositif sont variées. Il pourrait être utilisé comme toiture dont l'ouverture varie selon les conditions météorologiques (soleil, intempéries), un mur dans lequel peut s'ouvrir une entrée, ou à une plus petite échelle, du mobilier. Même si le mécanisme en lui-même peut effectuer sa rotation indéfiniment, cette mobilité peut être restreinte par le dispositif externe qui provoque la rotation par exemple.

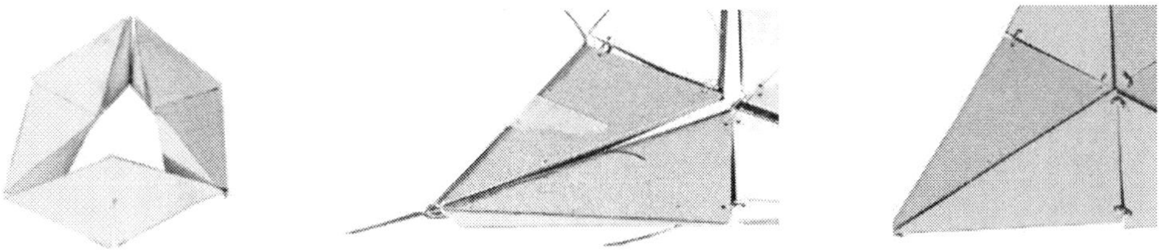

Figure 2. (a) Prototype en papier, (b) Liaisons en fil, (c) Liaisons métalliques.

La conception du modèle théorique présenté ci-dessus induit des liaisons rotoïdes parfaites et des faces de tétraèdres sans épaisseur. Un modèle en papier répond à ces prérequis, et est intéressant pour une étape de *form finding / use finding*, avec une hauteur des mécanismes de 5 centimètres (voir figure 2a). Ce modèle peut difficilement s'adapter à une plus grande échelle, puisque les faces et liaisons en papier perdent alors leur rigidité. Ce changement d'échelle est par ailleurs important pour interroger la fabrication et la matérialité des liaisons qui sont des éléments cruciaux du design des mécanismes. La deuxième session de prototypes fut réalisée avec du carton 3 mm et du fil de pêche pour les liaisons (voir figure 2b). Ces prototypes mesurent 20 cm de haut, ce qui permet de tester la nature des liaisons et d'étudier l'assemblage entre plusieurs mécanismes de Bricard. L'utilisation de fil de pêche n'était pas satisfaisante, ce matériau étant trop flexible pour ne permettre qu'une rotation pure autour de l'axe central de la liaison. Il fut remplacé par des anneaux métalliques qui améliorèrent le dispositif (voir figure 2c). Le matériau des tétraèdres -le carton- n'est pas approprié pour un usage dynamique du mécanisme, puisqu'il s'use très vite si le mécanisme est testé en rotation. De plus, la disposition des liaisons n'est pas optimale : leur épaisseur crée des conflits entre eux durant la rotation.

4.1.2 Paver le plan

De par la forme du mécanisme de Bricard définie ci-dessus, il est possible de paver le plan avec des modules en position ouverte et en position fermée. Le mouvement de chaque mécanisme dépendant de sa liberté de rotation autour de leur propre centre, la création d'un pavage où les mécanismes sont liés par leurs liaisons les rend interdépendants. Une seule immobilisation est alors suffisante pour bloquer le mouvement de tout le réseau. Il est aussi possible de contreventer le réseau de mécanisme en en installant un deuxième par-dessus en quinconce (figure 3a). Ce type de disposition peut être utilisé comme claire-voie (figure 3b), mais le mouvement du réseau est alors totalement bloqué.

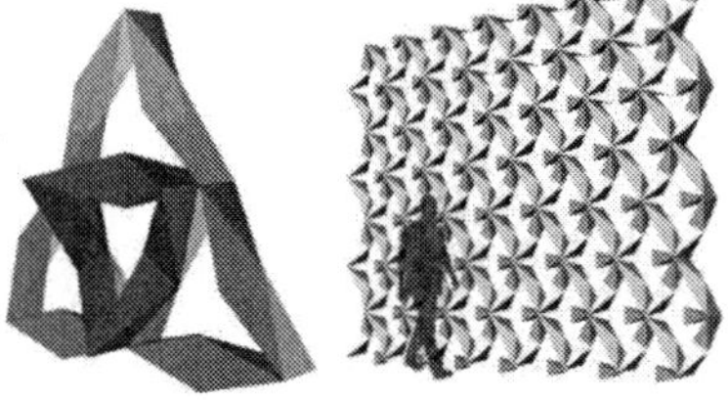

Figure 3. (a) Disposition en quinconce, (b) Exemple d'application.

4.1.3 Du plan à la voûte

Un second prototype de pavage est assemblé avec des modules tous en position fermée. Comme dans la section précédente, les liaisons sont réalisées avec des anneaux métalliques. Chaque liaison est commune à trois modules, donc à six tétraèdres. À un mécanisme de Bricard central, trois lui sont attachés, un à chaque côté. Cet ensemble constitue un nouveau module, auquel sont connectés trois autres de ces modules de la même manière que pour leurs sous-modules (figure 4a). La figure créée est en forme de triangle. Lorsque des forces sont appliquées à ce nouveau mécanisme, il se courbe hiérarchiquement. Les plus grands modules s'éloignent les uns des autres ; ce mouvement global est transmis aux mécanismes de Bricard qui les composent et qui effectuent leur propre rotation. Cette hiérarchie dans le mouvement est une conséquence du processus de fabrication. Si toutes les liaisons des mécanismes étaient communes à au moins deux d'entre eux, aucun mouvement ne serait possible, les connections contreventant l'ensemble.

L'assemblage présenté ci-avant ne peut plus effectuer une rotation de 360°, il est restreint à 180° maximum par le conflit physique de ses propres éléments (figure 4b). Il peut cependant être utilisé comme toiture ou ombrière. C'est l'éloignement ou le rapprochement des trois angles de l'assemblage qui permet de faire bouger les liaisons internes par leur unique degré de liberté. Si ce mouvement est bloqué, ce degré de liberté l'est aussi. Ainsi, fixer au sol ces angles peut empiriquement transformer le mécanisme global en structure.

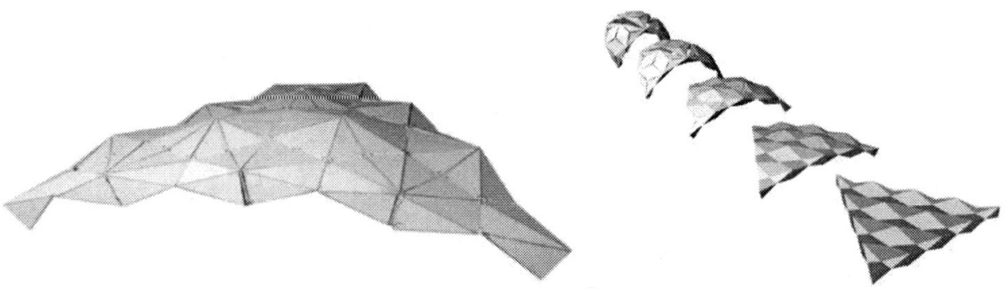

Figure 4. (a) Assemblage de 16 kaléidocycles, (b) Mouvement de l'assemblage.

4.2 Kinésis, un prototype à l'échelle humaine

4.2.1 Augmenter l'échelle du modèle

Basé sur les précédents travaux et recherches, nous avons conçu un nouveau prototype d'une échelle beaucoup plus importante, puisque le mécanisme de Bricard mesure 1 mètre de haut. Cela nous permet de travailler avec beaucoup plus de finesse sur les assemblages. Nous avons décidé à cette échelle de représenter les tétraèdres par leurs arêtes et non par leurs faces (figure 5a). En effet, la rigidité des faces nécessaire à cette échelle est trop contraignante : le mécanisme est alors trop lourd pour pouvoir être testé aisément. Nous avons, dans un premier temps, réalisé un prototype de tétraèdre avec des arêtes en bois, mais ce matériau n'est pas intéressant pour cet usage : il est trop fragile à cette échelle, et les assemblages entre plusieurs arêtes sont complexes. Nous avons alors testé un assemblage de tubes creux en aluminium. La modélisation sur Rhinocéros et Grasshopper d'un mécanisme de Bricard facilite la transition du modèle numérique au modèle physique : une étape intermédiaire est introduite, où les éléments du modèle physique sont modélisés avant d'être fabriqués. Ainsi, nous avons pu concevoir des nœuds imprimables en 3D répondant à nos besoins spécifiques : assembler les trois tubes en aluminium à chaque angle.

Contrairement au travail personnel présenté ci-dessus et aux expérimentations de Yaozhi et ses collèges, nous avons ici décidé de placer les liaisons vers l'extérieur du système. Chaque rotule est maintenant créée par un tube en aluminium de chaque tétraèdre, auquel est collé un connecteur en plexiglas, qui tourne librement autour d'un troisième tube d'aluminium qui est l'axe de rotation de la liaison (figures 5b et 5c). Cette nouvelle disposition est intéressante puisque les tétraèdres peuvent être préfabriqués, et reliés ensemble plus tard. Ce système est aussi amovible, flexible et rend possible l'assemblage de plusieurs mécanismes de Bricard sur une même liaison.

La conception d'une maquette numérique a permis à cette étape d'utiliser toutes les potentialités des fabriques numériques : découpe laser pour les connecteurs des liaisons en plexiglas, et impression 3D pour les connecteurs liant les tubes en aluminium. Ces outils, qui ont respectivement une précision de 0,1 à 0,2 mm et de 0,025 mm, permettent d'approcher au mieux le modèle théorique parfait. La précision de 0,6 mm sur l'épaisseur des tubes en aluminium semble alors grossière lorsqu'elle est comparée aux éléments précédemment cités.

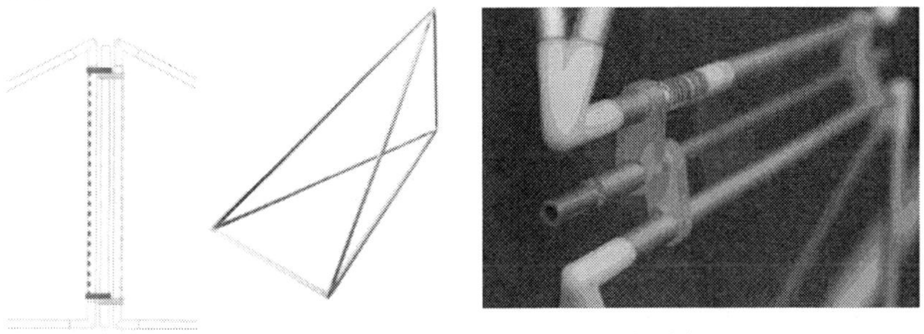

Figure 5. (a) Schéma des jonctions, (b) et (c) Photographies des tétraèdres.

4.2.2 Kinésis, un pavillon expérimental

L'organisation présentée dans la section 3.2 est intéressante puisqu'elle peut effectuer une rotation de 360° et propose ainsi plusieurs dispositions singulières (figure 6). Nous avons donc décidé de concevoir plusieurs « objets » suivant cette disposition, avec les modules hauts d'un mètre présentés ci-dessus. Ces objets sont nommés « couronnes » d'après leur forme.

Figure 6. Phases de la rotation.

La modélisation sur Catia d'une couronne nous a permis de voir que la discrétisation de chaque mécanisme de Bricard en éléments finis a créé un conflit entre chaque module lors de la rotation au centre. En effet, les liaisons entre tétraèdres sont excentrées sur notre modèle ; les angles libres de chaque mécanisme de Bricard se bloquent physiquement lors de leur rencontre au centre. Pour y remédier, les liaisons communes à deux mécanismes de Bricard sont encore plus externalisées. Ainsi, le centre de chaque couronne n'est la position exacte d'aucune arête, elles sont toutes situées autour de ce centre lorsque la couronne est fermée. Cette modification crée des changements dans le modèle, puisque les longueurs entre deux liaisons successives ne sont alors plus égales. Cependant, cette imperfection n'est pas assez significative sur la totalité du modèle pour en empêcher le bon fonctionnement.

La suspension d'une couronne offre des possibilités spatiales intéressantes : la couronne est consécutivement une toiture pleine, un espace circulaire délimité par des mécanismes verticaux et une ombrière dont le centre est vide d'éléments. Cette disposition est par ailleurs intéressante puisqu'elle permet de mettre en valeur la légèreté de la couronne (15 kg) et son mouvement atypique. Deux besoins sont distingués : suspendre la couronne et la faire bouger. Pour le premier point, nous avons cherché à quel(s) point(s) suspendre la couronne. Pour cela, nous avons cherché quels points étaient fixes tout au long de la rotation. Un seul l'est : le point central, mais il n'est pas matérialisé. Nous avons donc cherché à quantifier et qualifier les déplacements de points significatifs de la couronne, afin de proposer un système de suspension adapté. Une étude du modèle sur Catia nous a permis de voir que les extrémités basses des liaisons entre deux mécanismes accusaient un différentiel de 8 cm en hauteur, et moins de 2 cm dans le plan qui passe par ce point et l'axe central de la couronne. Les points hauts accusent eux un différentiel de plus de 10 cm en hauteur et de plus de 4 cm dans le plan explicité ci-dessus (figure 7).

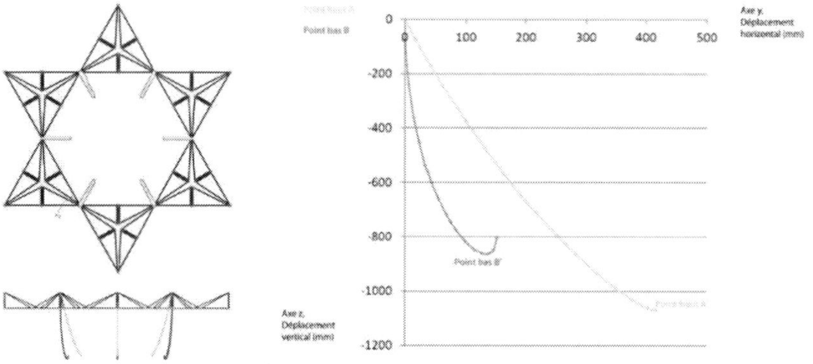

Figure 7. (a) Vue en plan et en élévation des mouvements des points hauts et bas des liaisons, (b) Graphique comparatif des mouvements des points hauts et bas pendant la rotation.

Les milieux de ces liaisons ne sont pas fixes. Chacune des six liaisons entre deux mécanismes de Bricard est donc suspendue par un câble glissé dans le trou de la barre centrale et bloqué à ses deux extrémités. Le câble peut coulisser librement dans la poulie à laquelle il est suspendu afin d'accuser le changement de position des arêtes (figure 8a). Le même dispositif de câbles est installé sur les angles libres de chaque mécanisme de Bricard, mais il sert cette fois à provoquer la rotation de la couronne (figure 8b).

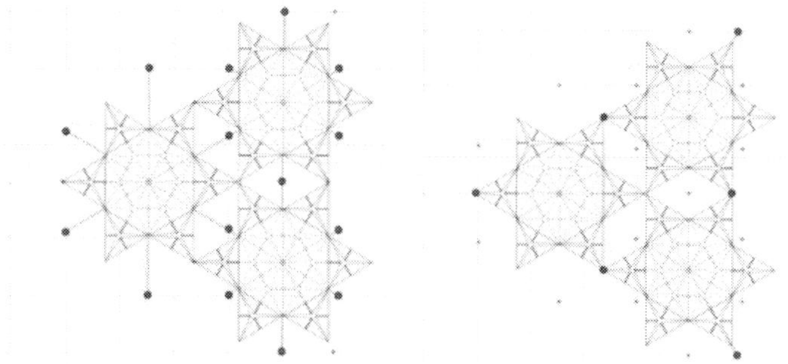

Figure 8. (a) Implantation des suspentes, (b) Implantation des robots enrouleurs.

Chaque point de suspente au plafond est situé sur la droite reliant l'arête qu'il suspend et le centre de la couronne. Vis-à-vis de la précision des accroches, cette contrainte est suffisante pour assurer le bon fonctionnement de la rotation. Il n'est ainsi pas nécessaire d'installer tous les points à équidistance du centre de la couronne, ce qui permet une grande adaptation des points d'accroches au site, ici une grille de rails (figure 9).

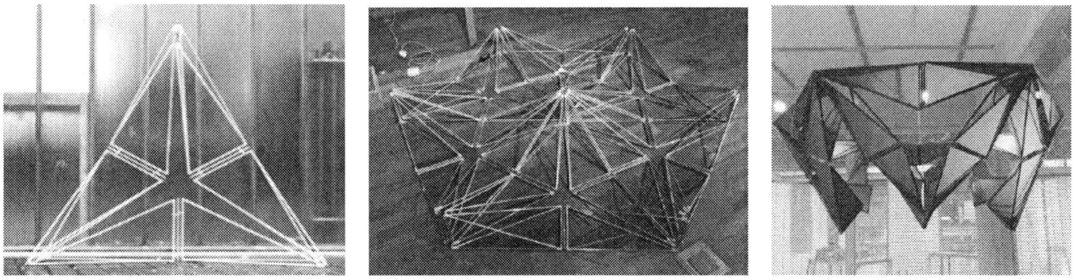

Figure 9. Photographies de l'installation de Kinésis

5. Conclusion

Les mécanismes de Bricard, le *threefold-symmetric* principalement, ont un intérêt à la fois architectural et structurel grâce à leur géométrie particulière et leur unique degré de liberté. Plusieurs propositions sont explorées pour bloquer ce degré de liberté : transformer une liaison rotoïde en encastrement, fixer physiquement la position de plusieurs points, ou encore bloquer physiquement la distance entre deux points. Plusieurs facteurs sont à prendre en compte pour la conception de mécanismes de Bricard, tel que l'usage, les jonctions ou les matériaux. Ces choix sont par ailleurs liés : dans notre cas, les tubes en aluminium sont appropriés à une utilisation en structure suspendue. Les tubes ne reprennent en effet pas de compression pure, tandis que la structure a besoin d'être le plus légère possible. Des conceptions avec des faces de tétraèdres rigides, comme le robot HexaMorph, sont adaptées pour une disposition du mécanisme au sol, où ces faces reprennent alors de la compression. D'autres matériaux restent encore à être explorés, comme les pneumatiques. De nombreuses utilisations peuvent être trouvées pour ce mécanisme en design structurel.

Bibliographie

Baker, J. E. (1980). An analysis of the Bricard linkages, *Mechanism and Machine Theory*, Pergamon Press, vol. 15, 267-286.

Bennett, G.T. (1903). A new mechanism, in *Engineering* 76, 777–778.

Bricard, R. (1897). Mémoire sur la théorie de l'octaèdre articulé, *Journal de mathématiques pures et appliquées* 5e série, tome 3, 113-148.

Chen, Y. (2003). *Design of Structural Mechanisms*, thèse de doctorat.

Chen, Y., You, Z., & Tarnai, T. (2005). Threefold-symmetric Bricard linkages for deployable structures, *International Journal of Solids and Structures*, 42(8), pp. 2287–2301. doi: 10.1016/j.ijsolstr.2004.09.014.

Crawford, R. F., Preiswerk, P. R., & Hedgepeth, J. M. (1975). Spoked wheels to deploy large surfaces in space: weight estimates for solar arrays. Washington, D.C.: National Aeronautics and Space Administration.

Gan, W., & Pellegrino, S. (2003). Closed-Loop Deployable Structures, in *44th AIAA/ASME/ASCE/AHS/ASC Structures, Structural Dynamics, and Materials Conference*. Reston, Virginia: American Institute of Aeronautics and Astronautics. doi: 10.2514/6.2003-1450.

Gao, W., Ramani, K., Cipra, R. J. and Siegmund, T. (2013). Kinetogami: A Reconfigurable, Combinatorial, and Printable Sheet Folding, *Journal of Mechanical Design*, 135(11), p. 111009. doi: 10.1115/1.4025506.

Gao, W., Huo, K., Seehra, J. S., Ramani, K. and Cipra, R. J. (2014). HexaMorph: A reconfigurable and foldable hexapod robot inspired by origami, in *2014 IEEE/RSJ*

International Conference on Intelligent Robots and Systems. IEEE, pp. 4598–4604. doi: 10.1109/IROS.2014.6943214.

Luo, Y.Z., Yu, Y., & Liu, J.Y. (2007). A retractable structure based on Bricard linkages and rotating rings of tetrahedral. *International Journal of Solids and Structures*, 45, 620–630.

Etude sur la déformabilité de la nappe

Pierre-Philip Pechenart[1,1], *Margaux* Gillet[2], et *Marc* Mimram[3]

[1]Etudiant à l'ENSAVT, double master Structure & Architecture avec l'Ecole des Ponts ParisTech
[2]Architecte DE, Ingénieur diplômée de l'Ecole des Ponts Paris Tech, Enseignante à l'ENSAVT
[3]Architecte DPLG, Ingénieur de l'ENPC, Professeur des Ecoles d'architecture

Résumé. Cet article vise à explorer la déformabilité d'une nappe plane découpée par un motif. Ce dernier lui donne la capacité de subir des déformations, d'acquérir de la souplesse tout en conservant un continu de matière, et d'évoluer d'une surface plane à une surface complexe –voire à double courbure. Les notions de surface, de surface développable, et de nappe architecturale forment les bases de l'étude du motif et de son fonctionnement. L'étude du fonctionnement d'une poutre entre deux appuis permet de simplifier notre approche, notamment dans l'analyse de ses déformations, de sa résistance au cisaillement, et de l'influence du matériau choisi pour composer cette nappe. Nous verrons dans cet article comment le motif que nous proposons d'étudier permet la double courbure, en quoi il est résistant et souple à la fois, en étudiant notamment les blocages internes de la nappe. La comparaison entre différents motifs nous permettra de mieux le comprendre et l'appréhender. Cette étude participe également au développement d'un pavillon architectural à échelle 1.

Mots-clés. Surface développable, motif, nappe, déformabilité, double courbure, surfaces complexes, souplesse.

Abstract. This article aims to explore the deformability of a flat net cut by a specific pattern. The pattern gives the net the ability to undergo deformations, to become flexible while keeping a continuum of matter, and to evolve from a flat surface to a complex one - possibly with a double curve. The notions of surface, developable surface, and architectural net form the basis of the pattern's study and its way of functioning. The study of a beam between two supports allows to simplify our approach, in particular for the analysis of its deformations, its resistance to shearing, and the influence of the material chosen to compose this sheet. We will see in this article how the pattern that we want to study allows the double curvature, how it can be resistant and flexible at the same time, by studying in particular the internal blockages of the net. The comparison between different patterns will allow us to better understand and describe it. This study also contributes to the development of an architectural pavilion at a 1:1 scale.

Keywords. Developable surface, pattern, net, deformability, double curvature, complex surfaces, flexibility.

---

[1] Auteur principal : pierre-philip.pechenart@hotmail.fr

1. Introduction

La construction d'une nappe ou d'une surface[2] (Pottman *et al.*, 2007, pp. 237-244) à double courbure est un véritable enjeu pour les ingénieurs et les architectes, et peut s'avérer très problématique. En effet, celle-ci requiert une mise en œuvre extrêmement complexe, ce qui pousse à avoir souvent recours à des membranes ou à des tissus déformables et élastiques pour couvrir les surfaces, ou ce qui impose une discrétisation de cette surface en éléments plans de petites dimensions.

La nappe est une définition architecturale et matérielle, c'est-à-dire constructible, de la surface. On peut appliquer à cette nappe une épaisseur, une matérialité, elle peut filtrer la lumière, ou au contraire l'empêcher de se propager.

Dans cet article, nous cherchons à définir une surface complexe à partir d'une surface plane dite développable (Pottman *et al.*, 2007, pp. 531-565), afin d'étudier la déformabilité d'une nappe, c'est-à-dire sa capacité à subir des déformations. Il s'agit principalement d'un travail expérimental, basé sur l'étude progressive de différents motifs répétables et visant à développer un système modulaire intégrant dans sa géométrie un mode d'assemblage. Nous cherchons à expérimenter une nappe composée d'un module souple qui permettrait de déformer la surface, et qu'un assemblage viendrait rigidifier et bloquer.

2. Démarche et méthodologie

2.1 Mise en évidence de la difficulté d'obtenir une double courbure

Il est quasiment impossible de donner une double courbure à un élément plan continu en lui appliquant des efforts sans mettre en jeu la capacité plastique de cet élément ou sans lui appliquer des efforts importants. Nous faisons le test avec les plaques de carton à notre disposition, dans différentes épaisseurs. Le carton passe en phase plastique, et le matériau se rompt plutôt qu'il ne se déforme en double courbure.

2.2 Elaboration des modules et assemblages

Le but de cette recherche est initialement d'élaborer une nappe composée d'un système de modules et d'assemblages dans un même plan, ces derniers permettant de bloquer la nappe dans une certaine position une fois déformée.

Afin de rendre possible la création de courbures à partir d'une surface plane, des incisions sont effectuées dans la surface en suivant la géométrie d'un motif que nous répétons. Cette méthode a l'avantage de garantir le caractère développable de la surface, ce qui la rend facilement réalisable et industrialisable. Pour ce faire, nous procédons à l'inverse du processus de discrétisation d'une surface à double courbure. Dans notre cas, nous partons d'une nappe simple, à savoir une surface développable plane, et nous cherchons quelle(s) déformation(s) nous pouvons lui appliquer, quelle déformabilité elle peut atteindre.

2.2.1 Essais préliminaires expérimentaux

Des premiers essais expérimentaux sont menés en décomposant la nappe en modules triangulaires, le triangle étant une forme nous permettant diverses déformations et le module de base le plus couramment utilisé dans les techniques de discrétisation. Ces triangles équilatéraux sont assemblés sur une nappe de tissu (figure 1), et des assemblages équivalents

---

[2] Mathcurve par R. Férreol, http://www.mathcurve.com/surfaces (consulté le 25/06/2018).

à des encastrements sont mis en place afin de rigidifier la nappe, notamment certaines arrêtes, afin de fixer les modules entre eux.

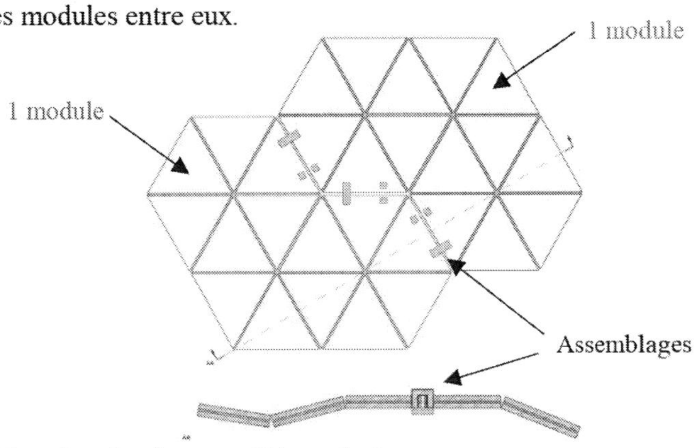

Figure 1. Schéma des triangles assemblés sur le tissu.

2.2.2 *Motifs créés*

Afin de s'approcher de courbures dans la nappe, nous effectuons des découpes de modules serrés sur une feuille de carton de 2mm d'épaisseur pour créer une dimension d'éléments évoluant entre eux en se déformant. Ainsi, à la manière de la courbe de Hilbert, un continu de matière le plus constant possible est maintenu afin d'avoir une découpe maximale de la plaque. Quatre motifs ont été ainsi créés et testés au fur et à mesure, évoluant en fonction des résultats obtenus : le 1er motif est dessiné de manière à obtenir un modèle à une direction (forme de peigne), le 2e est formé sur une base carrée et les deux derniers à partir d'une base hexagonale (figure 2). Le logiciel AutoCad a été utilisé pour dessiner les motifs, qui ont ensuite été usinés à l'aide d'une machine de découpe laser.

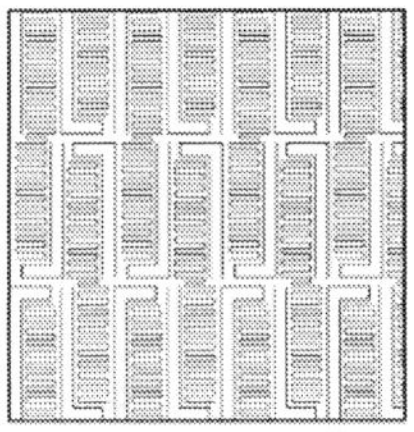

1er motif - Peigne

2ème motif – Base carrée

3ème motif – Base hexagonale 1

4ème motif – Base hexagonale 2

Figure 2. Schéma des quatre motifs créés.

2.3 Fonctionnement du motif et choix du matériau

La caractéristique qui nous intéresse plus particulièrement pour comprendre le fonctionnement du motif est la résistance au cisaillement dans le plan de la nappe.

Sous l'action des forces de cisaillement, la plaque tend à se séparer en deux morceaux glissant l'un par rapport à l'autre dans le plan de section droite[3]. C'est ce phénomène de

[3] Sollicitation de cisaillement, résistance des matériaux cisaillement, par H. Jardin-Nicolas, http://herve.jardin-nicolas.pagesperso-orange.fr/TSTI/MECA%20fevr/cisaillement (consulté le 30/06/2018).

cisaillement qui apparait lorsque l'on fait les incisions selon le motif dans la plaque, et les déplacements engendrés entre les éléments permettent la souplesse au sein de la nappe.

Par ailleurs, le type de matériau influe également sur les propriétés d'une nappe (Badel, 2011 ; Douthe *et al.*, 2017). Il faut donc être vigilant et prendre en compte le matériau lors de l'étude du motif. Le choix du medium ou du carton nous parait être ici le plus propice pour une approche empirique du fonctionnement de la nappe, car étant des matériaux reconstitués, ce sont des matériaux isotropes. Seule la découpe dans cette nappe influera sur la souplesse de celle-ci[4].

3. Résultats

3.1 Essais préliminaires expérimentaux

La nappe créée avec les triangles équilatéraux comporte des arrêtes rigides grâce aux assemblages, et reste plane lorsqu'on ne la sollicite pas. Cependant, il est possible de manipuler les triangles dans plusieurs positions au sein d'un même module, et donc de créer des courbures, cela grâce à l'élasticité du tissu associée à la forme triangulaire. En plaçant des pyramides en dessous de la nappe, on parvient à créer un système en 3 dimensions en approximant des courbures. Posées aléatoirement et se bloquant par frottement, les pyramides figent la nappe, en fonction de leur emplacement et de leur angle (figure 3).

Figure 3. Nappe de modules triangulaires en 3 dimensions.

Cependant, une double courbure ne peut pas être atteinte avec ce modèle, les assemblages rigides entre les modules permettant de former seulement des simples courbures. De plus, du fait de la forme des modules et des assemblages, cette nappe a très peu de possibilités pour se déformer, c'est pourquoi une alternative au module a été cherchée. Ce schéma n'est en effet pas optimal car le but de cette étude est entre autres d'avoir la plus grande déformation possible afin de former différentes courbures.

3.2 Motif à une direction

Cette première découpe en forme de peigne a permis de créer un réseau d'éléments linéaires plutôt qu'une plaque, de libérer des degrés de liberté au sein de la nappe et donc d'induire de la souplesse dans celle-ci (figure 4). Cependant, selon le sens des découpes, on constate qu'une direction de la nappe est très souple tandis que l'autre ne l'est pas du tout.

Ici aussi, un système pour bloquer la nappe dans une certaine position a été envisagé, au travers de L découpés dans le carton et intégrés au motif. Cependant, les résultats ne se sont pas avérés satisfaisants, car les contraintes dans les L étaient trop importantes et ces assemblages étaient très difficiles à mettre en œuvre. Il a donc été décidé à ce stade de l'étude

---

4 http://webentwood.com/portfolio/developpabilite (consulté le 25/06/2018).

d'abandonner la volonté de figer la nappe dans l'espace et de la contraindre dans une seule position seulement. En effet, chercher à rendre la nappe autobloquante est aussi très contraignant vis-à-vis de l'élaboration et du design du motif, qui doit prendre en compte les assemblages. Cela est donc un frein à l'étude de la déformabilité de la nappe et de l'obtention de double courbure à partir d'une surface développable.

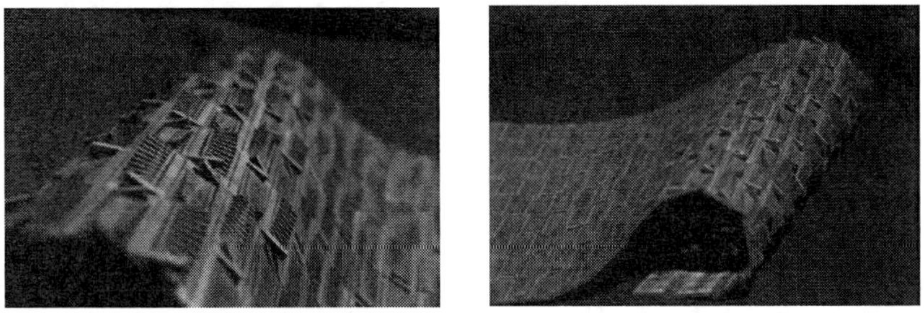

Figure 4. Motif en forme de peigne, extrêmement déformable dans une direction.

Le but est donc maintenant d'approfondir le plus possible la recherche de déformation au sein de la nappe et la création de courbures, en laissant libre le choix des courbures et la position de la nappe une fois mise en forme.

3.3 Motif à base carrée

Une meilleure déformation du carton est constatée avec le motif à base carrée (figure 5), car cette fois-ci deux directions sont privilégiées et permettent de libérer des degrés de liberté au sein de la nappe. Cependant, la double courbure est toujours impossible à atteindre avec ce motif, hormis très légèrement aux nœuds de transition entre deux courbures, car trop de directions sont encore bloquées dans la nappe, notamment les directions diagonales par rapport aux axes du carré.

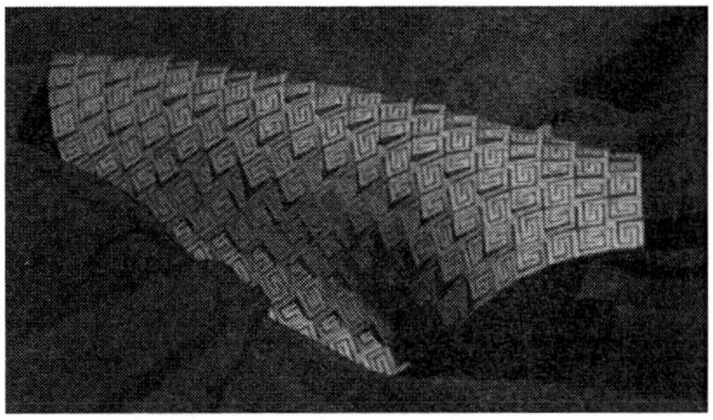

Figure 5. Motif à base carrée, déformable dans plus de directions que le peigne.

3.4 Motif à base hexagonale

Un premier motif à base hexagonale a alors été créé, en espérant que l'augmentation du nombre de côtés permette de libérer plus de directions et donc plus de souplesse (figure 6a). Cependant, on constate que cette nappe est encore moins souple que celle à base carrée, car le motif a été dessiné de manière à ce que six branches différentes du motif se rejoignent en un point solide de la nappe (contrairement à quatre pour le carré). Cela rigidifie donc la nappe au lieu de la rendre plus déformable.

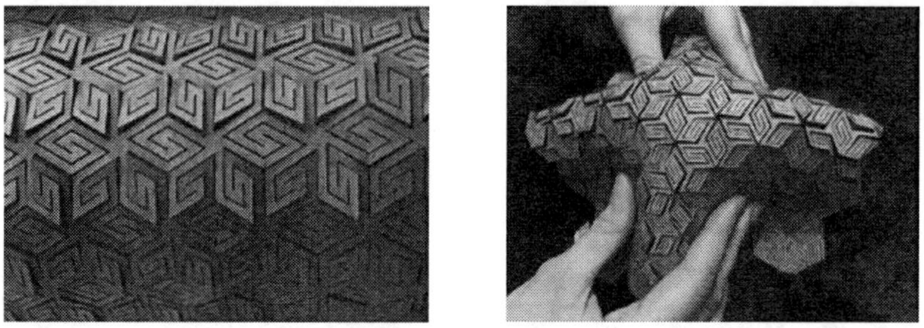

Figure 6. (a) Motif à base hexagonale 1, (b) et à base hexagonale 2.

Un second motif hexagonal a donc été dessiné en « inversant » le précédent, afin d'effectivement libérer des nouvelles directions. Dans ce cas, on observe que la nappe est très souple, qu'elle peut subir de grandes déformations, et qu'une double courbure est possible avec ce modèle (figure 6b). Cela est dû au fait que, dans cette version du motif, seules trois branches se relient en un point, ce qui permet de libérer six extrémités d'hexagones, contre trois pour le premier (figure 7).

Figure 7. Nombre de branches reliées aux nœuds des motifs à base (a) carrée, (b) hexagonale 1, (c) hexagonale 2.

De plus, il privilégie plus de directions que les motifs carrés et en forme de peigne, ce qui en fait le motif le plus souple et le plus intéressant à retenir (figure 8).

Figure 8. Le motif à base hexagonale 2 favorise trois directions différentes.

La nappe semble fonctionner comme une rotule hors de son plan et comme un encastrement dans son plan. Le motif choisi apparait comme une poutre encastrée qui s'enroule sur elle-même et qui a donc une grande longueur sans pour autant occuper beaucoup d'espace (figure 9). On a optimisé la largeur de la poutre afin qu'elle mesure 2 mm, ce qui correspond à l'épaisseur de la plaque de carton. Ce qui nous permet également de pouvoir la solliciter selon l'axe z autant que selon les axes x et y.

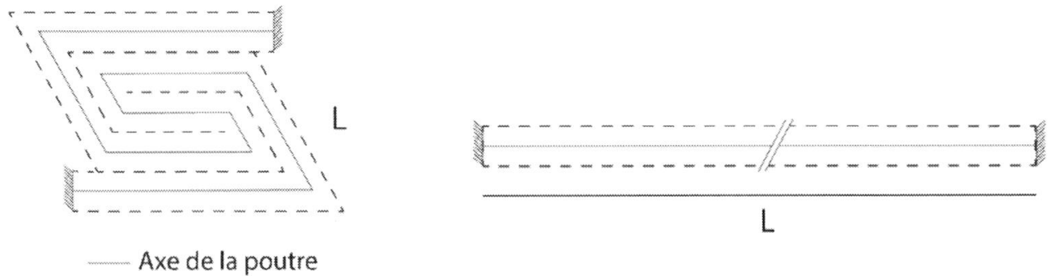

Figure 9. Ce profil de poutre enroulée permet de gagner en souplesse en diminuant l'impact de la longueur de la poutre.

Le motif en forme de peigne, en comparaison, favorise grandement une direction plutôt que l'autre, car la longueur de la poutre s'étend dans une direction seulement (figure 10). La largeur de cette poutre a été réduite à 1 mm afin de laisser davantage de souplesse dans la direction privilégiée, mais la nappe devient alors beaucoup plus cassante dans les autres directions.

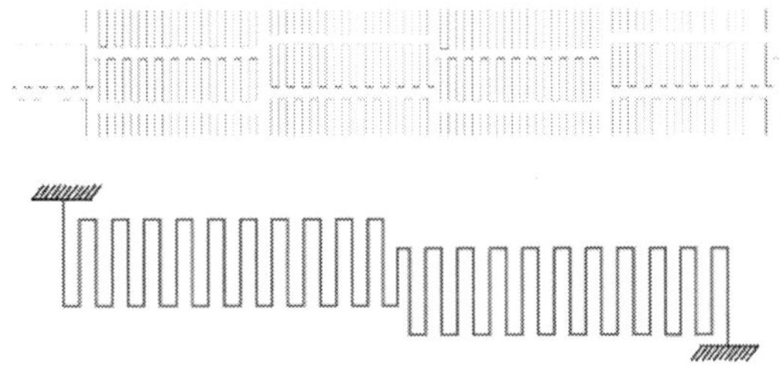

Figure 10. Le motif en forme de peigne favorise une direction par rapport aux autres.

3.5 Approche mathématique

Afin de comprendre le fonctionnement de ces découpes sur la nappe, on apparente les motifs à un entrelacement de poutres encastrées. Par simplification, on étudie la nappe comme une poutre isostatique entre deux appuis, la poutre ayant une inertie de la largeur de la plaque. Si on divise cette plaque en deux, on obtient alors deux poutres sur deux appuis chacune et une inertie diminuée de moitié. Et ainsi de suite. Cette méthode sert à approximer une surface complexe afin de la décomposer en surfaces plus simples (Laurent, 2012 ; Lee *et al.*, 1999), et nous essayons ici de parcourir le chemin inverse.

Notre motif est donc comparable à une succession de poutres isostatiques sur appuis soumises à une charge ponctuelle ou à une charge répartie.

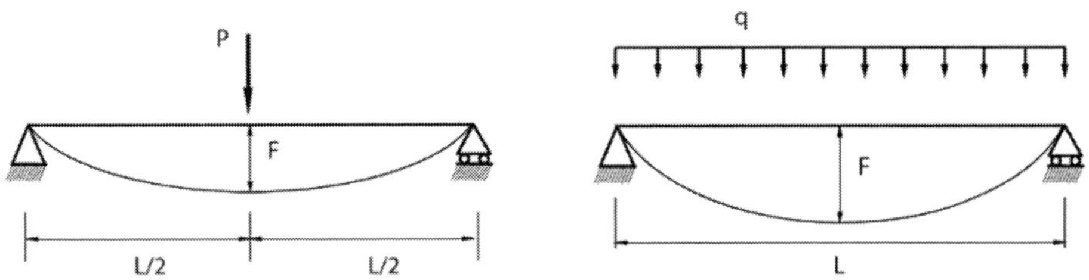

Figure 11. Schéma statique d'une poutre sur deux appuis, sollicitée par (a) une force ponctuelle *P*, (b) une force répartie *q*.

Lorsqu'une charge ponctuelle P est appliquée au milieu d'une poutre entre deux appuis (figure 11a), le moment maximum dans la poutre sur deux appuis, qui dépend de sa géométrie, se trouve au milieu de la poutre et est donné par :

$$M_{L/2} = PL/4 \quad (1)$$

Avec :
P : la force appliquée
L : la longueur de la poutre

Cela signifie que si l'on veut que la poutre se déforme et soit de plus en plus souple, on peut augmenter la force P, mais la déformation sera alors dans le matériau lui-même qui passe en phase plastique, et non plus dans sa géométrie, et la poutre va finir par rompre. Il est donc impossible d'utiliser cette variable pour induire des courbures dans la plaque.

C'est pour cela que l'on a joué sur le second paramètre, à savoir la longueur de la poutre, pour augmenter la souplesse de la nappe et créer des déformations.

Par ailleurs, la flèche maximale d'une poutre sur deux appuis se situe à la moitié de la longueur maximale et s'écrit telle que :

$$F = PL^3/(48EI) \quad (2)$$

Avec :
E : module d'Young
I : inertie de la poutre

La longueur de la poutre est élevée au cube, ce qui en fait la variable la plus importante dans la déformation de la poutre.

Ne voulant faire varier ni l'inertie de la nappe ni le matériau la composant (donc en conservant le même module d'Young), ce paramètre est donc le seul nous permettant de modifier la structure de la nappe. C'est pourquoi nous avons fait varier les motifs de découpe de la plaque, en essayant d'allonger au maximum la longueur des « poutres » du motif afin d'avoir la plus grande déformabilité possible.

Le même raisonnement est valable lorsqu'on applique une charge répartie q (figure 11b) sur une poutre simple entre deux appuis. Cette modélisation nous permet donc de théoriser et justifier le développement des différents motifs et leur évolution.

4. Discussion et analyse

La double courbure dans une nappe est, comme dit précédemment, un véritable challenge. En effet, il faut réussir à courber dans deux directions différentes une plaque qui possède une certaine rigidité. La plaque doit rester souple tout en conservant de la résistance dans son plan, c'est-à-dire qu'il faut combiner la rigidité naturelle du matériau avec la souplesse de la géométrie dessinée.

En structure, on distingue plusieurs types de blocage possibles, qui s'appliquent pour les conditions limites d'une structure, mais également au sein même de la structure : ce sont les degrés de blocage interne de la nappe. C'est sur ces blocages internes que nous jouons pour obtenir une double courbure dans notre nappe. Nous distinguons deux types de nœuds au sein du motif retenu. Le premier joue le rôle d'encastrement et consiste en un assemblage de 3 barres encastrées. Ce nœud permet de gagner ou de conserver une résistance dans le plan et même hors du plan, ce qui permet à la nappe de rester solidaire. La matière se propage en serpentant à travers la nappe, ce qui lui permet de reprendre les efforts successivement normaux et tranchants soumis dans le plan. En manipulant cette dernière en traction, les modules se déforment en plan et hors-plan, ce qui peut générer de la double-courbure.

L'autre nœud, quant à lui, est formé de six entailles. C'est le croisement des six barres qui concordent en un point (figure 12a). Ce point n'est pas fixe, c'est un bord libre, qui permet toute la souplesse de la nappe. C'est également en ce sommet que, mise en forme, la nappe va avoir une double courbure. En effet, retenues par les encastrements, les barres vont rester solidaires à des parties différentes de la nappe et donc le nœud libre aura tendance à se relâcher, c'est-à-dire que le point concourant des barres se divisera en six points distincts (figure 12b).

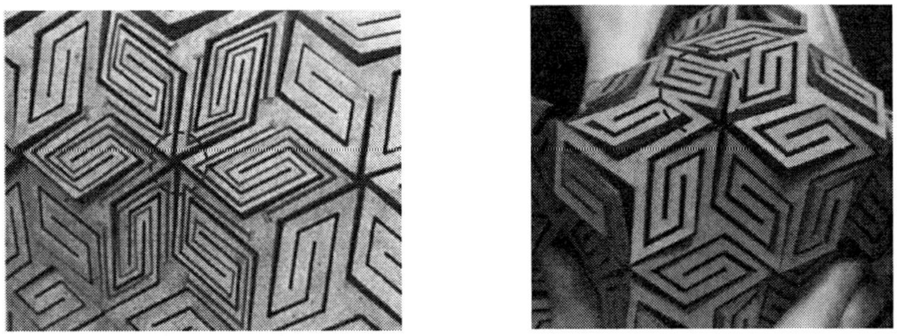

Figure 12. (a) Au repos, les branches se rejoignent pour former un bord libre, (b) puis en déformant la nappe, les points s'éloignent pour créer des courbures.

On comprend ainsi les résultats obtenus quant à la souplesse des différents motifs :

Tableau 1. Caractéristiques des différents motifs

Motif	Nombre de branches encastrées	Nombre de bords libres
Motif à base hexagonale 1	6	3
Motif à base carrée	4	4
Motif à base hexagonale 2 (final)	3	6
Motif à une direction (peigne)	2	Sur toute la longueur du peigne

Le motif à base hexagonale 1 est bien le moins souple car il possède un très grand nombre d'encastrements, ce qui rigidifie la structure. La nappe carrée est un peu plus souple car elle possède moins d'encastrements et plus de bords libres, et le motif hexagonal 2 retenu dans cette étude donne le meilleur résultat car il possède seulement 3 encastrements, ce qui permet aussi de libérer plus de directions donc plus de choix dans les courbures, et d'obtenir des doubles courbures. Le peigne quant à lui, est un motif plus particulier car il possède seulement 2 encastrements et des bords libres sont présents sur toute la longueur du peigne, ce qui le rend extrêmement souple dans l'axe perpendiculaire au peigne seulement. En revanche, dans les autres directions, il reste très rigide du fait de l'encastrement trop important entre les différentes rangées de peignes.

5. Conclusion

Cette étude vise à comprendre et à appréhender la déformabilité d'une nappe et son fonctionnement. L'objet créé a été obtenu de façon empirique, en testant différents motifs et en essayant d'obtenir la plus grande déformation de la plaque et la possibilité de faire le plus de courbures possibles au sein de la nappe. L'étude des différents motifs passe alors par l'étude du fonctionnement d'une poutre entre deux appuis, qui s'apparente à l'organisation locale de la nappe.

La nappe ainsi réalisée sur une base hexagonale a de nombreuses propriétés, à savoir une souplesse mêlée à sa résistance, une capacité de développement et de déformation, etc. D'autres essais pourraient être menés sur des pavages archimédiens ou platoniciens afin de voir s'il serait possible d'améliorer encore plus la déformabilité de la nappe en associant différents types de modules.

Par la suite, cette étude a été sélectionnée pour donner lieu à un travail de groupe, sous la forme d'un pavillon à construire, c'est-à-dire d'une nappe à échelle 1 où nous pourrions alors appliquer les raisonnements de cet article (figure 13).

Le bois, à savoir du contreplaqué bouleau à plis mince, a été retenu pour créer les modules de la nappe, pour ses facilités d'usinage, sa bonne résistance, et pour la superposition des très fines couches de bois dont les fibres sont orientées différemment et permettent de n'avoir aucune zone défavorable dans le motif. L'encastrement des trois branches du motif a été réalisé avec des platines en acier boulonnées à 6 endroits (2 par branche), ce qui garantit un véritable encastrement. Au total, pour une nappe de 40 m^2, 110 plaques de deux hexagones ont été usinées et assemblées. Une fois les hexagones assemblés, les câbles ont été serrés et passés au centre de certaines platines, choisies pour que chaque point reprenne le même poids. Des essais de robotisation ont ensuite été effectués grâce à des moteurs reliés à des interfaces Arduino, afin que la nappe puisse rester en mouvement et créer des jeux de lumière et des atmosphères différentes.

La création d'un pavillon à partir de la déformation d'une nappe a donc été un challenge très intéressant, et la recherche de réponses pour la mise en œuvre d'une surface complexe - par exemple en double courbure - reste un sujet passionnant.

Figure 13. Pavillon à échelle 1, formé à partir de la nappe à motif hexagonal.

Bibliographie

Badel, P. (2011). Cycle Préparatoire Médecin-Ingénieur 2011-2012. Cours de résistance des matériaux. Ecole des Mines de Saint-Etienne. https://www.emse.fr/~badel/12-01-06_COURS_RDM_FULL.pdf

Chen, H.-Y., Lee, I.-K., Leopoldseder, S., Pottmann, H., Randrup, T. and Wallner, J. (1999) On Surface Approximation Using Developable Surfaces. *Graphical Models and Image Processing*, 61(2), 110–124. doi: 10.1006/gmip.1999.0487.

Douthe, C., Du Peloux, L., & Mesnil, R. (2017). Construire le courbe - O3ATC. Ecole des Ponts ParisTech.

Laurent, G. (2012). *Approximation de surfaces développables pour la modélisation d'objets 3D*. https://ensiwiki.ensimag.fr/images/c/c3/Irl_rapport_gilles_laurent.pdf

Pottmann, H., Asperl, A., Hofer, M., & Kilian, A. (2007). *Architectural Geometry*. Bentley Institute Press.

Morphogenèse et fabrication d'une forme structurellement informée : expériences pédagogiques sur les systèmes funiculaires

Roberta Zarcone[1,2,*], *Ahmed* Hussein[2,3], et *Mohammad* Mansouri[1,2]

[1] Ecole Nationale Supérieure d'Architecture et Paysage de Lille
[2] Laboratoire GSA, Géométrie-Structure-Architecture, Ecole Nationale Supérieure d'Architecture Paris-Malaquais
[3] Ecole Nationale Supérieure d'Architecture Paris-Malaquais

Résumé. Ce papier s'interroge sur la forme comme résultat d'un système qui interprète les enjeux contextuels, programmatiques et structuraux afin de concevoir et fabriquer des systèmes funiculaires à l'aide de méthodes à la fois physiques et numériques pour profiter de leurs potentialités structurales et géométriques. Les systèmes funiculaires sont des méthodes historiques de construction, mais les récentes méthodes numériques donnent de nouvelles possibilités architecturales et structurales à ce type de structures. Les expériences pédagogiques menées visent à trouver des formes (*form finding*) de haute qualité morphologique et de haute performance structurale. Ce papier présente la méthode pédagogique et, pour des cas concrets, l'algorithme de génération de la surface courbe pavée, en proposant différentes morphologies en réponses aux problématiques d'ordres géométriques et techniques, et la fabrication numérique à échelle un.

Mots-clés. Systèmes funiculaires, Modélisation paramétrique, Fabrication numérique

Abstract. Through physical and digital methods of form finding, this paper investigates the generation of funicular forms based on contextual, functional and structural considerations. Catenary structure systems are historical methods of construction, however, the advent of digital tools opens up new structural and architectural possibilities for its applications. This paper introduces an educational experience that applies the physical and digital methods of funicular form-finding to generate structures with high morphological quality and structural performance. Through a number of case studies, this paper introduces the applied educational method from the algorithm of form generation and panelling up to the digital fabrication of 1:1 models.

Keywords. Funicular systems, Parametric design, Computational fabrication.

---

* Corresponding author: zarconeroberta@gmail.com

 https://doi.org/10.1051/shsconf/20184701018

1. Introduction

Les vingt dernières années ont été caractérisées par un changement numérique en architecture (Carpo, 2013) qui a profondément influencé une discipline qui tentait de renouveler ses codes et son langage. Cette liberté formelle dans le processus de conception numérique s'est traduite en une grande variété de méthodes de construction et de processus de fabrication qui ont permis à ces réalités virtuelles de devenir des réalités construites.

La génération de la forme funiculaire nécessite un processus de conception qu'on pourrait définir comme *structurellement informé* reliant l'intention architecturale à la nécessité structurelle. L'un des premiers architectes à utiliser une telle approche fut Antonì Gaudi. Il a utilisé les méthodes de la statique graphique, les modèles suspendus et les maquettes en plâtre des structures caténaires pour trouver la forme la plus optimisée par rapport aux forces en jeu.

La méthode des maquettes physiques permet non seulement de contrôler une forme funiculaire en raison du fait que sa stabilité est principalement un problème d'équilibre statique et non de contraintes, mais elle représente surtout un outil de recherche morphologique (Rippmann et Block, 2013).

Basée sur les études de Culmann (1880) et Varignon (1725), la statique graphique est une méthode graphique pour construire la forme d'une corde inélastique suspendue en introduisant le polygone funiculaire et le polygone des forces. L'aspect purement graphique de cette méthode se révèle très utile pour des architectes éventuellement non formés sur des sujets mathématiquement plus complexes.

Les méthodes numériques développées ces dernières années, fournissent un environnement dynamique pour simuler le comportement des processus structuraux de recherche de forme. Récemment, un certain nombre d'outils numériques de *form finding* ont été développés, y compris *CADenary* et *Kangaroo*. Il existe deux méthodes principales de calcul numérique de simulation ; la méthode de relaxation dynamique et la méthode de densité de force. Le plugin *Kangaroo*, utilisé dans ce travail, est basé sur la méthode de relaxation dynamique qui simule le comportement physique des câbles caténaires à travers une série de ressorts simples, de masses et de forces (Kilian et Ochsendorf, 2005).

Le développement de ces nouveaux outils a ouvert à la possibilité d'interopérabilité entre recherche morphologique des formes courbes et d'analyse structurelle, grâce à un flux d'informations continues dès les premières phases de conception (Elshafei *et al.*, 2016). Cependant, il est important que les concepteurs sans connaissances approfondies des structures funiculaires soient capables d'interpréter correctement le processus de recherche de forme et ses résultats. L'interaction entre réel et virtuel, la frontière entre le monde réel et l'imaginaire peut apparaître floue. Nous visons à comprendre jusqu'où l'architecte reste acteur d'une conception architecturale structurellement informée. Les questions que nous posons ici sont alors : quelle est l'origine de la forme informatisée ? Et de quelle manière cette forme parvient-elle à exprimer les intentions et les contraintes architecturales et structurelles du projet ?

2. *Form finding* : approche numérique, approche physique et statique graphique

Dans le but d'investiguer la tension entre immersion dans une réalité virtuelle en référence aux outils numériques, et émersion réelle en référence aux outils géométriques et physiques, nous reportons dans ce paragraphe différentes expériences pédagogiques menées à l'Ecole Nationale supérieure d'Architecture et de Paysage de Lille et à l'Ecole Nationale supérieure d'Architecture Paris-Malaquais.

Dans ces expériences pédagogiques, l'interaction entre approches paramétrique et physique invite les étudiants à énoncer et transcrire leurs intentions de projet en actions paramétriques afin de définir de possibles variantes morphologiques. L'exercice pédagogique se déroule en deux temps : dans un premier temps il s'agit de trouver la forme qui traduit le mieux les intentions morphologiques des étudiants par rapport au contexte, au programme, à la circulation et/ou au parcours solaire. Les *inputs* paramétriques sont d'ordre géométriques (points d'appuis, longueur de la corde, forme du maillage de base, hauteur) et d'ordre physique (création du modèle élastique du matériau et définition des forces appliquées). La recherche morphologique est réalisée avec une approche à la fois numérique (*Kangaroo*) et physique (maquettes d'étude). Une fois les variantes morphologiques définies (*output* : surface ou courbe funiculaire), la deuxième étape de conception prévoit la transformation de la forme dans une construction. Il s'agit donc de combiner des intentions architecturales (en lien par exemple avec des paramètres environnementaux tels que les flux lumineux par exemple) avec des contraintes d'ordre structurales (ouverture des joints ou glissement) et de faisabilité de fabrication. Ces contraintes/intentions doivent se traduire en opérations de transformations géométriques sur des paramètres (*input*) définis par l'étudiant afin d'obtenir des variantes de morphologies constructives (figure 1).

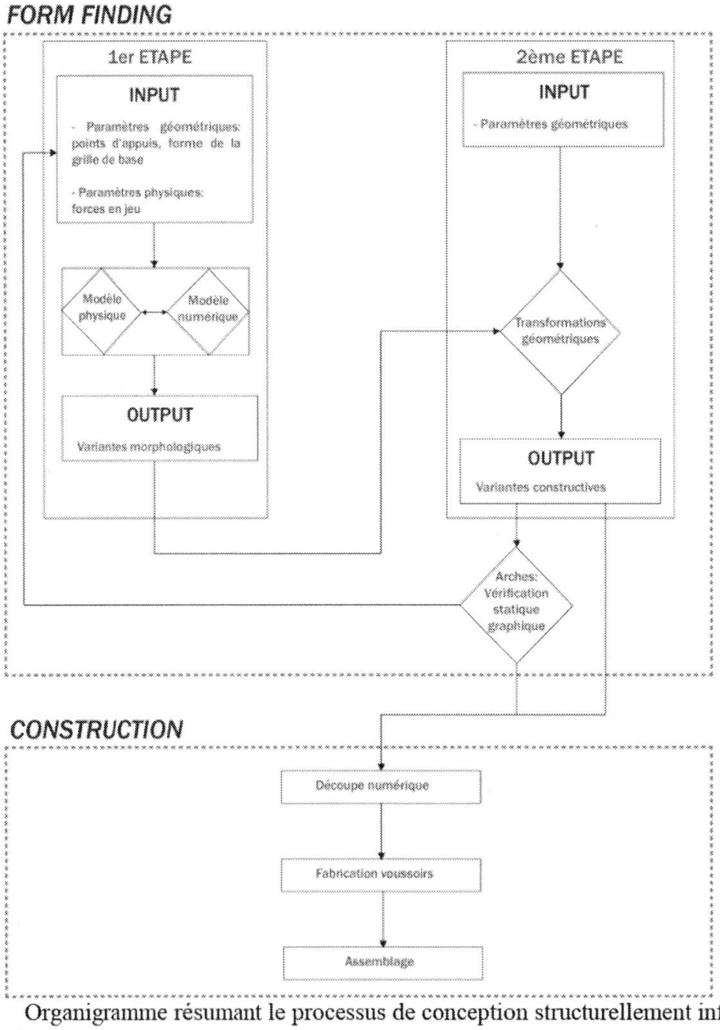

Figure 1. Organigramme résumant le processus de conception structurellement informé jusqu'à la fabrication.

2.1 L'exemple de l'arche

Dans le cas des arches, nous nous sommes basés sur une approche de la forme comme un prototype constitué de voussoirs en pierre. Il a été question de réinterpréter la morphogenèse d'une arche maçonnée avec la triple approche (maquette physique, statique graphique, maquette numérique) afin de pousser à la limite les contraintes structurales de ce type de système. Les étudiants ont travaillé sur la conception d'une arche plane sur le site de la cafétéria de l'école de l'ENSAP de Lille. Dans ce travail, les étudiants organisés par groupe sont invités à communiquer le comportement physique des chaînes métalliques aux valeurs numériques des ressorts et des masses dans *Kangaroo* pour se rapprocher du comportement du matériau. La calibration du funiculaire entre la chaînette physique et la simulation numérique est basée sur le relevé des dimensions de la courbe caténaire fait sur la chaînette (portée entre les deux points d'accroche et flèche). Cette proportion de largeur et de hauteur est ensuite reproduite dans le modèle numérique par le réglage de la force de gravité dans *Kangaroo* pour atteindre les mêmes proportions. Les étudiants sont ainsi amenés à formuler des propositions différentes (figure 2).

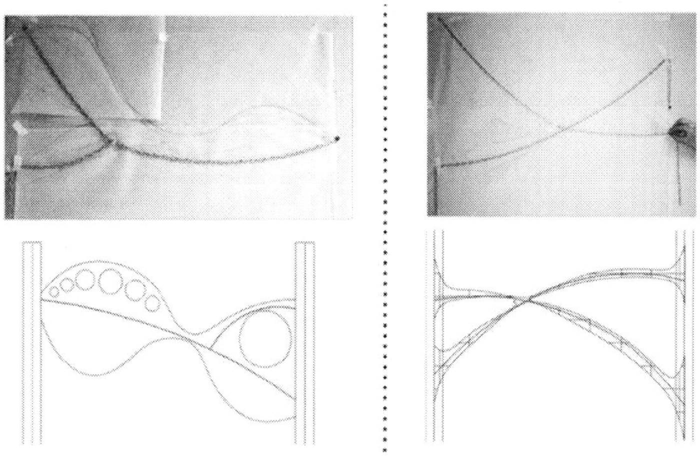

Figure 2. Deux propositions morphologiques à l'aide des chaînettes et de *Kangaroo*.

D'un point de vue structurel, la rupture d'une arche s'avère le plus fréquemment par des mécanismes qui correspondent à l'ouverture des joints ou à des glissements localisés sur ces joints. Pour éviter le premier mécanisme, nous faisons l'hypothèse d'une loi de contact simplement limitée à la traction et illimitée à la compression. Dans ce cas, si la résultante des pressions de contact est à l'intérieur de la section de contact, l'équilibre est possible. Les courbes d'intrados et d'extrados de l'arche représentent donc les limites de non résistance (Benvenuto, 2010). Une fois recherchée la courbe funiculaire à l'aide de ce jeu d'interaction entre modélisation numérique et modélisation physique, les étudiants conçoivent l'arche (avec son épaisseur) de manière à pousser à la limite la recherche morphologique toute en tenant en compte des limites de non résistance. Le traçage du calepinage vise à éviter les phénomènes de glissement de joints. On suppose que la façon optimale de charger les joints est obtenue lorsque la composante tangentielle de la réaction transmise par le joint est nulle. Pour ce faire, il faut que le joint soit le plus orthogonal à la courbe des pressions. Les étudiants sont donc menés à traduire ces contraintes structurales en transformations géométriques. Ils passent ensuite à la vérification à l'aide de la statique graphique (figure 3).

Figure 3. Prototype final réalisé.

Dans une autre expérience, les étudiants ont travaillé sur la conception d'une arche 3D lors de la semaine intensive numérique à l'ENSA Paris-Malaquais. Dans ce cadre, les étudiants avaient la contrainte de concevoir un espace défini par des arches avec trois points d'appuis à différentes hauteurs. Les arches devaient reposer les unes sur les autres. La vérification avec la statique graphique a été faite à l'aide du logiciel *Geogebra*. L'objectif n'était pas seulement de vérifier le funiculaire de chaque arche mais aussi de vérifier l'état d'équilibre des forces au niveau des trois nœuds du funiculaire, ce qui revient à dire vérifier l'équilibre d'un point dans l'espace (figure 4 et figure 5).

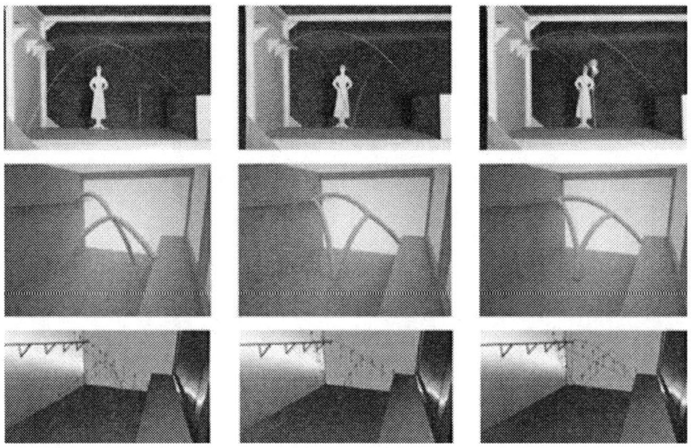

Figure 4. L'arche dans l'espace : Trois propositions morphologiques à l'aide des chaînettes et de *Kangaroo*.

Figure 5. Prototype final.

2.2 L'exemple des surfaces funiculaires

Dans le cas des surfaces funiculaires, la forme a été recherchée uniquement à l'aide du logiciel *Kangaroo*, avec plusieurs aller-retours entre réel et virtuel pour résoudre les problèmes, d'ordre géométriques et constructifs, dus à la forme et au matériau utilisés pour la fabrication.

Une première expérience de conception numérique de surfaces funiculaires a été faite avec des modèles en plâtre. Ces derniers sont basés sur la méthode *The hanging cloth reversed* introduite par Heinz Isler en 1959 (Chilton, 2012). Dans cette expérience, les étudiants ont mesuré et calibré les propriétés de courbure du tissu par rapport au modèle numérique afin de rapprocher la simulation numérique au comportement physique du tissu. Les relevés des quatre points d'accroche et de la hauteur de la surface du modèle physique sont reportés sur le modèle numérique en calibrant les valeurs des forces gravitationnelles. Le processus de fabrication est basé sur la coupe du tissu en fonction de la taille du modèle numérique, la suspension et la solidification avec le plâtre. L'avantage de cette technique de fabrication est qu'elle donne une surface caténaire solide et mince dont la courbure est très proche du modèle numérique. Le défaut est l'influence de la forme du bord sur la courbure de la surface qui crée des rides si elle n'est pas correctement développée à partir du modèle numérique (figure 6).

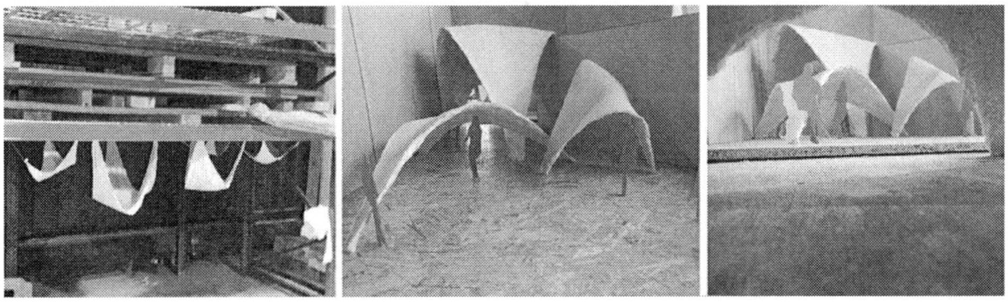

Figure 6. Modèles en plâtre

Après un travail de recherche de forme sous différentes contraintes réelles liées au site, le passage de la variante morphologique numérique à la construction nécessite des démarches expérimentales d'aller-retour entre la géométrie de la surface à double courbure, les matériaux (carton 2 mm), l'échelle de la maquette, le principe d'assemblage et les méthodes de fabrication. Un des problèmes principaux lorsque nous travaillons avec des surfaces funiculaires est lié à la « développabilité » de la surface. Si d'une part le matériau avec lequel nous construisons les surfaces est le carton, de l'autre, les surfaces funiculaires générées sont souvent en doubles courbures. Pour résoudre ce problème, les étudiants doivent dans un premier temps procéder à la discrétisation de la surface.

Toutes ces questions peuvent être traitées par différentes approches qui donnent des possibilités constructives et morphologiques différentes. Nous allons par la suite présenter quelques variantes constructives conçues par les étudiants.

Dans une première expérience, la surface caténaire (double courbure) est discrétisée par un pavage triangulaire à l'aide du plugin *Lunchbox* (figure 7). Le pavage ouvre à des possibilités morphologiques, en permettant de générer des apports de lumière par des ouvertures au centre de chaque tuile. Les dimensions des perforations doivent prendre en considération à la fois la stabilité de la structure et l'intensité de l'éclairage. Les ouvertures des tuiles sont alors inversement proportionnelles à la hauteur des tuiles, plus les tuiles sont proches du sol, plus petite est la surface des perforations. Les contraintes dues au pavage sont liées à la recherche de la densité correcte (nombre et dimensions des tuiles). En effet une densité trop petite entraine une discrétisation de la surface qui détermine une approximation risquant de s'éloigner trop de la surface courbe souhaitée. Au contraire une densité trop grande détermine des contraintes de faisabilité constructive dues à de possibles imprécisions de montage par rapport aux surfaces de contact.

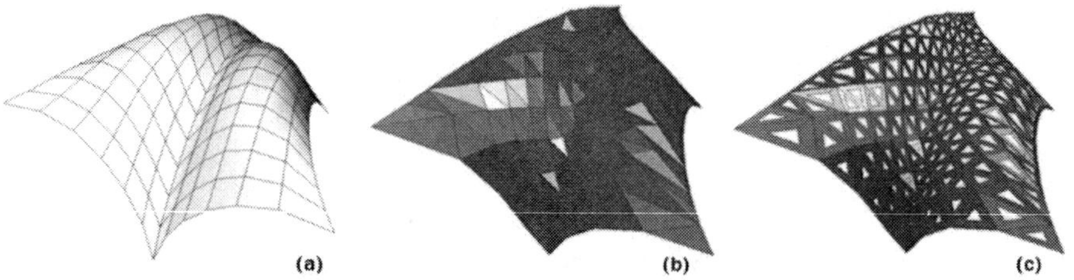

Figure 7. (a) Surface funiculaire double courbure, (b) Triangulation de la surface pour créer des tuiles planes, (c) Perforation des tuiles pour l'éclairage.

Une autre approche morphologique pour la fabrication d'une surface funiculaire pavée avec un pavage hexagonal ou quadrilatéral propose de construire des pyramides sur la base de chaque tuile de la surface. Le sommet de la pyramide se trouve sur le vecteur normal à la tuile partant du centre (figure 8). La distance entre le sommet de la pyramide par rapport au polygone de base donne une variété de morphologies différentes (figure 9). En effet, plus cette distance est petite plus la nouvelle géométrie épouse la surface originaire (figure 10).

Cette méthode permet d'obtenir des surfaces triangulaires (cotés latéraux de la pyramide) planes pour la fabrication.

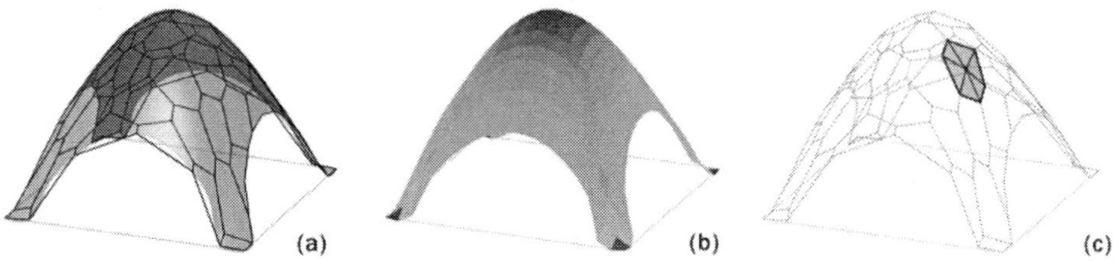

Figure 8. (a) Surface pavée avec pavage hexagonal, (b) Analyse de la courbure gaussienne, (c) Triangulation de l'hexagone.

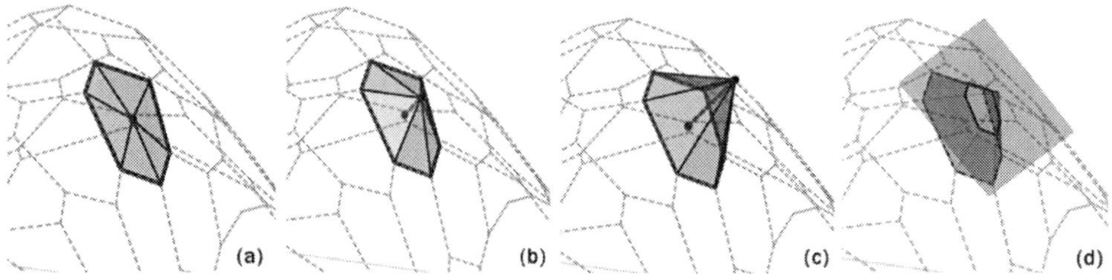

Figure 9. (a) Triangulation de l'hexagone, (b, c) Construction à différentes hauteurs, (d) Découpe de la pyramide.

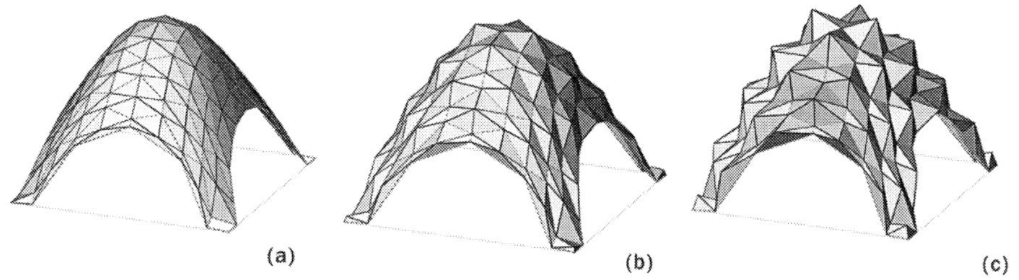

Figure 10. Variantes de morphologies constructives proposées.

Dans le but d'optimiser à la fois la distribution de matière et d'obtenir un jeu de lumière à l'intérieur de la voûte, les étudiants ont coupé les pyramides avec un plan orthogonal au même vecteur normal qui a permis la construction de la pyramide (figure 9). Le plan est paramétrable afin d'avoir des variations de dimensions des ouvertures. Le paramétrage de la taille des ouvertures peut être lié à un paramètre environnemental. Une solution pourrait être de paramétrer les ouvertures proportionnellement au flux lumineux passant à l'intérieur ou encore à la radiation solaire sur la surface (figure 11). Le thème de la matérialité est ainsi traité avec interaction entre la matière solide et celle invisible donnée par le jeu de lumière et d'ombres.

Figure 11. Maquette avec ouvertures paramétrées par rapport au parcours solaire. Jeu de lumière et d'ombres.

En ce qui concerne les assemblages des différentes tuiles entre elles, il est nécessaire de donner une épaisseur aux éléments afin de donner un blocage correct des voussoirs entre eux et d'éviter le phénomène de glissement. La solution la plus simple est d'extruder les bords des polygones pour trouver des faces. Cependant, l'orientation du vecteur normal de chaque sommet du pavage sur la surface est différente, donc l'extrusion des polygones du pavage suivant ces normales rend des faces en torsion. Afin d'éviter ce problème de non-développabilité une possibilité est de faire des extrusions vers un point. Il s'agit de construire des pyramides sur la base de chaque polygone du pavage en ayant comme sommet en commun le centre de la sphère inscrite dans la surface (figure 12). Les étudiants ont par la suite paramétré ainsi le processus de découpage de ces pyramides par des plans afin d'avoir la largeur nécessaire des faces d'assemblage. De cette manière, les surfaces de contact seront alignées entre elles et le flux de forces se trouvera à l'intérieur de cette épaisseur. De plus, la tolérance donnée par la présence d'un joint (dans notre cas réalisé avec de la colle) permet d'assurer le blocage des voussoirs sans phénomènes de glissement. Pour toutes ces expériences, la préparation de la surface pour la fabrication numérique avec la découpe laser a été réalisée avec une numérotation de chaque tuile dans le modèle 3D (figure 13). Le processus d'assemblage respecte l'orientation et le numéro des tuiles (figures 14 et 15).

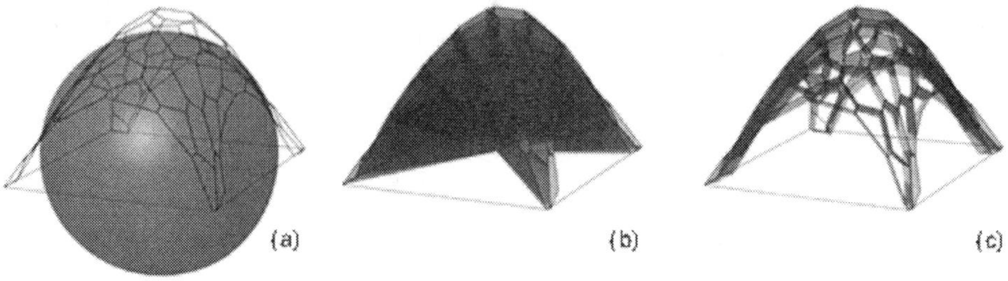

Figure 12. Construction géométrique pour obtenir les surfaces de contact. (a) Construction de la sphère inscrite dans la surface, (b) Traçage des droites et des surfaces entre les sommets des hexagones et le centre de la sphère, (c) Découpe avec des plans pour obtenir les épaisseurs.

Figure 13. Numérotation des tuiles et développement pour le découpage laser.

Figure 14. Maquettes construites (a) avec pavage triangulaire, (b) avec pavage quadrilatéral.

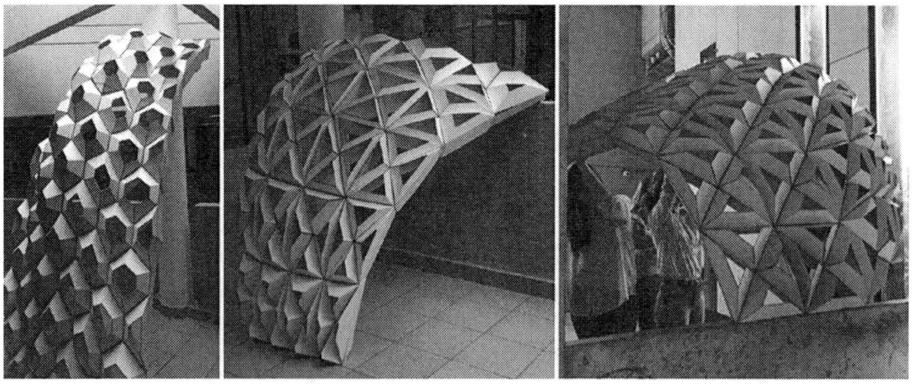

Figure 15. Prototypes réalisés avec la méthode des pyramides coupés.

3. Conclusion

Ce papier s'interroge sur la forme comme résultat d'un système qui interprète les enjeux contextuels, programmatiques et structuraux afin de concevoir et de fabriquer des surfaces funiculaires. Les exercices pédagogiques visent à mener les étudiants à organiser une démarche de projet morphologique par le dessin, la statique graphique et la manipulation de maquettes, réelles et numériques.

La première expérience vise à construire une arche en poussant au maximum la recherche formelle, tout en intégrant les contraintes structurelles. Cela a permis d'initier les étudiants à la recherche de la forme dans un processus structurellement informé. La compréhension de la nécessité d'une approche intégrée pour la recherche morphologique représente un point de difficulté pour les étudiants. De ce fait, certains d'entre eux ont tendance à privilégier une approche (numérique ou physique) au détriment de l'autre. Les étudiants sont amenés à intégrer dans le processus de conception des contraintes non seulement d'ordre programmatique mais aussi d'ordre structurel, environnemental et géométrique. La difficulté de cet exercice réside dans un manque de compétence géométrique de base d'un grand nombre d'étudiants ; la nécessité de traduire des contraintes différentes en transformations géométriques entraine des difficultés de compréhension et donc d'anticipation de possibles problèmes liés à la fabrication et à l'assemblage.

Dans l'ensemble des manipulations, cette pédagogie vise à mener les étudiants à s'interroger sur la recherche de l'équilibre optimal entre les intentions architecturales propres à l'activité de l'architecte et les contraintes d'un programme défini et d'un site réel dans une démarche de conception structurellement informée. Cette approche interactive entre recherche morphologique physique et modélisation à l'aide du logiciel permet aux étudiants de faire plusieurs aller-retours entre le réel et le virtuel, en mettant en place un flux d'informations continu visant à l'optimisation dans un contexte à plusieurs contraintes.

Bibliographie

Benvenuto, E. (2010). *La scienza delle costruzioni e il suo sviluppo storico*. Rome: Storia e Letteratura.

Carpo, M. (2013). *The digital turn in architecture 1992-2012*. Hoboken: John Wiley & Sons.

Chilton, J. (2012). Form-Finding and Fabric Forming In the Work of Heinz Isler. In J. Orr, M. Evernden, A. Darby & T. Ibell (Eds.), *ICFF2012: Proceedings of Second International Conference on Flexible Formwork* (pp.84-91). Bath: BRE CICM.

Cullman, C. (1880). *Traité de statique graphique*. Paris : Dunod éditeur.

Elshafei, A., Hussein, A., Mansouri, M., Vekinis, M., Zarcone, R., & Brocato, M. (2016). Couverture d'une surface d'égale pente par un pavage de Penrose : conception numérique et fabrication. In J.-P. Goulette & B. Ferries (Eds.), *SCAN'16 Toulouse* (pp.59-70). Nancy : Presses universitaires de Nancy.

Kilian, A., & Ochsendorf, J. (2005). Particle-Spring Systems for Structural Form Finding. In C. Gantes (Ed.), *Journal of the International Association for Shell and Spatial Structures*, 46, 77–84.

Rippmann, M., & Block P. (2013). Funicular Funnel Shells. In C. Gengnagel, A. Kilian, J. Nembrini, F. Scheurer (Eds.), *Rethinking prototype. Proceedings of the Design Modelling Symposium. Berlin, 2013* (pp. 75–89). Berlin : Springer Edition.

Varignon, P. (1725). *Nouvelle mécanique ou statique*. Tome 1. Paris : C. Jombert.

AUTHOR INDEX